高职高专旅游与酒店管理专业规划教材

酒水服务与酒吧管理
（第二版）

牟 昆 主 编
李 鑫 李明宇 副主编

清华大学出版社
北 京

内 容 简 介

本书是根据中华人民共和国教育部颁发的《高职高专教育专业人才培养目标及规格》编写的。全书共十个学习单元，内容包括：认识酒水、发酵酒及其服务、蒸馏酒及其服务、配制酒及其服务、鸡尾酒及其服务、非酒精饮料及其服务、认识酒吧、酒吧服务管理、酒吧成本管理、酒吧营销管理。

本书理论内容的讲述上重点突出，深入浅出，通俗易懂，注重理论与实践相结合。本书贴合高职高专教学注重能力培养这条主线，将知识、技术、能力、素质等要素有机地融合在一起，方便学生学以致用、学有所成，具有一定的前瞻性和可操作性。

本书是高职高专旅游与酒店管理专业规划教材之一，既可作为高等院校有关专业本、专科教材，同时也是旅游管理与饭店管理相关从业人员的理想的自学读物。

本书配有课件，下载地址：http://www.tupwk.com.cn/downpage。

图书在版编目（CIP）数据

酒水服务与酒吧管理 / 牟昆 主编. — 2 版. —北京：清华大学出版社，2014（2022.2重印）
(高职高专旅游与酒店管理专业规划教材)

ISBN 978-7-302-37466-4

Ⅰ. ①酒… Ⅱ. ①牟… Ⅲ. ①酒—基本知识—高等职业教育—教材 ②酒吧—商业管理—高等职业教育—教材 Ⅳ. ①TS971 ②F719.3

中国版本图书馆 CIP 数据核字(2014)第 170734 号

责任编辑：施 猛 易银荣
封面设计：周晓亮
版式设计：方加青
责任校对：曹 阳
责任印制：杨 艳

出版发行：清华大学出版社
　　　　　网　　　址：http://www.tup.com.cn，http://www.wqbook.com
　　　　　地　　　址：北京清华大学学研大厦 A 座　　　　邮　　编：100084
　　　　　社 总 机：010-62770175　　　　　　　　　　邮　　购：010-62786544
　　　　　投稿与读者服务：010-62776969，c-service@tup.tsinghua.edu.cn
　　　　　质 量 反 馈：010-62772015，zhiliang@tup.tsinghua.edu.cn
　　　　　课 件 下 载：http://www.tup.com.cn，010-62796865
印 装 者：三河市铭诚印务有限公司
经　　销：全国新华书店
开　　本：185mm×260mm　　　　印　张：15.75　　字　数：364 千字
版　　次：2014 年 8 月第 2 版　　印　次：2022 年 2 月第 8 次印刷
定　　价：48.00 元

产品编号：061405-03

前　言

中国是酒的故乡，数千年来，酒与传统的酒文化一直传承至今，且一直在中华民族的传统文化中占据着重要的地位。近年来，伴随着我国旅游业的迅猛发展，以及人们生活水平的不断提高和生活方式的不断改变，人们不仅对酒水的需求量越来越大，而且对酒水质量及其服务的要求也越来越高。因此，餐饮业急需培养大量具备系统酒水知识和酒水服务技能的高级专业人才。本教材就是为了适应这种需要应运而生的。

此次修订，基本保持了上一版的特点和结构体系，并在原有基础上针对部分知识进行了更新，使之与市场紧密结合。

《酒水服务与酒吧管理》可作为高等职业技术院校旅游与酒店管理专业或相关专业的学生用书，也可作为各类饭店、酒吧的培训用书，或作为酒水爱好者的科普读本。

《酒水服务与酒吧管理》共设十个学习单元，主要内容包括：认识酒水、发酵酒及其服务、蒸馏酒及其服务、配制酒及其服务、鸡尾酒及其服务、非酒精饮料及其服务、认识酒吧、酒吧服务管理、酒吧成本管理及酒吧营销管理。

本教材具有以下几个特点。

1. 以"任务导向"的教学模式为教材编写体系，适应了职业教育的特点。

2. 汲取了国内外相关专业的新知识与新技术。

3. 教材内容专业、实用性强。

4. 引用资料和图片，图文并茂。

5. 每单元设有课前导读、知识目标和能力目标、小资料、案例、单元小结、单元测试和课外实训等项目，结构脉络清晰，便于指导学生学习。

本教材由沈阳大学牟昆组织修订，其中沈阳大学牟昆负责学习单元二、学习单元三、学习单元六、学习单元七的修订；辽宁现代服务职业技术学院李鑫负责学习单元一、学习单元四、学习单元五的修订；沈阳大学李明宇负责学习单元八、学习单元九、学习单元十的修订。

本教材在编写过程中，参考了相关文献资料，并得到了清华大学出版社的大力支持，在此向文献作者及该出版社致以诚挚的谢意。

由于编者水平有限，难免存在错误和疏漏之处，敬请赐教。反馈邮箱：wkservice@vip.163.com。

作　者

2014年6月

目　录

课前导读

近年来，随着旅游业、饭店业和餐饮业的不断发展，我国酒水销售量迅速增长。学习酒水服务的专业知识和酒吧管理的经营理论，熟悉中国酒文化方面的知识，对于旅游、酒店管理专业的学生来说就显得重要。本单元从酒水服务工作的实际需要出发，系统地阐述了酒水知识的相关理论，相关知识的阐述服从、服务于企业的经营实践，有利于学生形成对饭店业和餐饮业酒水知识的正确认识。

学习目标

知识目标：

1. 了解酒类生产工艺与酒品风格的形成；

2. 掌握酒水的相关概念；

3. 了解酒水的基本内涵。

能力目标：

1. 掌握饮料的分类；

2. 掌握酒的成分；

3. 掌握酒水的分类。

学习任务一 酒水、酒与酒度

在饭店业和餐饮业中，酒水中的酒是指人们熟悉的含有乙醇(Ethyl Alcohol)的饮料，即酒精饮料(Alcoholic Drinks)。酒精饮料是一种能使人兴奋、麻醉，并带有刺激性的特殊饮料，一般酒精含量为0.5%～75.5%。

酒水中的水是指所有不含酒精的饮料或饮品，即非酒精饮料(Non-Alcoholic Drinks)，俗称软饮料(Soft Drinks)。非酒精饮料是一种具有提神解渴作用的饮料，出售前可稀释也可不稀释。它包括果、蔬汁饮料和碳酸饮料等类型。

一、酒的成分

不同的酒，因为用料不同，生产方法不同，其所含成分也不尽相同。但其主要成分均为酒精、水，另含有少量的其他物质。

(一) 酒精

酒精，又名乙醇，化学分子式为CH_3CH_2OH，英文通称"Ethanol"。常温下呈液态，无色透明，易挥发，易燃烧，刺激性较强。可溶解酸、碱和少量油类，不溶解盐类，冰点较高(-10℃)，不易冻结。纯酒精的沸点为78.3℃，燃点为24℃。酒精与水相互作用释放出热，体积缩小。通常情况下，在酒度为53度的酒液中，酒精分子与水分子结合得最为紧密，刺激性相对较小。

除啤酒外，酒精在酒液中的含量都用容量百分率%(D/D)来表示，这种表示法称为酒精度(简称酒度)，通常有公制和美制两种表示法。

(1) 公制酒度。公制酒度以百分比或度表示，是指在酒液温度为20℃时，每100毫升酒液中含乙醇1毫升即1%(V/V)为酒度1度。例如，60度的五粮液在酒液温度为20℃时，每100毫升酒液中含乙醇60毫升；又如某种酒在20℃时含酒精38%，即称为38度。

(2) 美制酒度。国外的"酒度"表示方法与我国不同，如美制酒度以"Proof"表示，是指在20℃的温度条件下，酒精含量在酒液内所占的体积比例达到50%时，酒度为100Proof。如某种酒在20℃时含酒精38%，即为76Proof。用中国"酒度"表示法即为50度(一个Proof等于0.5%的酒精含量)。

另外，还有英制酒度，以"Sikes"表示，但较为少见。

(二) 酸类物质

酒中含有少量的酸，如酒石酸、苹果酸、乳酸和少量的氨基酸。酒中酸的主要作用是增加酒的香味，防止杂菌感染，溶解色素，稳定蛋白质。但如果在原料发酵过程中，产生过多的挥发酸，则会使酒液腐败变质。

(三) 糖

糖是引起酒精发酵的主要成分，可改变酒的味道，但糖分过多，在保管中温度过高，容易再次发酵，导致变质。因此，一般情况下，葡萄酒中糖的含量不超过20%。

(四) 酯类物质

酯类物质是由醇类和酸类物质在贮藏过程中化合而成的一种芳香化合物。此化合物能增加酒的香气，但不易溶解于水。如果白酒中这类物质过多，在加浆时易产生乳白色混浊物沉淀，影响酒的质量。

(五) 杂醇油

杂醇油是多种高分子醇的混合物，有强烈的刺激性和麻醉性，一般在白酒中含量较多。杂醇油在酒液的长期贮藏中会与有机酸化合，产生一种水果香，增进酒的味道。

(六) 含氮物质

含氮物质一般是指蛋白质、硝酸盐类物质，它可以增加酒的风味口感，增强啤酒泡沫的持久性。

(七) 醛类物质

醛类物质的主要作用是使酒带有辛辣味。

(八) 矿物质

矿物质是指钾、镁、钙、铁、锰、铝等。它们以无机盐的形式存在于酒中(主要是葡萄酒)。

(九) 维生素

酒液中的维生素主要有维生素C、维生素B_{10}、维生素B_{20}、维生素B_{60}、维生素B_{12}。

二、酒的生产工艺

从机械地模仿自然界生物的自酿过程起，人类经过千百年的生产实践，积累了丰富的酿酒经验。在现代科学技术的推动下，酿酒工艺已成为一种专门的工艺。酿酒工艺研究怎么酿酒、怎么酿出好酒。每一种酒品都有自己特定的酿造方法，在这些方法之间存在着一些普遍的规律——酿酒工艺的基本原理。

(一) 酒精发酵

酒精的形成需要具备一定的物质条件和催化条件。糖分是酒精发酵最重要的物质，酶则是酒精发酵必不可少的催化剂。在酶的作用下，单糖被分解成酒精、二氧化碳和其他物质。以葡萄糖酒化为例，其化学反应式为(此反应式由法国化学家盖·吕萨克在1810年提出)

$$C_6H_{12}O_6 \longrightarrow 2CH_3CH_2OH + CO_2 + 24大卡热$$
$$\text{葡萄糖} \qquad \text{酒精} \qquad \text{二氧化碳}$$

据测定，每100克葡萄糖理论上可以产生51.14克酒精。

酒精发酵的方法很多，如白酒的入窖发酵，黄酒的落缸发酵，葡萄酒的糟发酵、室发酵，啤酒的上发酵、下发酵等。随着科学技术的飞速发展，发酵已不再是获取酒精的唯一途径。虽然人们还可以通过人工化学合成等方法制成酒精，但是酒精发酵仍然是最重要的酿酒工艺之一。

(二) 淀粉糖化

用于酿酒的原料并不都含有丰富的糖分，而酒精的产生又离不开糖。因此，要想将不含糖的原料变为含糖原料，就需进行工艺处理——把淀粉溶解于水中，当水温超过50℃时，在淀粉酶的作用下，水解淀粉生成麦芽糖和糊精；在麦芽糖酶的作用下，麦芽糖又逐渐变为葡萄糖。这一变化过程即为淀粉糖化，其化学反应式为

$$(C_6H_{10}O_5)^n+H_2O=(C_6H_{10}O_5)^{n-2}+C_{12}H_{22}O_{11}$$
$$\text{淀粉} \qquad \text{水} \qquad \text{糊精} \qquad \text{麦芽糖}$$
$$C_{12}H_{22}O_{11}+H_2O=2(C_6H_{12}O_6)$$
$$\text{麦芽糖} \qquad \text{水} \qquad \text{葡萄糖}$$

从理论上说，100公斤淀粉可掺水11.12升，生产111.12公斤糖，再产生酒精56.82升。糖化淀粉过程一般为4~6小时，糖化好的原料则可以用来进行酒精发酵。

(三) 制曲

淀粉糖化需用糖化剂，中国白酒的糖化剂又叫曲或曲子。

用含淀粉和蛋白质的物质做成培养基(载体、基质)，在培养基上培养霉菌的全过程即为制曲。常用的培养基有麦粉、麸皮等，根据制曲方法和曲形的不同，白酒的糖化剂可以分为大曲、小曲、麦夫曲等种类。

大曲主要用小麦、大麦、豌豆等原料制成。

小曲又叫药曲，主要用大米、小麦、米糠、药材等原料制成。

麸曲又称皮曲，主要用麸皮等原料制成。

制曲是中国重要的酿酒工艺之一，曲的质量对酒的品质和风格有极大的影响。

(四) 原料处理

为了使淀粉糖化和酒精发酵取得良好的效果，就必须对酿酒原料进行一系列处理。不同的酿酒原料的处理方法不同，常见的方法有选料、洗料、浸料、碎料、配料、拌料、蒸料、煮料等。但有些酒品的原料处理过程相当复杂，如啤酒，其生产就要经过选麦、浸泡、发芽、烘干、去根、粉碎等处理工艺环节。另外，酒品的质地优劣首先取决于原料处理的好坏。

(五) 蒸馏取酒

对于蒸馏酒以及以蒸馏酒为主体的其他酒类，蒸馏是提取酒液的主要手段。

将经过发酵的酿酒原料加热至78.3℃以上，就能获取气体酒精，冷却即得液体酒精。

在加热的过程中，随着温度的变化，水分和其他物质掺杂的情况也会变化，从而形成不同质量的酒液。蒸馏温度在78.3℃以下取得的酒液称为"酒头"；在78.3℃~100℃取得的酒液称为"酒心"；在100℃以上取得的酒液称为"酒尾"。"酒心"杂质含量低，质量较好，为了保证酒的质量，酿酒者常有选择性地取酒。我国很多名酒均采用"掐头去

尾"的取酒方法。

(六) 老熟陈酿

有些酒初制成时不堪入口，如中国黄酒和法国勃艮第红葡萄酒；有些酒的新酒口感淡寡单薄，如中国白酒和苏格兰威士忌酒。这些酒都需要贮存一段时间后，方能由芜液变成琼浆，这一存放过程被称为老熟或陈酿。

酒品贮存对容器的要求很高，如中国黄酒用坛装泥封，放入泥土中贮存；法国勃艮第红葡萄酒用大木桶装，室内贮存；苏格兰威士忌使用橡木桶装；中国白酒用瓷瓶装等。无论使用什么容器贮存，均要求容器坚韧、耐磨、耐蚀、无怪味、密封性好，才能陈酿出美酒。老熟陈酿可使酒品挥发增醇，浸木夺色。世界名酒的醇厚口感无不与其陈酿的方式方法有密切的关系。

(七) 勾兑

在酿酒过程中，由于原料质量的不稳定、生产季节的更换、工人操作方法的差异等原因，不可能总是获得质量完全相同的酒液，因而就需要将不同质量的酒液加以兑和(即勾兑)，以达到预期的质量要求。勾兑是指一个地区的酒兑上另一个地区的酒，一个品种的酒兑上另一品种的酒，一种年龄的酒兑上另一种年龄的酒，以获得色、香、味、体更加协调典雅的新酒品。可见，勾兑是酿酒工艺中至关重要的一环。

勾兑工艺的关键是选择和确定配兑比例，这不仅要求勾兑师准确地识别不同酒品千差万别的风格，而且还要求其将各种相配或相克的因素全面考虑进去。勾兑师的个人经验往往起着决定性作用。因此，勾对师被要求具有很强的责任心和丰富的经验。

三、酒品的风格

酒品的风格是由色、香、味、体等因素组成的。不同的酒品，具有不同的风格，甚至同一酒品，也会有不同的风格。

(一) 色

色是人们首先接触到的酒品风格，世上红、橙、黄、绿、青、蓝、紫各种酒色应有尽有，而且变化无穷。酒品色泽之所以如此繁多，有三个方面的原因。第一是大自然的造化。酒液中的自然色泽主要来源于酿酒的原料，如红葡萄酿出来的酒液呈绛红或棕红色，即葡萄原料本色。自然色给人以新鲜、朴实、自然的视觉感受，酿酒者往往希望尽可能多地保持原料的本色。第二是生产过程中由于温度的变化、形态的改变等原因而使原料本色随之发生变化的自然生色。如蒸馏白酒在经过加温、汽化、冷却、凝结之后，改变了原来的颜色而变得透明无色。自然生色如果对消费者没有什么影响，一般不必采取措施去改变或限制。第三是增色。增色分人工增色和非人工增色。人工增色是生产者有意识的行为，目的是使酒液色泽更加美丽，以迎合消费者心理，如使用调色剂增色。但人工增色有时会改变酒品风格，如果使用不当，会使酒的香、味、体等风格受到破坏。非人工增色是由于在生产过程中，如陈酿中的酒染上容器的颜色，导致酒液原来的色泽发生变化。非人工增色有好的一面，但是不少病变或质变也会导致色泽的改变，应该避免。比如酒液中微生物聚衍，就会导致酒液浑浊；又如酒液触及有害物质被污染，而产生色变(铜锈可使酒液发蓝)。

酒的色泽千差万别，所表现的风格、情调也不尽相同。高品质的酒，其色泽应该能充分表露酒品内在的质地和个性，使人观其色就会产生嗅其香和知其味的欲望。在审度酒品色泽风格时，还要注意到外界因素对酒品的影响，比如室内的采光度、包装容器的衬色等。

(二) 香

香是继色之后作用于人的感官的另一种酒品风格。

酒品生产十分讲究酒香的优雅，尤其是白酒生产对香型的风格形成更为关注，人们甚至以酒品的香型特点来归纳、划分白酒的品种。下面以中国白酒为例，来研究不同酒香风格的特点。

中国白酒生产工艺独特，结构成分复杂，香型多样，风格表现丰富。中国白酒的香型成因颇为复杂，主要来源于酿酒原料特有的自身香气和在生产过程中形成的外来香气，其中酒窖和发酵过程起到了明显的作用。不同品种的原料(包括主辅料及酒曲、水、糟等)自身都带有气味，酿酒生产总是择其良香而摈其劣味，以保持、改善和促成酒品基本风格的形成。

酒在酿造过程中，发酵环境对酒香也有极大的影响，特别是酒窖(因为窖泥中含有各种各样的酿酒微生物，它们在生长和死亡的过程中不断产生各种有机物质和释放各种气味)。上等的陈年老窖往往可以大大提高酒品的香型和风格的质地。酒香风格的形成还受到酸、醇、酯、羟基化合物等成分的影响，另外，酚类等单体成分比例的变化也会改变酒品的香味。

中国白酒的酒香风格有清香型、浓香型、酱香型、米香型和复香型五大类。

1. 清香型

清香型以山西杏花村汾酒为代表。其特点是清香芬芳，气味爽适而久馨，有润肺之感，常使人心情舒展。经分析研究，初步确定其主体成分为乙酸乙酯和乳酸乙酯。

2. 浓香型

浓香型以四川泸州老窖特曲和宜宾五粮液为代表。其特点是芳香浓郁，气艳美而丰满，常有一阵阵扑鼻拢面之感，使人如痴如醉，回香深沉，连绵不断，深得饮者喜爱。经分析研究，初步确定其主体成分为乙酸乙酯和丁酸乙酯。

3. 酱香型

酱香型以贵州茅台酒为代表。其特点为醇香幽雅，气持久而凝淋，低沉优美，不淡不浓，不猛不艳，回香绵长，留杯不散，常使人熏然陶醉，使人印象十分深刻。其主体成分至今尚无定论，构成复杂，初步分析其主体成分与醇类有一定的关系。

4. 米香型

米香型以桂林三花酒和广东长乐烧为代表，主要是小曲米酒。其特点为蜜香清柔，纯洁雅致，气畅流而稳健，给人以朴实纯正的美感。经分析研究，初步确定其主体成分为乳酸乙酯、乙酸乙酯和高级醇。

5. 复香型(混香型)

复香型以陕西西凤酒为代表。此香型酒酿造工艺独特，大、小曲均用，发酵时间长。其主要特点是醇香浓郁，余味悠长。

(三) 味

味是人们最关注、印象最深刻的酒品风格。酒味的好坏，基本确定了酒的身价。名酒佳酿味道醇美，风格动人，人们常常用甜、酸、苦、辛、咸、涩六味来评价酒品的口味风格。

1. 甜

世界酒品中，以甜为主要口味及含有甜味的酒数不胜数。甜味可以给人以舒适、滋润、圆正、醇美、丰满、浓郁、绵柔等感觉，深得饮者的喜爱。酒品的甜味主要来源于酒质中含有的糖分、甘油和多元醇等物质。另外，人们常常有意识地在酒品中加入一些糖饴、糖粉、糖醪等甜味物质，以改善酒品的口味。

2. 酸

酸味是世界酒品中另一个主要的口味风格特点。酸味酒常给人以醇厚、甘冽、爽快、开胃、刺激等感觉。相对于甜味来说，适当的酸味不粘挂，可清肠沥胃，尤使人感到干净、干爽，故常以"干"字冠之。酒中的酸性物质分为挥发性酸和不挥发性酸两类，不挥发性酸是导致醇厚感觉的主要物质，挥发性酸是导致回味的主要物质。

3. 苦

世界上不少酒品专以味苦著称，比如法国和意大利的比特酒。也有不少的酒品保留了一定的苦味，比如啤酒。苦味是一种特殊的酒品风格，但不可滥用，因为它具有较强的味觉破坏功能，容易引起其他味觉的麻痹。酒中恰到好处的苦味可给人以净口、止渴、生津、除热、开胃等感觉。酒中的苦味一方面由原料带入，比如含单宁的谷类和香料；另一方面是由于在生产过程中产生过量的高级醇引起酒味发苦、发涩，另外，生物碱也会产生苦味。

4. 辛

辛又称为辣，它不是人们所追求的主要酒品口味，它会给人以强刺激，给人以冲头、刺鼻、兴奋等感觉。高浓度的酒精饮料的辛辣口味最为典型。辛味的主要来源是酒质中的醛类物质。过量的高级醇或其他超量成分，也会引起辛味。

5. 咸

咸味的产生大多起因于酿造工艺粗糙，使酒液中混入过量盐分。但是，有些酒加入少量的盐分可以增加味觉的灵敏度，使酒味更加醇厚。如墨西哥人常在饮酒时，吸入盐粉，以增加特基拉酒的风味。

6.涩

涩味常与苦味同时发生，给人以麻舌等感觉，对人的情绪有较强的干扰，常引起神经系统的某种紊乱。涩味的产生主要起因于酿酒原料处理不当，使过量的单宁、乳酸等物质混入了酒液。

(四) 体

体是酒品风格的综合表现。我国酒界人士所说的"体"，专指酒的色、香、味的综合表现，侧重于全面评价。但国际上不少专家所说的"体"，专指口味的抽象表现，侧重于单项风格的评价。比如，中国人说"酒体丰满"指的是色、香、味都比较充裕，协调性好；而法国人说"某某酒具有酒体"，指的是该酒口感丰富，味浓、醇。

小资料

中国名酒简介

中国名酒是由国家有关部门组织的评酒机构，间隔一定时期，经过严格的评定程序确定的。中国名酒代表了我国酿酒行业酒类产品的精华。中国名酒按酒的种类分别评定。在全部名酒中，白酒类名酒数量最多。下面根据酒的种类重点介绍黄酒类和白酒类的国家名酒。

一、黄酒类名酒

黄酒是中华民族的瑰宝，历史悠久，品种繁多。历史上，黄酒名品数不胜数。由于蒸馏白酒的发展，黄酒产地逐渐缩小到江南一带，产量也大大低于白酒。但是，酿酒技术精华非但没有被遗弃，在新的历史时期反而得到了长足的发展。黄酒魅力依旧，黄酒中的名品依旧家喻户晓，黄酒中的佼佼者仍然像一颗颗璀璨的东方明珠，闪闪发光。

(一) 绍兴加饭酒

绍兴黄酒可谓我国黄酒的佼佼者。宋代以来，江南黄酒的发展进入了全盛时期，绍兴酒有了较大的发展。当时的绍酒名酒中，珍品首推"蓬莱春"。清代是绍兴酒的全盛时期，酿酒规模在全国堪称第一。目前，绍兴黄酒在出口酒中所占的比例最大，产品远销世界各国。绍兴加饭酒在历届名酒评选中都榜上有名。加饭酒，顾名思义，是在酿酒过程中，增加酿酒用米饭的数量，相对来说，用水量较少。加饭酒是一种半干酒，酒度在15%左右，糖分为0.5%～3%。酒质醇厚，气郁芳香。

(二) 福建龙岩沉缸酒

龙岩沉缸酒是我国黄酒中的另一名品，历史悠久，现在为福建省龙岩酒厂所产。这是一种特甜型酒，酒度为14%～16%，总含糖量可达22.5%～25%。内销酒一般贮存两年，外销酒需贮存三年。该酒在1963年、1979年、1983年三次荣获国家名酒称号。龙岩沉缸酒的酿法集我国黄酒酿造的各项传统精湛技术于一体。比如，龙岩酒用曲多达4种，有当地祖传的药曲，其中加入三十多味中药材；有散曲，这是我国最为传统的散曲，可作为糖化用曲；此外还有白曲，这是南方所特有的米曲；红曲更是龙岩酒酿造必加之曲。龙岩酒有不加糖而甜、不着色而艳红、不调香而芬芳三大特点。酒质呈琥珀光泽，甘甜醇厚，风格独特。

二、白酒类名酒

白酒中的名酒是按香型评定的。现分为酱香型、米香型、清香型、浓香型、其他香型(董香型、凤香型、芝麻香型等)。

(一) 茅台酒

茅台酒具有"酱香突出，幽雅细腻，酒体醇厚，回味悠长"的特殊风格，酒液清亮，醇香馥郁，香而不艳，低而不淡，闻之沁人心脾，入口荡气回肠，饮后余香绵绵。茅台酒最大的特点是"空杯留香好"，即酒尽杯空后，酒杯内仍余香绵绵，经久不散。茅台酒在历次国家名酒评选中，都荣获名酒称号。茅台酒还频频出现在许多重大的外事活动的宴会上，因而被誉为"国酒""外交酒"。茅台酒的独特风味，除了得益于独特的酿造技术外，在很大程度上，还与产地的独特地理环境有密切关系。茅台酒厂坐落在赤水河畔，该水系受国家有关政策的严格保护，周围不允许建有污染源的工厂。更为独特的是，川黔这一带气候湿润、闷热，形成了独特的微生物菌群。这些微生物在酒曲和原料上繁殖，其复杂的生物代谢机理，使茅台酒的风味及成分更加协调、复杂。这是其他地方所无法模拟的。

(二) 董酒

董酒产于贵州省遵义市董酒厂，1929年至1930年由程氏酿酒作坊酿出董公寺窖酒，1942年定名为"董酒"，1957年建立遵义董酒厂，1963年第一次被评为国家名酒，1979年后一直被评为"国家名酒"。董酒的香型既不同于浓香型，也不同于酱香型，而属于其他香型。该酒的生产方法独特，即将大曲酒和小曲酒的生产工艺融合在一起。

(三) 汾酒

汾酒产于山西省境内吕梁山东岳、晋中盆地西沿的汾阳县杏花村汾酒(集团)公司。作为我国白酒类的名酒，山西汾酒可以说是我国历史上最早的名酒。清代成书的《镜花缘》中所列的数十种全国各地名酒，汾酒名列第一。清代名士的笔记文学中，曾多次盛赞山西汾酒。汾酒属清香型白酒。

(四) 五粮液

五粮液原名为"杂粮酒"，产于四川省宜宾五粮液酒厂，该酒由高粱、大米、糯米、小麦和玉米五种谷物为原料酿制而成，相传始创于明代，于1929年定名为"五粮液"。五粮液酒具有"香气悠久，口味醇厚，入口甘美，入喉净爽，各味协调，恰到好处"的特点。在大曲酒中，以酒味全面而著称。该酒四次被评为国家名酒。

(五) 泸州老窖特曲酒

作为浓香型大曲酒的典型代表，泸州老窖特曲酒以"醇香浓郁，清冽甘爽，饮后尤香，回味悠长"的独特风格闻名于世。1915年曾获巴拿马国际博览会金质奖，历届国家评酒均获"国家名酒"的称号。

(六) 剑南春

剑南春产于四川省绵竹县。其前身当推唐代名酒剑南烧春。唐宪宗后期李肇在《唐国史补》中，就将剑南烧春列入当时天下的十三种名酒之中。剑南春酒厂建于1951年4月。剑南春酒问世后，质量不断提高，在1979年第三届全国评酒会上，首次被评为"国家名酒"。

(七) 古井贡酒

古井贡酒产于安徽省亳县古井酒厂。魏王曹操在东汉末年曾向汉献帝上表献过该县已故县令家传的"九酿春酒法"。据当地史志记载，该地酿酒取用的水，来自南北朝时遗存的一口古井，明代万历年间，当地的美酒又曾贡献于皇帝，因而就有了"古井贡酒"这一美称。古井贡酒属于浓香型白酒，具有"色清如水晶，香醇如幽兰，入口甘美醇和，回味经久不息"的特点。

(八) 洋河大曲

洋河大曲产于江苏省泗洋县洋河镇洋河酒厂。洋河镇地处白洋河和黄河之间，是重要的产酒和产曲之乡。洋河大曲属于浓香型白酒。在第三届全国评酒会之后，三次被评为"国家名酒"。

(九) 双沟大曲

双沟大曲产于江苏省泗洪县双沟镇。在1984年的第四届全国评酒会之后，该酒以"色清透明，香气浓郁，风味协调，尾净余长"的浓香型典型风格连续两次被评为"国家名酒"。

(十) 西凤酒

西凤酒产于陕西省凤翔县柳林镇西凤酒厂。西凤酒属其他香型(凤型)，曾四次被评为"国家名酒"。

资料来源：www.cy110.com

学习任务二 酒的分类

酒的种类五花八门，分类方法也不尽相同。

一、按酒的特点和商业经营的分类方法分类

(一) 白酒

白酒是以谷物或其他含有丰富淀粉的农副产品为原料，以酒曲为糖化发酵剂，以特殊的蒸馏器为酿造工具，经发酵蒸馏而成。白酒的度数一般在30度以上，无色透明，质地纯净，醇香甘美。

(二) 黄酒

黄酒又称压榨酒，主要是以糯米和黍米为原料，通过特定的加工酿造工艺，利用酒药曲(红曲、麦曲)浆水中的多种霉菌、酵母菌、细菌等微生物的共同作用而酿成的一种低度原汁酒。黄酒的度数一般为12～18度，色黄清亮，黄中带红，醇厚幽香，味感谐和。

(三) 啤酒

啤酒是将大麦芽糖化后加入啤酒花(蛇麻草的雌花)、酵母菌酿制而成的一种低度酒饮料。啤酒的度数一般为2~8度。

(四) 果酒

果酒是以含糖分较高的水果为主要原料,经过发酵等工艺酿制而成的一种低酒精含量的原汁酒。其酒度多在15度左右。

(五) 仿洋酒

仿洋酒是我国酿酒工业仿制国外名酒生产工艺所酿造的酒,如金奖白兰地、味美思。

(六) 药酒

药酒是以成品酒(以白酒居多)为原料加入各种中草药材浸泡而成的一种配制酒。药酒是一种具有较高的滋补、营养和药用价值的酒精饮料。

二、按酒的酿制方法分类

按酒的酿制方法可将酒分为蒸馏酒、酿造酒、配制酒。

(一) 蒸馏酒

原料经过发酵后用蒸馏法制成的酒叫蒸馏酒。这类酒的酒度较高,一般在30度以上。如中国的白酒,外国的白兰地、威士忌、金酒、伏特加等。

(二) 酿造酒

酿造又称发酵酒,是将原料发酵后直接提取或采取压榨法获取的酒。其酒度不高,一般不超过15度。如黄酒、果酒、啤酒、葡萄酒。

(三) 配制酒

配制酒是以原汁酒或蒸馏酒做基酒,与酒精或非酒精物质进行勾兑,兼用浸泡、调和等多种手段调制成的酒。如药酒、露酒等。

三、按酒精含量分类

按酒精的含量可将酒分为高度酒、中度酒、低度酒。

(一) 高度酒

酒液中酒精含量在40%以上的酒为高度酒。如茅台(见图1-1)、五粮液、汾酒、二锅头等。

(二) 中度酒

酒液中酒精含量为20%~40%的酒为中度酒。如竹叶青(见图1-2)、米酒、黄酒等。

(三) 低度酒

酒液中酒精含量在20%以下的酒为低度酒。如葡萄酒(见图1-3)、桂花陈酒、香槟酒和低度药酒。

图1-1 茅台酒

图1-2 竹叶青酒

图1-3 张裕解百纳干红葡萄酒

四、按配餐方式分类

外国酒通常根据配餐方式对酒进行分类。

(一) 开胃酒

开胃酒是以成品酒或食用酒精为原料加入香料等浸泡而成的一种配制酒,如味美思、比特酒、茴香酒等。

(二) 佐餐酒

佐餐酒主要是指葡萄酒,因西方人就餐时一般只喝葡萄酒而不喝其他酒类(不像中国人可以用任何酒佐餐),如红葡萄酒、白葡萄酒、玫瑰葡萄酒和有汽葡萄酒等。

(三) 餐后酒

餐后酒主要是指餐后饮用的可帮助消化的酒类,如白兰地、利口酒等。

中国还有一些其他类型的蒸馏酒，如山东烟台的金奖白兰地，是以葡萄为原料，经发酵后蒸馏而得。

五、洋酒的分类

洋酒按其特点可分为烈酒(蒸馏酒)、配制酒、啤酒三大类。

(一) 烈酒(蒸馏酒)类

1. 威士忌(Whisky)

"威士忌"一词出自爱尔兰方言，意为"生命之水"。威士忌以粮食、谷物为主要原料，用大麦芽作为糖化发酵剂，采用液态发酵法经蒸馏获得原酒后，再盛于橡木桶内贮藏数年而成(普通品贮藏期约3年，上等品贮藏期在7年以上)。饮用时一些人喜欢加苏打水，还可将其与柠檬水、汽水混合饮用，一般使用古典杯斟酒，斟1/3杯满。

2. 白兰地(Brandy)

世界著名佳酿白兰地原产于荷兰，由发酵的生果取出原汁酿制而成。蒸馏时酒度不能超过85%，一般成熟的白兰地，必须要在橡木桶里储存两年以上。白兰地酿制过程中的贮藏期越长其品质越好，一般用五角星来表示老熟程度，每颗星代表5年，当今被誉为"洋酒之王"的法国"人头马路易十三"在白兰地酒中最负盛名。

3. 伏特加(Vodka)

伏特加又名俄得克，最早出现于俄国，其名称来源于俄语"伏达"，是俄罗斯具有代表性的烈性酒，是俄语"水"一词的延伸。它主要以土豆、玉米为原料，经过蒸馏再加8小时的过滤，使原酒的酒液与活性炭充分接触而成，酒液无色透明，口味纯正，酒度多为34～40度。

4. 金酒(Gin)

金酒又称松子酒，起源于荷兰，是国际著名蒸馏酒之一。它的名称是从荷兰语演变而来的，意为"桧属植物"。该酒是以麦芽和裸麦为原料，经过发酵后再蒸馏三次而成的谷物酒。现有荷兰麦芽式金酒和英美式干型金酒两种。

5. 朗姆酒(Rum)

朗姆酒以甘蔗汁或制糖后的副产品中的废糖蜜为原料，经发酵蒸馏成食用酒精，然后放于橡木桶中陈酿，最后与香料兑制而成。其酒液透明，呈淡黄色，有独特的香味，入口有刺激感，酒度为40度左右，口味有甜和不甜两种。

6. 特吉拉酒(Tequila)

特吉拉酒由经过发酵的龙舌兰汁和压榨的无刺仙人掌汁，经蒸馏而成。

7. 香槟酒

香槟酒是一种起泡的白葡萄酒，产自法国历史上的香槟省。据传，17世纪末，该酒由香槟省莱妙斯城山上教堂内的僧侣发明，并以地名命名，以后逐渐遍销世界，成为世界著名的佳酿。香槟酒含酒精12～13度，分极干、干、半甜和极甜4种。

(二) 配制酒(利口酒)

配制酒类，就是广义上的葡萄酒，是世界上消费量最大的酒类，主要有红、白葡萄酒和香槟酒等，一般酒度为11～18度。

(三) 啤酒

啤酒是用大麦或其他杂类麦、糊状物，经过发酵酿制，再加上啤酒花制成的低度酒。一般酒度为11～8度。啤酒的成分有水、酒精、碳水化合物、蛋白质、二氧化碳、矿物质等，其中碳水化合物可提供热量，二氧化碳可使人清凉舒适，啤酒具有开胃的作用。鉴别啤酒的好坏主要看其持泡性是否显著，优质啤酒泡多、细密，呈白色。此外，还可根据色、香、味等指标进行质量判断。

小资料

洋酒年份标志

三星：表示三年酿

五星：表示五年存酿

Vsop：表示五年以上、十年以下存酿。

Vo：表示十年以上存酿。

XO：表示二十年以上、六十年以下存酿。

Extra-old：表示六十年以上存酿。

Pale表示浅色，Ver表示非常，Supervision表示高级的，Old表示老的，Extra-old表示特级老的。

学习任务三 酒的起源及发展

一、酒的起源

酒是一种历史悠久的饮料，与人们的生活关系十分密切。欢庆佳节、婚丧嫁娶、宴请宾客时都少不了酒。它有消除疲劳、增进食欲、加快血液循环、促进人体新陈代谢的作用，适量饮酒有利于身体健康。在酒会、宴会、聚会等场合，酒能活跃气氛，增进友谊。酒还是烹调中的上等佐料，它不仅可以除腥，还可使菜肴更美味。

中国是酒的王国，古往今来，多少文人骚客把酒临风，神驰八极，借酒抒怀，写下了数以万计的诗词歌赋，给后世留下了丰富多彩、千姿百态的酒文化。

据考古学家证明，在近现代出土的新石器时代的陶器制品中，已有了专用的酒器，这说明在原始社会，我国酿酒已很盛行。而后经过夏、商两代，饮酒的器具也越来越多。在出土的殷商文物中，青铜酒器占相当大的比重，说明当时饮酒的风气确实很盛。

之后的文字记载中，关于酒的起源的记载虽然不多，但关于酒的记述却不胜枚举。综合起来，我们主要从三个方面了解酒的起源：酿酒起源的传说(上天造酒说、猿猴造酒说、仪狄造酒说、杜康造酒说)，考古资料对酿酒起源的佐证，以及现代学者对酿酒起源的看法。

(一) 酿酒起源的传说

在古代，往往将酿酒的起源归于某某人的发明，由于这些观点的影响非常大，以致成了正统的观点。对于这些观点，宋代《酒谱》曾提出过质疑，认为"皆不足以考据，而多其赘说也"。虽然这些观点的真实性有待考证，但作为一种文化认同现象，不妨罗列于下。关于酒的起源，主要有以下几种传说。

1. 上天造酒说

素有"诗仙"之称的李白，在《月下独酌·其二》一诗中有"天若不爱酒，酒星不在天"的诗句；东汉末年以"座上客常满，樽中酒不空"自诩的孔融，在《与曹操论酒禁书》中有"天垂酒星之耀，地列酒泉之郡"之说；经常喝得大醉，被誉为"鬼才"的诗人李贺，在《秦王饮酒》一诗中也有"龙头泻酒邀酒星"的诗句。此外，如"吾爱李太白，身是酒星魂""酒泉不照九泉下""仰酒旗之景曜""拟酒旗于元象""囚酒星于天岳"等诗句，也都提到了酒。窦苹所撰《酒谱》中，也有"酒星之作也"的语句，意思是自古以来，我国祖先就有酒是天上"酒星"所造的说法。不过就连《酒谱》作者本身也不相信这样的传说。

《晋书》中也有关于酒旗星座的记载："轩辕右角南三星曰酒旗，酒官之旗也，主宴飨饮食。"轩辕，我国古星名，共十七颗星，其中十二颗属狮子星座。酒旗三星，即狮子座的 ψ、ε 和 $\sim$ 三星。这三颗星，呈"1"形排列，南边紧傍二十八宿的柳宿蜂颗星。柳宿八颗星，即长蛇座 δ、σ、η、P、ε、3、W、$\odot$ 八星。在明朗的夜晚，对照星图仔细在天空中搜寻，狮子座中的轩辕十四和长蛇座的二十八宿中的星宿一非常明亮，很容易找到，酒旗三星因亮度太小或太遥远，则肉眼很难辨认。

酒旗星的发现，最早见《周礼》一书中，距今已有近三千年的历史。二十八宿的说法，始于殷代而确立于周代，是我国古代天文学的伟大创造之一。在当时科学仪器极其简陋的情况下，我们的祖先能在浩渺的星汉中观察到这几颗并不十分明亮的"酒旗星"，并留下关于酒旗星的种种记载，这不能不说是一种奇迹。至于因何而命名为"酒旗星"，并认为它主宴飨饮食，那不仅说明我们的祖先有丰富的想象力，而且也证明酒在当时的社会活动与日常生活中，确实占有相当重要的位置。然而，酒自"上天造"之说，既无立论之理，又无科学论据，此乃附会之说，文学渲染夸张而已。姑且录之，仅供鉴赏。

2. 猿猴造酒说

唐人李肇所撰《国史补》一书，对人类如何捕捉聪明伶俐的猿猴，有一段极精彩之记载。猿猴是十分机敏的动物,它们居于深山野林中,在巉岩林木间跳跃攀缘,出没无常,很难活捉到它们。经过细致的观察,人们发现并掌握了猿猴的一个致命弱点,那就是"嗜酒"。于是,人们在猿猴出没的地方,摆几缸香甜浓郁的美酒。猿猴闻香而至,先是在酒缸前踌躇不前,接着便小心翼翼地用指蘸酒吮尝,时间一久,没有发现什么可疑之处,终于经受不住香甜美酒的诱惑,开怀畅饮起来,直到酩酊大醉,乖乖地被人捉住。这种捕捉猿猴的方法并非我国独有,东南亚一带的居民和非洲的土著民族捕捉猿猴或大猩猩时,也都采用类似的方法。这说明猿猴是经常和酒联系在一起的。

猿猴不仅嗜酒,而且还会"造酒",这在我国的许多典籍中都有记载。清代文人李调元在他的著作中记叙道:"琼州(今海南岛)多猿……。尝于石岩深处得猿酒,盖猿以稻米杂百花所造,一石六辄有五六升许,味最辣,然极难得。"清代的另一部笔记小说中也说:"粤西平乐(今广西壮族自治区东部,西江支流桂江中游)等府,山中多猿,善采百花酿酒。樵子入山,得其巢穴者,其酒多至娄石。饮之,香美异常,名曰猿酒。"看来人们在广东和广西都曾发现过猿猴"造"的酒。无独有偶,早在明朝时期,亦有关于猿猴"造"酒的传说的记载。明代文人李日华在他的著述中,也有过类似的记载:"黄山多猿猱,春夏采杂花果于石洼中,酝酿成酒,香气溢发,闻娄百步。野樵深入者或得偷饮之,不可多,多即减酒痕,觉之,众猱伺得人,必嬲死之。"可见,这种猿酒是偷饮不得的。

这些不同时代、不同人的记载,至少可以证明这样的事实,即在猿猴的聚居处,多有类似"酒"的东西被发现。至于这种类似"酒"的东西,是怎样产生的,是纯属生物适应自然环境的本能性活动,还是猿猴有意识、有计划的生产活动,倒是值得研究的。要解释这种现象,还得从酒的生成原理说起。

酒是一种发酵食品,它是由一种叫做酵母菌的微生物分解糖类而产生的。酵母菌是一种分布极其广泛的菌类,在广袤的大自然中,尤其在一些含糖分较高的水果中,这种酵母菌更容易繁衍滋长。含糖的水果是猿猴的重要食品。当成熟的野果坠落下来后,由于受到果皮上或空气中的酵母菌的作用而生成酒,是一种自然现象。在我们的日常生活中,在腐烂的水果摊床附近,在垃圾堆旁,常常能嗅到由于水果腐烂而散发出来的阵阵酒味。猿猴在水果成熟的季节,收贮大量水果于"石洼中",堆积的水果受自然界中酵母菌的作用而发酵,在石洼中将"酒"液析出。这样一来,既不影响水果的食用,又能析出"酒",还有一种特别的香味供享用,长此以往,猿猴便能在不自觉中"造"出酒来,这是既合乎逻辑又合乎情理的事情。当然,从最初尝到发酵的野果到"酝酿成酒",对猿猴来讲是一个漫长的过程,究竟经过多少年代,恐怕无法说清楚。

3. 仪狄造酒说

相传夏禹时期的仪狄发明了酿酒。公元前二世纪,史书《吕氏春秋》云:"仪狄作酒。"汉代刘向编辑的《战国策》则进一步说明:"昔者,帝女令仪狄作酒而美,进之禹,禹饮而甘之,曰:'后世必有饮酒亡其国者。'遂疏仪狄而绝旨酒(禹乃夏朝帝王)。"

史籍中有多处提到仪狄"作酒而美""始作酒醪",似乎仪狄乃制酒之始祖。这是否是事实，有待于进一步考证。一种说法叫"仪狄作酒醪，杜康作秫酒"。这里并无时代先后之分，似乎是说他们"作"的是不同的酒。"醪"，是糯米经过发酵而成的"醪糟儿"。性温软，其味甜，多产于江浙一带。现在不少家庭中，仍自制醪糟儿。醪糟儿洁白细腻，稠状的糟糊可当主食，上面的清亮汁液颇近于酒。"秫"，高粱的别称。杜康作秫酒，指的是杜康造酒所使用的原料是高粱。如果硬要将仪狄或杜康确定为酒的创始人的话，只能说仪狄是黄酒的创始人，而杜康则是高粱酒的创始人。

还有一种说法叫"酒之所兴，肇自上皇，成于仪狄"。意思是说，自上古三皇五帝时起，就有各种各样的造酒方法流行于民间，是仪狄将这些造酒方法归纳总结出来，使之流传于后世的。能进行这种总结推广工作的，当然不是一般平民，所以有的书中认定仪狄是司掌造酒的官员，这也有一定的道理。有书记载仪狄作酒之后，禹曾经"绝旨酒而疏仪狄"，也从侧面证明仪狄是很接近禹的"官员"。

仪狄是什么时代的人呢？比起杜康来，古籍中关于仪狄的记载比较一致，例如《世本》《吕氏春秋》《战国策》中都认为他是夏禹时代的人。他到底从事什么职务呢？是司酒造业的"工匠"，还是夏禹手下的臣属？他生于何地、葬于何处？关于这些，都没有确凿的史料可考。那么，他是怎样发明酿酒的呢？《战国策》中说："昔者，帝女令仪狄作酒而美，进之禹，禹钦而甘之，遂疏仪狄，绝旨酒，曰：'后世必有以酒亡其国者。'"这一段记载，较之其他古籍中关于杜康造酒的记载，就算详细的了。根据这段记载，可推测情况大体是这样的：夏禹的女人令仪狄去监造酿酒，仪狄经过一番努力，造出来的酒味道很好，于是奉献给夏禹品尝。夏禹喝了之后，觉得味道的确很好。可是这位被后世人奉为"圣明之君"的夏禹，不仅没有奖励造酒有功的仪狄，反而从此疏远了他，对他不仅不再信任和重用，反而自己从此和美酒绝了缘。还说后世一定会有因为饮酒无度而误国的君王。这段记载流传于世的结果是，一些人对夏禹倍加尊崇，推他为廉洁开明的君主；因为"禹恶旨酒"，竟使仪狄成了专事谄媚进奉的小人。这实在是修史者始料未及的。

那么，仪狄是不是酒的"始作"者呢？有的古籍中还有与《世本》相矛盾的说法。例如孔子八世孙孔鲋，他认为帝尧、帝舜都是饮酒量很大的君王。黄帝、尧、舜，都早于夏禹，早于夏禹的尧舜都善饮酒，那么他们饮的是谁制造的酒呢？可见说夏禹的臣属仪狄"始作酒醪"是不大确切的。事实上用粮食酿酒是件程序、工艺都很复杂的事，单凭个人力量是难以完成的。仪狄"始作酒醪"似乎不大可能。如果说他是位善酿美酒的匠人、大师，或是监督酿酒的官员，他总结了前人的经验，完善了酿造的方法，终于酿出了质地优良的酒醪，这还是有可能的。所以，郭沫若说："相传禹臣仪狄开始造酒，这是指比原始社会时代的酒更甘美浓烈的旨酒。"这种说法似乎更可信。

4. 杜康造酒说

关于杜康造酒，有一种说法是杜康"有饭不尽，委之空桑，郁结成味，久蓄气芳，本出于代，不由奇方"。意指杜康将未吃完的剩饭，放置在桑园的树洞里，剩饭在洞中发酵后，有芳香的气味传出。这就是酒的做法，并无什么奇异之处。由生活中的契机启发创造发明之灵感，这很合乎一些发明创造的规律。这段记载流传于后世，杜康便成为能够留心周围的小事，并能及时启动创作灵感的发明家了。

魏武帝《短歌行》曰："何以解忧，唯有杜康。"自此之后，认为酒由杜康所创的说法似乎更多了。窦苹考据了"杜"姓的起源及沿革，认为"杜氏本出于刘，累在商为豕韦氏，武王封之于杜，传至杜伯，为宣王所诛，子孙奔晋，遂有杜氏者，士会和言其后也"。杜姓发展到杜康的时候，已经是禹之后很久的事情了，在此上古时期，就已经有"尧酒千钟"之说了。如果说酒是由杜康所创，那么尧喝的是什么人酿造的酒呢？

关于杜康，历史上确有其人。古籍中如《世本》《吕氏春秋》《战国策》《说文解字》等，都对杜康都有过记载。清乾隆十九年重修的《白水县志》中，对杜康也有过较详细的记载。白水县，位于陕北高原南缘与关中平原交接处，因流经县治的一条河水底多白色头而得名。白水县，系"古雍州之城，周末为彭戏，春秋为彭衙""汉景帝建粟邑衙县""唐建白水县于今治"，可谓历史悠久。白水因有所谓"四大贤人"遗址而名蜚中外：一是相传为黄帝的史官、创造文字的仓颉，出生于本县阳武村；一是死后被封为彭衙土神的雷祥，生前善制瓷器；一是我国"四大发明"之一的造纸术发明者东汉人蔡伦，不知缘何因由也在此地留有坟墓；最后就是相传为酿酒鼻祖的杜康的遗址了。一个黄土高原上的小小县城，是仓颉、雷祥、蔡伦、杜康这四大贤人的遗址所在地，其显赫程度不言而喻。

"杜康，字仲宁，相传为县康家卫人，善造酒。"康家卫是一个至今还存在的小村庄，西距县城七八公里。村边有一道大沟，长约十公里，最宽处一百多米，最深处也近百米，人们叫它"杜康沟"。沟的起源处有一眼泉，四周绿树环绕，草木丛生，名"杜康泉"。县志上说"俗传杜康取此水造酒""乡民谓此水至今有酒味"。有酒味固然不确，但此泉水质清冽甘爽却是事实。清流从泉眼中汩汩涌出，沿着沟底流淌，最后汇入白水河，人们称它为"杜康河"。杜康泉旁边的土坡上，有个直径五六米的大土包，以砖墙围护着，传说是杜康埋骸之所。杜康庙就在坟墓左侧，凿壁为室，供奉杜康造像，可惜如今庙与像均毁。据县志记载，往日，乡民每逢正月二十一日，都要带上供品，到这里来祭祀，组织"赛享"活动。这一天热闹非常，搭台演戏，商贩云集，熙熙攘攘，直至日落西山人们方兴尽而散。如今，杜康墓和杜康庙均在修整，杜康泉上已建好一座凉亭。亭呈六角形，红柱绿瓦，五彩飞檐，楣上绘着"杜康醉刘伶""青梅煮酒论英雄"的故事图画。尽管杜康的出生地等均系"相传"，但据考古工作者在此一带发现的残砖断瓦考定，商、周之时，此地确有建筑物，这里产酒的历史也颇为悠久。唐代大诗人杜甫于安史之乱时，曾携家来此依其舅氏崔少府，写下了《白水舅宅喜雨》等多首诗，诗句中有"今日醉弦歌""生开桑落酒"等饮酒的记载。酿酒专家们对杜康泉水也做过化验，认为水质适于造酒。1976年，白水县人在杜康泉附近建立了一家现代化酒厂，定名为"杜康酒厂"，用该泉之水酿酒，产品名"杜康酒"，曾获得国家轻工作部全国酒类大赛的铜杯奖。

无独有偶，清道光十八年重修的《伊阳县志》和道光二十年修订的《汝州全志》中，也都有过关于杜康遗址的记载。《伊阳县志》中的《水》条里，有"杜水河"一语，释曰"俗传杜康造酒于此"。《汝州全志》中说"杜康叭在城北五十里"处。今天，这里倒是有一个叫"杜康仙庄"的小村庄，人们说这里就是杜康叭。"叭"，本义是指石头的破裂声，而杜康仙庄一带的土壤又正是由山石风化而成的。从地隙中涌出许多股清冽的泉水，汇入村旁流过的一条小河中，人们称这段河为杜水河。令人感到有趣的是在傍村的这段河道中，生长着一种长约一厘米的小虾，全身澄黄，蜷腰横行，为别处所罕见。此外，生长在这段河道上的鸭子生的蛋，蛋黄泛红，远较他处的颜色深。此地村民由于饮用这段河水，竟没有患胃病的。在距杜康仙庄北约十多公里的伊川县境内，有一眼名叫"上皇古泉"的泉眼，相传杜康在此取过水。如今在伊川县和汝阳县，已分别建立了颇具规模的杜康酒厂，产品都叫杜康酒。伊川的产品、汝阳的产品连同白水的产品合在一起，年产量达一万多吨，这恐怕是杜康当年所无法想象的。

史籍中还有少康造酒的记载。少康即杜康，不过是不同年代的不同称谓罢了。那么，酒之源究竟在哪里呢？窦苹认为"予谓智者作之，天下后世循之而莫能废"，这是很有道理的。劳动人民在经年累月的劳动实践中，积累了制造酒的方法，经过有知识、有远见的"智者"的归纳总结，后代人按照先祖传下来的办法一代一代地相袭相循，流传至今。这个说法比较接近实际，也是合乎唯物主义的认识论的。

(二) 考古资料对酿酒起源的佐证

谷物酿酒的两个先决条件是具备酿酒原料和酿酒容器。以下几个典型的新石器文化时期的关于酒的发现对确定酿酒的起源有一定的参考作用。

1. 裴李岗文化时期(公元前6000—5000年)

2. 河姆渡文化时期(公元前4000—500年)

上述两个文化时期，均有陶器和农作物遗存，均具备酿酒的物质条件。

3. 磁山文化时期

磁山文化时期距今7355—7235年，有发达的农业经济。据有关专家统计：在遗址中发现的粮食堆积为100m³，折合重量为5万公斤，还发现了一些形似后世酒器的陶器。有人认为在磁山文化时期，利用谷物酿酒的可能性是很大的。

4. 河南陕西一带仰韶文化时期(距今7000—5000年)

陕西眉县仰韶文化遗址曾出土了一组陶器，共有五只小杯、四只高脚杯和一只陶葫芦，经专家鉴定确认为酒具。这表明当时的人们已掌握了酿酒技艺。

5. 四川三星堆古蜀文化遗址(公元前4800—2900年)

四川三星堆古蜀文化遗址地处四川省广汉，埋藏物为公元前4800年至公元前2870年之间的遗物。该遗址出土了大量的陶器和青铜酒器，其器形有杯、觚、壶等。其形状之大在史前文物中也属少见。

6. 山东莒县陵阴河大汶口文化墓葬

1979年，考古工作者在山东莒县陵阴河大汶口文化墓葬中发掘了大量的酒器。尤其引人注意的是其中有一套组合酒器，包括酿造发酵所用的大陶尊、滤酒所用的漏缸、贮酒所用的陶瓮、煮熟物料所用的炊具陶鼎，还有各种类型的饮酒器具，共一百多件。据考古人员分析，墓主生前可能是一个职业酿酒者[王树明.大汶口文化晚期的酿酒.中国烹饪，1987(9)]。在发掘到的陶缸壁上还发现刻有一幅图，据分析这幅图画是滤酒图。

在龙山文化时期，酒器就更多了。国内学者普遍认为在龙山文化时期，酿酒已成为较为发达的行业。

另外，从河南龙山文化遗址(距今4900~4000年)中，考古工作者发现了更多的酒器、酒具，足以证明在这个时期，酿酒技术已较为成熟。

从考古发掘和专家的论证中，我们可以肯定，在距今六千多年前的新石器时代(甚至更早)，我国就出现了酿酒工艺。而传说中造酒的中华酒始祖"仪狄"或"杜康"，则可能是在前人的基础上进一步改进了酿酒的工艺，进一步提高了酒的醇度，使之更加甘美，从而使原始的酿酒逐步演变成人类有意识、有目的的酿造活动。总而言之，酿酒技术是人类在生产活动中发明创造的，是劳动人民聪明才智的结晶。

(三) 现代学者对酿酒起源的看法

1. 酒是天然产物

最近科学家发现，在漫漫宇宙中，存在着一些天体，就是由酒精所组成的。其所蕴藏的酒精，如制成啤酒，可供人类饮几亿年。这说明什么问题？可用来说明酒是自然界的一种天然产物。人类不是发明了酒，仅仅是发现了酒。酒的最主要的成分是酒精(学名是乙醇，分子式为CH_3CH_2OH)，许多物质可以通过多种方式转变成酒精。如葡萄糖可在微生物所分泌的酶的作用下，转变成酒精；只要具备一定的条件，就可以将某些物质转变成酒精，而大自然完全具备产生这些条件的基础。

我国晋代的江统在《酒诰》中写道："酒之所兴，肇自上皇，或云仪狄，又云杜康。有饭不尽，委馀空桑，郁积成味，久蓄气芳，本出于此，不由奇方。"在这里，古人提出剩饭自然发酵成酒的观点，是符合科学道理及实际情况的。江统是我国历史上第一个提出谷物自然发酵酿酒学说的人。总之，利用谷物酿酒的工艺并非是人类发明的，而是人类发现的。方心芳先生则对此做了具体的描述："在农业出现前后，贮藏谷物的方法较为粗放。天然谷物受潮后会发霉和发芽，吃剩的熟谷物也会发霉，这些发霉发芽的谷粒，就是上古时期的天然曲蘖，将之浸入水中，便发酵成酒，即天然酒。人们不断接触天然曲蘖和天然酒，并逐渐接受了天然酒这种饮料，久而久之，就发明了人工曲蘖和人工酒。"现代科学对这一问题的解释是：剩饭中的淀粉在自然界中存在的微生物所分泌的酶的作用下，逐步分解成糖分、酒精，自然转变成了酒香浓郁的酒。在远古时代人们的食物中，采集的野果含糖分高，无需经过液化和糖化，最易发酵成酒。

2. 果酒和乳酒——第一代饮料酒

人类有意识地酿酒，是从模仿大自然的杰作开始的。我国古代书籍中就有不少关于水果自然发酵成酒的记载。如宋代周密在《癸辛杂识》中曾记载山梨被人们贮藏在陶缸中后竟变成了清香扑鼻的梨酒；元代的元好问在《蒲桃酒赋》的序言中也记载某山民因避难山中，堆积在缸中的蒲桃也变成了芳香醇美的葡萄酒。古代史籍中还有所谓"猿酒"的记载，当然这种猿酒并不是猿猴有意识酿造的酒，而是猿猴采集的水果自然发酵所生成的果酒。

远在旧石器时代，人们以采集和狩猎为生，水果自然是主食之一。水果中含有较多的糖分(如葡萄糖、果糖)及其他成分，在自然界中微生物的作用下，很容易自然发酵生成香气扑鼻、美味可口的果酒。另外，动物的乳汁中含有蛋白质、乳糖，极易发酵成酒，以狩猎为生的先民们也有可能意外地从留存的乳汁中得到乳酒。在《黄帝内经》中，记载了一种叫做"醴酪"的食物，便是我国乳酒的最早记载。根据古代的传说及对酿酒原理的推测，人类有意识酿造的最原始的酒类品种应是果酒和乳酒，因为水果的汁和动物的乳汁极易发酵成酒，所需的酿造技术较为简单。

3. 谷物酿酒始于农耕时代还是先于农耕时代

探讨谷物酿酒的起源，有两个问题值得考虑：谷物酿酒起源于何时？我国最古老的谷物酒属于哪类？对于后一个问题，将在学习单元二的啤酒部分作详细介绍。

关于谷物酿酒始于何时，有两种截然相反的观点。

传统的酿酒起源观认为，酿酒技术是在农耕之后才发展起来的，这种观点早在汉代就有人提出，汉代刘安在《淮南子》中说："清盎之美，始于未耜。"现代的许多学者也持有相同的看法，有人甚至认为当农业发展到一定程度，有了剩余粮食后，人们才开始酿酒。

另一种观点认为，谷物酿酒先于农耕时代，如在1937年，我国考古学家吴其昌先生曾提出一个很有趣的观点：我们祖先最早种稻种黍的目的，是酿酒而非做饭……吃饭实际是从饮酒中发展出来的。这种观点在国外是较为流行的，但一直没有证据。时隔半个世纪，美国宾夕法尼亚大学人类学家索罗门·卡茨博士发表论文，又提出了类似的观点，他认为人们最初种植粮食的目的是酿制啤酒，人们先是发现采集而来的谷物可以酿造成酒，而后开始有意识地种植谷物，以便保证酿酒原料的供应。他为该观点的补充了以下论据。在远古时代，人类的主食是肉类不是谷物，既然人类赖以生存的主食不是谷物，那么对人类种植谷物的解释也可另辟蹊径。国外有关专家发现在一万多年前的远古时代，人们已经开始酿造谷物酒，而那时，人们仍然过着游牧生活。

综上所述，关于谷物酿酒的起源有两种主要观点，即先于农耕时代、后于农耕时代。新观点的提出，以及对传统观点进行再探讨，对研究酒的起源和发展以及促进人类社会的发展都是极有意义的。

■ 二、酒的发展

中国是世界上酿酒历史最悠久、酒业生产最发达的国家之一。千百年来，中国酿酒工艺不断得到发展，酒的种类繁多，其中白酒已成为人们普遍接受的饮料佳品。

第一阶段：19世纪后期，我国开始了现代化葡萄酒厂的建设。著名实业家、南洋华侨富商张弼士在山东烟台开办"张裕葡萄酒公司"。这是我国第一个现代化葡萄酒厂。该公司拥有葡萄园千余亩，引入、栽培了欧美知名的葡萄品种一百二十余种，并从国外引进了压榨机、蒸馏机、发酵机、白橡木贮酒桶等成套设备。先后酿出红葡萄酒、白葡萄酒、味美思、白兰地等16种酒。继张裕公司之后，全国其他一些地区如北京、天津、青岛、太原也相继建立了葡萄酒厂。但是，由于这一时期葡萄酒主要供洋商买办等少数人饮用，所以并没有多大发展。

同时，我国现代啤酒生产在这一时期也开始兴起。1900年，俄国人最先在哈尔滨开办啤酒厂；1903年，英国人和德国人在青岛联合开办英德啤酒公司；1912年，英国人在上海建起啤酒厂，即现在的上海啤酒厂的前身。当时，这些啤酒厂生产的啤酒也只供应外国侨居和来华的外国人，加之当时中国人对于啤酒的饮用尚未习惯，加上制造啤酒用的酒花也完全依靠进口，价格昂贵，所以啤酒的产销量极其有限。

第二阶段：20世纪后期，新中国成立后，酒业生产得到迅速恢复和发展，无论是在产量、品质、制作工艺还是在科学研究等方面都有了空前的增长和提高。

为了满足市场需求，除了白酒和黄酒外，从20世纪50年代起，我国啤酒产量与日俱增，到1988年，成为仅次于美国、德国的世界第三啤酒产销大国。另外，葡萄酒的产量也得到大大提高，配制酒、药酒的产量和品种也不断地得到丰富。

在酿酒原料方面，广泛开辟各种新途径，特别是改变了过去主要以糖食为原料酿造白酒的传统。目前，在白酒酿造中所用到的非粮食原料已达数百种。

在酿酒设备方面，变手工操作为机械操作，进入了半自动化和自动化生产时期，并在酿酒工艺、技术方面大胆地进行了改革和创新，吸收国外先进经验，培养具有专业技术的酿酒人员，设立了有关酿酒发酵的研究所，把研究成果运用到生产中，取得了显著的效果，对整个酿酒事业的发展产生了很大的推动作用，使我国酒的产量不断增加，品质风味精益求精。高税利的酒类产业已成为国家财政收入的一个重要来源。根据市场的需求，近年来，国家不断调整酒类生产规划，提倡大力发展啤酒、葡萄酒、黄酒和果酒产业，扩大优质名牌白酒的生产规模，逐步增加低度白酒的生产比例，确定了酿酒业发展的新方向。

三、酒器

饮酒离不开酒器。我国饮酒历史源远流长，随着酒的产生和发展，酒器也逐步由低级、简陋向高级、华美的方向发展。各种酒器的发展，凝聚了我国劳动人民的智慧。酒器的诞生和演变，也论证了中国酒文化的发展。

我国古代的酒器，不但品种繁多，而且日益精美和完善。古人对酒器非常重视，有"非酒器无以饮酒""饮酒之器大小有度"之说。

凡是用于贮酒、量酒、温酒和饮酒的各种器皿都可称为酒器或酒具，可按不同的划分标准分为若干类。按酒器制品的原料来划分，主要有陶制品酒器、青铜制品酒器、木漆制品酒器、玉制品酒器、瓷制品酒器、金银制品酒器、玻璃制品酒器、塑料制品酒器等。还可以按酒器的用途来划分，可分为三类：盛酒酒器、饮酒酒器。

1. 盛酒酒器

(1) 卣(yǒu)，是酒器中重要的一类，如图1-4所示。卣的出土很多，但多见商朝及西周中期。卣的名称定自宋朝。《重修宣和博古图》卷九《卣总说》说："卣之为器，中尊卣也。"《觥记注》说："卣者，中尊也，受五斗。"卣在初期形制上的共同特征是椭圆形，大腹细颈，上有盖，盖有纽，下有圈足，侧有提梁。后来，卣受其他器形的影响，演化成各种形状，有体圆如柱的，有体如瓿的，有体方的，有作鸱鹗形四足的，有作鸟兽形的，有长颈的……其中，著名的品种较多，如西周早期的太保铜鸟卣，高23.5厘米，通体作鸟形，首顶有后垂的角，颔下有两胡，提梁饰鳞纹，有铭文"太保铸"三字。

图1-4　卣　　　　　　　　图1-5　战国陶壶　　　　　　图1-6　青铜角

（2）壶，在礼器中盛行于西周和春秋战国时期，用途极广，与尊、卣同为盛酒器。《重修宣和博古图》说："夫尊以壶为下，盖盛酒之器。"郑獬《觥记注》说："壶者，圆器也。受十斗，乃一时也。"壶的形制多变，在商朝时多圆腹、长颈、贯耳、有盖，也有椭圆而细颈的；西周后期贯耳的少，兽耳衔环或双耳兽形的多；春秋战国时期则多无盖，耳朵蹲兽或兽面衔环。图1-5所示为战国陶壶。秦汉以后，陶瓷酒壶、金银酒壶蔚为大观，其形状多有嘴，有把儿或提梁，体有圆形、方形等不一而足。其著名品种如现藏河南省博物馆的商朝陶壶，高22厘米，口颈7.4厘米，黑皮陶，打磨光亮，有盖，长颈，鼓腹，腹径最大处靠近低部，圈足，颈后腹部有弦纹数周，形制十分精美。

（3）角，一种圆形的酒器，同时也是量器。《吕氏春秋·仲来》有记载："正钧石，齐升角。"意思是要校正量器和衡器。注说："石、升、角、皆量器也。"依次序排列，角在升之后，显然比升要小，后世酒肆卖酒时用来从坛里舀酒的长柄提子就是角。《水浒传》里的梁山泊好汉到酒店里常喊："酒家，打几角酒。"可见，角在宋元明时代已经盛行。图1-6所示为青铜角。

2. 饮酒酒器

饮酒的酒器主要有：觚、觯、角、爵、杯、舟。不同身份的人使用不同的饮酒器具，如《礼记·礼器》篇明文规定："宗庙之祭，尊者举觯，卑者举角。"

（1）觚。一种平底、有把、口上刻有凹图形的大口酒器。《诗·周南·卷耳》有"我姑酌彼凹觥"的诗句，旧注说："觥大七升，以凹角为之。"但并不一定是角制的。考古发现有铜凹，容量确比通常酒杯大，所以后人常泛称大酒杯为觥。觥如图1-7所示。

（2）觚。觚字古与"瓠"通，即葫芦，古人常用葫芦壳当作瓢盛水，当然也可以盛酒，这种酒器的名称大概由此而来。觚是大口、底部缩入的酒器，它的容量，据《仪礼》

郑玄注："爵,一升;觚,二升;觯(也是大口酒器),三升;角,四升。"但也有人说角可容得三升。觚如图1-8所示。

(3) 爵。一种状似鸟雀或饰有鸟雀图形的敞口酒器,腹下有三脚。爵是一种酒器,同时也是一种礼器,君王常用它赐酒给臣下用。所以人们将它和"爵禄""爵位"联系起来了。爵如图1-9所示。

图1-7 觥

图1-8 觚

图1-9 爵

四、酒的效用

(一) 酒可健身

酒的健身作用,有其医学依据,酒一出现便被用于医学。传统医学认为:"酒乃水谷之气,辛甘性热,人心肝二经,有活血化瘀,疏通经络,祛风散寒,消积冷健胃之功效。"《本草备要》记载:"少饮则和血运气,壮神御寒,遣兴消愁,辟邪逐秽,暖内脏,行药势。"现代医学认为酒"少则益,多则弊"。总之,酒少饮能增加唾液、胃液的分泌,促进胃肠的消化与吸收,增进血液循环,使血管扩张、脑血流量增加,令人精神兴奋、食欲增加,还能强心提神、促进睡眠、消除疲劳。著名医学家李时珍特别看重米酒、老酒、白酒的治病功效。

根据中医的观点,酒对人的肌体及功能的调节有着十分重要的作用。

(1) 酒能驱寒。

(2) 酒可增进食欲。

(3) 酒能安神镇静。

(4) 酒可舒筋活血。

(5) 酒能解毒。

(6) 酒能防治瘟疫。

果酒、黄酒、啤酒等低度酒含有丰富的营养和各种氨基酸以及维生素,经常适量小酌对身体有一定的好处。如能坚持常饮少量原汁葡萄酒,则既可强心补血、软化血管,又可治疗多种贫血症。因为葡萄酒除含糖类、醇类、酸类、蛋白质、矿物质、脂、氨基酸等人体所需的营养物质外，还含有维生素C、维生素B_6、维生素D等这些可促进人体发育、防止疾病产生的多种维生素。为此，有些医生建议：低血压患者每日可坚持喝15毫升葡萄酒，作为一种良好的辅助性治疗手段。啤酒，因其含有二氧化碳而具有消暑解热之功效，是夏季一种理想的清凉营养饮料。它不仅能解渴、助消化、健脾胃、振食欲，而且对某些疾病，如高血压、贫血等，均有一定的疗效。药酒，分补性酒和药性酒，前者对人体起滋补作用，能促进身体健康，它属于饮料酒；后者则是以防治疾病为主的药酒。生理学家曾测定，人在适量饮酒之后，体内的胰液素与饮酒前相比有明显增加，这种由人的胰脏分泌的消化性激素，对人的健康是极为有利的。

随着年龄的增长，特别是进入中老年阶段，人体的各项功能开始衰退，此时，适当饮酒有益于身体健康。总之，适量饮酒，可以驱寒、增进食欲、安神镇静、舒筋活血、防疫杀菌，既有补养效果，又具有医疗保健作用。

(二) 酒是人际交往的润滑剂，友好的使者

在人们的日常生活中，酒不仅被看作一种单纯的饮料，它还是人际关系的"润滑剂"和个人的"壮胆剂"，它起到调节人际关系的作用。中国有句俗话说："无酒不成席。"酒在我们的社会生活中无所不在，从古到今，中国人一向重视友谊，友人相逢，无论是久别重逢，还是应邀而逢，都要把酒叙情，喝个痛快。现在人们在饮酒时还编了许多酒令和酒歌，如"酒逢知己千杯少，能喝多少喝多少，能喝多不喝少，一点不喝也不好""一杯酒，开心扇""五杯酒，亲情胜过长江水……"

(三) 酒中怡情

1. 酒令

饮酒行令，是中国人在饮酒时助兴的一种特有方式，是中国人的独创。它既是一种烘托、融洽饮酒气氛的娱乐活动，又是斗智斗巧、提高宴饮品味的文化艺术。酒令的内容涉及诗歌、谜语、对联、投壶、舞蹈、下棋、游戏、猜拳、成语、典故、人名、书名、花名、药名等方面的文化知识，大致可以分为雅令、通令、筹令三类。

(1) 雅令。雅令的行令方法是：先推一人为令官，或出诗句，或出对子，其他人按首令之意续令，续令必在内容与形式上相符，不然则被罚饮酒。行雅令时，必须引经据典，分韵联吟，当席构思，即席应对。这就要求行酒令者既要有文采和才华，又要敏捷和机智，所以它是酒令中最能展示饮者才思的项目。在形式上，雅令有作诗、联句、道名、拆字、改字等多种形式，因此，又可以称为文字令。

(2) 通令。通令的行令方法主要为掷骰、抽签、划拳、猜数等。通令的运用范围广，一般人均可参与，很容易营造酒宴中热闹的气氛，因此较为流行。但通令掳拳奋臂，叫号喧争，有失风度，显得粗俗、单调、嘈杂。其通令最常见的行酒令方式主要有猜拳、击鼓传花。

① 猜拳。即用五个手指做成不同的姿势代表某个数，出拳时两个人同时报一个十以

内的数字，以所报数字与两个手指数相加之和相等者为胜。输者须喝酒。如果两个人报的数字相同，则不计胜负，重新再来一次。

② 击鼓传花。在酒宴上宾客依次坐定位置，由一人击鼓，击鼓的地方与传花的地方是分开的，以示公正。开始击鼓时，花束就依次传递，鼓声一落，花束落在谁的手中，谁就得罚酒。因此，花束的传递很快，每个人都唯恐花束留在自己的手中。击鼓的人也应有一定的技巧，有时紧，有时慢，营造一种捉摸不定的气氛，从而加剧场上的紧张气氛，一旦鼓声停止，大家都会不约而同地将目光投向接花者，此时大家一哄而笑，紧张的气氛顿时消散。如果花束正好落在两个人手中，则由两人通过猜拳或其他方式决定胜负。

(3) 筹令。所谓筹令，是把酒令写在酒筹之上，抽到酒筹的人依照筹上酒令的规定饮酒。筹令运用较为便利，但是制作酒筹要费许多工夫，要做好筹签，刻写令辞和酒约。筹签多少不等，有十几签的，也有几十签的，这里列举几套比较宏大的筹令，其内涵之丰富可见一斑。

① 名士美人令。在36枚酒筹上，先写美人西施、神女、卓文君、隋情娱、洛神、桃叶、桃根、绿珠、纤桃、柳枝、宠姐、薛涛、紫云、樊素、小蛮、秦若兰、贾爱卿、小鬟、朝云、琴操20枚美人筹，再写名士范蠡、宋玉、司马相如、司马迁、曹植、王献之、石崇、韩文公(韩愈)、李白、元稹、杜牧、白居易、陶谷、韩琦、范仲淹、苏轼16枚名士筹。然后分别装在美人筹筒和名士筹筒中，由女士和男士分抽酒筹，抽到范蠡者与抽到西施者交杯，而后猜拳，以此类推，抽到宋玉与神女、司马相如和卓文君、司马迁与隋情娱、曹植与洛神等的男女交杯，并猜拳。

② 觞筹交错令。制筹48枚，凹凸其首，凸者涂红色，凹者涂绿色，各24枚。红筹上写清酒席间某人饮酒：酌首座一杯，酌年长一杯，酌年少一杯，酌肥者一杯，酌瘦者一杯，酌身短一杯，酌身长一杯，酌先到一杯，酌后到一杯，酌后到二杯，酌后到三杯，酌左一杯，酌左第二两杯，酌左第三三杯，酌右一杯，酌右第二两杯，酌右第三三杯，酌对座一杯，酌量大三杯，酌主人一杯，酌学子一杯，自酌一杯。绿筹上分写饮酒的方式：左分饮，右分饮，对座代饮，对座分饮，后到代饮，后到分饮，量大代饮，量大分饮，多子者代饮，多妾者分饮，兄弟代饮(年世姻盟乡谊皆可)，兄弟分饮，酌者代饮(自酌另抽)，酌者分饮，饮全，饮半，饮一杯，饮两杯，饮少许，缓饮，免饮。酒令官举筒向客，抽酒筹的人先抽红筹，红盖上若写着"自酌一杯"，则本人再抽一枚绿筹，而绿筹上若写"饮两杯"，抽筹者就得饮两杯酒；若绿筹上写着"免饮"，抽筹者即可不饮酒。如果抽酒筹的人抽到的红筹写"酌肥一杯"，则酒席上最胖的人须抽绿筹，绿筹上若写"右分饮"，则与身边右边的人分饮一杯酒；绿筹上若写"对座代饮"，则对座的人饮一杯。其他的则以此类推。

2. 文人与酒

人们的喜、怒、哀、乐、悲、欢、离、合等种种情感，往往都可借酒来抒发和寄托。

我国历史上的文人，大都与酒结下了不解之缘。古今不少诗人、画家、书法家，都因酒兴致勃发，才思横溢，下笔有神，酒酣墨畅。他们不是咏酒、写酒，就是爱酒、嗜酒，特别是嗜酒的文人，大都被赋予了与酒有关的雅号。比如"酒圣""酒仙""酒狂""酒雄""酒鬼""醉翁"等，他们留下的脍炙人口的诗词歌赋、生动有趣的传说故事一直为后人所津津乐道。

三国时期的政治家、军事家兼诗人曹操在《短歌行》中写道："对酒当歌，人生几何？譬如朝露，去日苦多。慨当以慷，忧思难忘。何以解忧？唯有杜康。"这首诗生动地再现了曹操"老骥伏枥，志在千里"的豪迈气概和建功立业的雄心壮志，也可以说是文人"借酒消愁"的代表作。

晋代有名的"竹林七贤"，不问政治，在竹林中游宴，饮美酒、谈老庄、作文赋诗。阮籍是"竹林七贤"之一，他与六位竹林名士一起饮酒清谈，演绎了一个个酒林趣事。阮籍饮酒狂放不羁，但最令世人称道的还是他的以酒避祸，开创了以醉酒掩盖政治意图的先河。据说，司马昭想为其子司马炎向阮籍之女求婚，阮籍既不想与司马氏结亲也不愿得罪司马氏，只得以酒避祸，一连沉醉六十多天，最后靠着醉酒摆脱了这个困境。

东晋的田园诗人陶渊明写道："酒中有深味。"他的诗中有酒，他的酒中有诗，他的诗篇与他的饮酒生活，同样有名气，为后世所称颂。他虽然官运不佳，只做过几天彭泽令，便赋"归去来兮"，但为官和饮酒的关系却是那么密切，少时衙门有公田，可供酿酒，他下令全部种粳米作为酒料，连吃饭大事都忘记了。还是他夫人力争，才分出一半公田种稻，弃官后没有了俸禄，于是喝酒就成了问题。然而回到四壁萧然的家，最初使他感到欣喜和满足的竟是"携幼入室，有酒盈樽"。

唐朝诗人白居易一向以诗、酒、琴为三友。他自名"醉尹"，常常以酒会友，引酒入诗，"绿蚁新醅酒，红泥小火炉。晚来天欲雪，能饮一杯无""春江花朝秋月夜，往往取酒还独倾"，这些诗句都是他嗜酒的佐证。他一生不仅以狂饮著称，而且也以善酿出名。他为官时，分出相当一部分精力研究酒的酿造。他发现酒的好坏，重要的因素之一是水质如何。但配方不同，也可使"浊水"酿出优质的酒。白居易上任一年多自惭毫无政绩，却为能酿出美酒而沾沾自喜。在酿酒的过程中，他不是发号施令，而是亲自参加实践。

诗仙李白，是唐代首屈一指的大诗人，自称"酒仙"。李白诗风雄奇豪放，想象力丰富，富有浓厚的浪漫主义色彩，对后世影响很大。李白一生嗜酒，与酒结下了不解之缘。据统计，李白传世诗文的1050首，说到饮酒的有170首。在他写的那些热烈奔放、流光溢彩的著名诗篇中，十之七八不离"酒"。他欣喜惬意时不忘酒，有诗句"人生得意须尽欢，莫使金樽空对月""将进酒，杯莫停！…烹羊宰牛且为乐，会须一饮三百杯。…，钟鼓馔玉不足贵，但愿长醉不愿醒"；怀念亲友，与亲友分离时，酒又成了必不可少的寄情物，有诗句"抽刀断水水更流，举杯消愁愁更愁"；在生活中感到忧愁、伤感、彷徨之时，又要借酒排遣与抒情，有诗句"金樽清酒斗十千，玉盘珍馐值万钱，停杯投箸不能食，拔剑四顾心茫然""醒时同交欢，醉后各分散"；在谈到功名利禄时，有诗句"且乐生前一杯酒，何须身后千载名"；即使是在怀古的诗作中也没有离开酒，"姑苏台上乌栖时，吴王宫里醉西施"，真可谓诗酒不分家。当时杜甫在《饮中八仙歌》中极度传神地描绘了李白："李白斗酒诗百篇，长安市上酒家眠。天子呼来不上船，自称臣是酒中仙。"

后人称李白为"诗仙""酒仙"。为了怀念这位伟大的诗人,古时的很多酒店里,都挂着"太白遗风""太白世家"的招牌,此风曾一度流传到近代。

"白日放歌须纵酒"是唐代"诗圣"同时也是"酒圣"杜甫的佳句,据统计,在他现存的一千四百多首诗中,文字涉及酒的有三百多首,占总量的21%。和李白一样,杜甫一生也是酒不离口,杜甫在同李白交往中,两人在一起有景共赏、有酒同醉、有情共抒,亲如兄弟,"醉眠秋共被,携手同日行"就是他们之间的友谊的最生动的写照。同样,在他壮游天下的时候,在他游历京城的时候,在他寓居成都的时候,在他辗转于长江三峡与湘江之上的时候,都始终以酒为伴。晚年的杜甫,靠朋友的接济为生,但还是拼命地饮酒,以至于喝了太多酒,衰弱之躯难以承受,终于,在一个凄凉的晚上病逝于湘江的一条破船上。

北宋著名的文豪苏轼,极其嗜酒,他在《虞美人》中写道:"持杯月下花前醉,休问荣枯事。此欢能有几人知,对酒逢花不饮,待何时?"从他的"明月几时有,把酒问青天"也能感受到苏东坡饮酒的风度和潇洒的神态。苏轼一生与酒结下了不解之缘,到了晚年,更是嗜酒如命。他爱酒、饮酒、造酒、赞酒,在他的作品中仿佛都飘散着酒的芳香。如"明月几时有,把酒问青天""酒酣胸胆尚开张"等。大家都说,是美酒点燃了苏轼文学创作灵感的火花。"苏门四学士"之一的黄庭坚曾说,苏轼饮酒不多就烂醉如泥,可醒来后"落笔如风雨,虽谑弄皆有意味,真神仙中人"。著名的诗句"欲把西湖比西子,淡妆浓抹总相宜"就是东坡在西湖湖心亭饮酒时,在半醉半醒的状态下的乘兴之作。

在他的《和陶渊明(饮酒)》诗中写道:"俯仰各有态,得酒诗自成。"意指外部世界的各种事物和人的内心世界的各种思绪,千姿百态,千奇百怪,处处都有诗,一经喝酒,这些诗就像涌泉一样喷发而出,这是酒作为文学创作的催化剂的最好写照。

北宋著名散文家欧阳修是妇孺皆知的醉翁(自号),他那篇著名的《醉翁亭记》从头到尾一直"也"下去,贯穿了一股酒气。山乐水乐,皆因为有酒。"醉翁之意不在酒,在乎山水之间也。山水之乐,得之心而寓之酒也",这正是无酒不成文、无酒不成乐的真实写照。

南宋著名女诗人李清照的佳作《如梦令·昨夜雨疏风骤》《醉花阴·薄雾浓云愁永昼》《声声慢寻寻觅觅》也堪称酒后佳作。"昨夜雨疏风骤,浓睡不消残酒。试问卷帘人,却道'海棠依旧'。知否,知否,应是绿肥红瘦。""薄雾浓云愁永昼……东篱把酒黄昏后,有暗香盈袖。莫道不消魂,帘卷西风,人比黄花瘦。""寻寻觅觅,冷冷清清,凄凄惨惨戚戚。乍暖还寒时候,最难将息。三杯两盏淡酒,怎敌他,晚来风急!雁过也,正伤心,却是旧时相识。"生动地表现了作者喜、愁、悲不同心态下的饮酒感受。

唐代诗人王维的《渭城曲》:"渭城朝雨悒轻尘,客舍青青柳色新。劝君更尽一杯酒,西出阳关无故人。"可谓情景交融,情深意切,当时就被谱曲传唱,至今仍颇受人们的喜爱。

书法家王羲之曾在兰亭集聚文友四十余人,"流觞曲水,列坐其次。虽无丝竹管弦之盛,一觞一咏""畅叙幽情",书文作记,至今脍炙人口。

清代画派"扬州八怪"中的郑板桥、黄慎等都极爱在酒酣时乘兴作画,据说常有"神来之笔"。同一时期,《醉翁图》《穿云沽酒图》一类的绘画作品也大都属于酒后之作。

明清两朝产生了许多著名的小说家。他们的小说中都有很多关于酒事活动的生动描写，比如施耐庵著的《水浒传》中的"景阳冈武松醉酒打猛虎""宋江浔阳日楼酒醉题反诗"；罗贯中在《三国演义》中写道"关云长停盏施英勇，酒尚温时斩华雄"，曹操与刘备"青梅煮酒论英雄"；曹雪芹在《红楼梦》中描写"史太君两宴大观园，金鸳鸯三宣牙牌令"等。

现代文学巨匠鲁迅笔下的"咸亨酒店"，在今天还吸引了许多慕名前来参观的中外游客。他们喝绍兴老酒，吃茴香豆、豆腐干，趣味无穷，整个酒店洋溢着中国酒文化的浓郁风味。

单元小结

本单元介绍了酒水、酒与酒度，酒的分类、酒的起源等有关酒文化的知识性内容，系统地阐述了酒的成分、酒的生产工艺、酒品风格、酒的分类、酒的效用等方面的基础理论，体现了知识的实用性和先进性，也为接下来的学习奠定了基础。

单元测试

1. 如何理解酒是天然的产物？
2. 酒的发展包括哪几个阶段？
3. 酒的效用有哪些？
4. 中国白酒可分为哪几种香型？各以什么酒为代表？它们的产地是哪里？

课外实训

为客人点酒水饮品时，如何做好服务工作？

1. 为客人点酒水饮品时，应该站在主人的右手边或适当的位置上，询问客人需要哪些饮品或酒水；

2. 当客人犹豫或询问我们有哪些饮品、酒水时，应马上向客人介绍餐厅所供应的饮品、酒水的品种；

3. 在介绍饮品、酒水的品种时，中间应有所停顿，让客人对我们介绍的品种有考虑和选择的机会；

4. 针对客人所点的饮品、酒水的种类、数量，要重复一遍，以便确认；

5. 最后，礼貌地请客人稍候并尽快地为客人提供饮品、酒水及相关服务。

课前导读

发酵酒(Fermented Wine)又称原汁发酵酒或酿造酒，是以水果或谷物为原料，经过直接提取或采用压榨法制成的低度酒，酒度为3.5%~12%。包括葡萄酒、啤酒、黄酒等。

学习目标

知识目标：

掌握并了解葡萄酒、啤酒、中国黄酒、清酒的概念、起源和生产工艺方面的知识。

能力目标：

了解并掌握几种主要发酵酒的主要产地、名品及其鉴别方法。

学习任务一　葡萄酒及其服务

一、葡萄酒概述

葡萄酒，是以葡萄为原料，经自然发酵、陈酿、过滤、澄清等一系列工艺流程所制成的酒精饮料。葡萄酒酒度通常为9%~12%。欧美各国习惯在就餐时饮用葡萄酒，因为蒸馏酒和配制酒酒度较高，入口会使口舌麻痹，影响味觉，从而影响对菜肴的品味，所以葡萄酒是餐厅中的主要酒品。

(一) 葡萄酒的历史

1. 外国葡萄酒历史

考古学家证明，葡萄酒文化可以追溯到公元前4世纪。起源不太明确的葡萄酒酿造技术从没有停止自身改进的步伐，而实际上，这又是一个自然的发展过程。

葡萄酒曾是一种保存时间很短的手工作坊产品。今天，葡萄酒已成为大型商业化的产品。这应归功于一些发明创造，如高质量的玻璃容器和密封的软木瓶塞，以及19世纪法国药物学家巴斯德对发酵微生物结构的发现。

葡萄酒的演进、发展和西方文明的发展紧密相连。葡萄酒大约是在古代的肥沃新月(今伊拉克一带的两河流域)地区,从尼罗河到波斯湾一带河谷的辽阔农作区域某处发现的。这个地区出现的早期文明(公元前4000—公元前3000年)归功于肥沃的土壤。这个地区也是酿酒用的葡萄最初茂盛生长的地区。随着城市的兴盛取代了原始的农业部落,怀有野心的古代航海民族从最早的腓尼基(今叙利亚)人一直到后来的希腊、罗马人,不断地将葡萄树种与酿酒的知识传播到地中海乃至整个欧洲大陆。

罗马帝国在公元5世纪灭亡,之后分裂出来的西罗马帝国(法国、意大利北部和部分德国地区)的基督教修道院详细记载了关于葡萄的收成和酿酒的过程。这些记录帮助人们培植出最适合在特定农作区栽种的葡萄品种。公元768年至814年,统治西罗马帝国的查理曼大帝,其巨大权势也影响了此后的葡萄酒发展。这位伟大的皇帝预见并规划了法国南部到德国北部葡萄园遍布的远景,位于勃艮第(Burgundy)产区的可登一查理曼顶级葡萄园也曾经是他的产业。

大英帝国在伊丽莎白一世女皇的统治下,成为海上霸主并拥有一支强大的远洋商船船队,商队通过海上贸易将葡萄酒从许多个欧洲产酒国家带到英国。英国对烈酒的需求,亦促成了雪利酒、波特酒和马德拉酒类的发展。

在美国独立战争时期,法国被公认为最伟大的葡萄酒生产国家。杰斐逊(美国独立宣言起草人)曾在写给朋友的信中热情地谈及葡萄酒的等级,并且也极力鼓动将欧陆的葡萄品种移植到新大陆来。这些早期在美国殖民地栽种、采收葡萄的尝试大部分都失败了,而且在美国本土的树种和欧洲的树种交流、移植的过程中,无心地将一种危害葡萄树至深的害虫带到欧洲来,导致19世纪末爆发大规模的葡萄根瘤蚜病,致使绝大多数的欧洲葡萄园毁于一旦。不过,若要说在这一场灾难中有什么值得庆幸的事,那便是新农业技术的发展,以及欧洲葡萄酒酿制版图的重新划分。

自20世纪开始,农耕技术的迅猛发展使作物免于遭到霉菌和蚜虫的侵害,使葡萄的培育和葡萄酒的酿制逐渐变得科学化。世界各国也广泛立法来鼓励厂商出产信誉好、品质佳的葡萄酒。今天,葡萄酒在全世界气候温和的地区都有生产,并且有数量可观的不同种类的葡萄酒可供消费者选择。

2. 中国葡萄酒的历史

据考证,我国在西汉时期以前就已开始种植葡萄并生产葡萄酒了。司马迁在著名的《史记》中首次记载了葡萄酒。公元前138年,外交家张骞奉汉武帝之命出使西域,看到"宛左右以蒲陶为酒,富人藏酒至万余石,久者数十岁不败。俗嗜酒,马嗜苜蓿。汉使取其实来,于是天子始种苜蓿,蒲陶肥饶地。及天马多,外国使来众,则离宫别馆旁尽种蒲陶,苜蓿极望"(《史记·大宛列传》第六十三)。大宛是古西域的一个国家,位于中亚费尔干纳盆地。这一史料充分说明我国在西汉时期,已从邻国学习并掌握了葡萄种植和葡萄酿酒技术。《吐鲁番出土文书》中有不少史料记载了公元4—8世纪吐鲁番地区葡萄园种植、经营、租让及葡萄酒买卖的情况。从这些史料中可以看出,在当时,葡萄酒的生产规模是较大的。

东汉时，葡萄酒仍非常珍贵，据《太平御览》卷972引《续汉书》云："扶风孟佗以葡萄酒一斗遗张让，即以为凉州刺史。"足以说明当时葡萄酒的珍贵程度。

相较于黄酒，葡萄酒的酿造过程比较简化，但是由于葡萄原料的生产有季节性，终究不如谷物原料那么方便，因此，葡萄酒的酿造技术并未得到大面积推广。在历史上，葡萄酒的生产一直是断断续续维持下来的。在唐朝和元朝时期，葡萄酿酒的方法被引入内地，而以元朝时的规模为最大，其生产主要集中在新疆一带。元朝时，在山西太原一带也有过大规模的葡萄种植和葡萄酒酿造产业，但此时的汉民族对葡萄酒的生产技术基本上是不得要领的。

汉代虽然曾引入葡萄种植及葡萄酒生产技术，但却未使之传播开来。汉代之后，中原地区不再种植葡萄，一些边远地区常以贡酒的方式向后来的历代皇室进贡葡萄酒。唐代，中原地区对葡萄酒已是一无所知。唐太宗从西域引入葡萄，《南部新书》丙卷记载："太宗破高昌，收马乳葡萄种于苑，并得酒法，仍自损益之，造酒成绿色，芳香酷烈，味兼醍醐，长安始识其味也。"据宋代类书《册府元龟》卷970记载，高昌故址在今新疆吐鲁番东约20多公里，当时其归属一直不定。唐朝时，葡萄酒表现出强大的影响力，从高昌学来的葡萄栽培技术及葡萄酒酿法在唐代延续了较长的时间，以致在唐代的许多诗句中，葡萄酒的芳名屡屡出现。王翰在《凉州词》中有云："葡萄美酒夜光杯，欲饮琵琶马上催。"刘禹锡也曾作诗赞美葡萄酒，诗云："我本是晋人，种此如种玉，酿之成美酒，尽日饮不足。"白居易、李白等都曾作吟咏葡萄酒的诗。当时的胡人还在长安开设酒店，销售西域的葡萄酒。元朝统治者对葡萄酒非常喜爱，规定祭祀太庙必须用葡萄酒，并在山西的太原、江苏的南京开辟葡萄园，至元年间还在宫中建造葡萄酒室。

明代徐光启的《农政全书》中记载了我国栽培的葡萄品种：水晶葡萄，晕色带白，如着粉形大而长，味甘；紫葡萄，黑色，有大小两种，酸甜两味；绿葡萄，出蜀中，熟时色绿，至若西番之绿葡萄，名兔睛，味胜甜蜜，无核则异品也；琐琐葡萄，出西番，实小如胡椒……

(二) 葡萄酒的分类

1. 按色泽分类

(1) 白葡萄酒。白葡萄酒选择白葡萄或浅红色果皮的酿酒葡萄，经过皮汁分离，取其果汁进行发酵酿制而成。这类酒的色泽应近似无色，多呈浅黄带绿、浅黄或禾秆黄，颜色过深不符合白葡萄酒的色泽要求。

(2) 红葡萄酒。红葡萄酒选择皮红肉白或皮肉皆红的酿酒葡萄，采用皮汁混合发酵，然后进行分离陈酿而成。这类酒的色泽应呈自然宝石红色或紫红色或石榴红色等，失去自然感的红色不符合红葡萄酒的色泽要求。

(3) 桃红葡萄酒。桃红葡萄酒介于红、白葡萄酒之间，选用皮红肉白的酿酒葡萄，进行皮汁短期混合发酵，达到色泽要求后进行皮渣分离，继续发酵，陈酿成为桃红葡萄酒。这类酒的色泽呈桃红色、玫瑰红或淡红色。

2. 按含糖量分类

(1) 干葡萄酒。含糖量(以葡萄糖计)小于或等于4.0g/L，或者当总糖与总酸(以酒石酸计)的差值小于或等于2.0g/L时，含糖量最高为9.0g/L的葡萄酒为干葡萄酒。

(2) 半干葡萄酒。含糖量大于干葡萄酒，最高为12.0g/L，或者当总糖与总酸(以酒石酸计)的差值小于或等于2.0g/L时，含糖量最高为18.0g/L的葡萄酒为半干葡萄酒。

(3) 半甜葡萄酒。含糖量大于半干葡萄酒，最高为45.0g/L的葡萄酒为半甜葡萄酒。

(4) 甜葡萄酒。含糖量大于45.0g/L的葡萄酒为甜葡萄酒。

3. 按是否含二氧化碳分类

(1) 静止葡萄酒。在20℃时，二氧化碳压力小于0.05Mpa的葡萄酒为静止葡萄酒。

(2) 起泡葡萄酒。在20℃时，二氧化碳压力等于或大于0.05Mpa的葡萄酒为起泡葡萄酒。

4. 按饮用方式分类

(1) 开胃葡萄酒。开胃葡萄酒在餐前饮用，主要是一些加香葡萄酒，酒度一般在18%以上。我国常见的开胃酒有"味美思"。

(2) 佐餐葡萄酒。佐餐葡萄酒同正餐一起饮用，主要是一些干型葡萄酒，如干红葡萄酒、干白葡萄酒等。

(3) 待散葡萄酒。待散葡萄酒在餐后饮用，主要是一些加强的浓甜葡萄酒。

(三) 葡萄酒的成分

1. 葡萄

葡萄是葡萄酒最主要的酿制原料，葡萄的质量与葡萄酒的品质有着紧密的联系。据统计，世界著名的葡萄品种共计有70多种，其中我国约有35个品种。葡萄主要分布在北纬53度至南纬43度的广大区域。按地理分布和生态特点可分为：东亚种群、欧亚种群和北美种群，其中欧亚种群的经济价值最高。

(1) 葡萄的成分。葡萄包括果梗与果实两个部分，果梗质量占葡萄的4%～6%，果实质量占94%～96%。不同的葡萄品种，果梗和果实的比例不同，收获季节多雨或干燥也会影响两者的比例。果梗含大量水分、林质素、树脂、无机盐、单宁，含少量糖和有机酸。由于果梗含有较多的单宁、苦味树脂及鞣酐等物质，如酒中含有果梗成分，会使酒产生过重的涩味，因此葡萄酒不能带果梗发酵，应在破碎葡萄时除去。葡萄果实包括果皮和果核两个部分：果皮含有单宁和色素，这两个成分对酿制红葡萄酒很重要。大多数葡萄的色素只存在于果皮中，因此葡萄因品种不同而形成各种颜色。果皮还含芳香成分，它赋予葡萄特有的果香味，不同品种的葡萄其香味也不同。果核含有影响葡萄酒风味的物质，如脂肪、树脂、挥发酸等。这些物质不能带入葡萄汁中，否则会严重影响葡萄的品质，所以在破碎葡萄时，尽量避免压碎葡萄核。

(2) 葡萄的生长环境。

① 阳光。葡萄需要充足的阳光。由阳光、二氧化碳和水三者的光合作用所产生的碳水化合物，提供了葡萄生长所需的养分，同时也是葡萄中糖分的来源。不过葡萄树并不需要强烈的阳光，较微弱的光线反而较适合光合作用的进行。除了进行光合作用外，阳光还可以提高葡萄树和表土的温度，使葡萄容易成熟。另外，经阳光照射的黑葡萄可使颜色

加深并提高其口味和品质。

② 温度。适宜的温度是葡萄生长的重要因素。从发芽开始，须有10℃以上的气温，葡萄树的叶苞才能发芽。发芽以后，低于0℃的春霜会冻死初生的嫩芽。枝叶的生长也须有充足的温度，以22℃～25℃为最佳，严寒和高温都会让葡萄生长的速度变慢。在葡萄成熟的季节，温度愈高则不仅葡萄的甜度愈高，酸度也会跟着降低。日夜温差对葡萄的影响也很重要，要防止低温下葡萄叶苞和树根被冻死。

③ 水。水对葡萄的影响相当多元，它是光合作用的主要因素，同时也是葡萄根自土中吸取矿物质的媒介。葡萄树的耐旱性较强，在其他作物无法生长的干燥、贫瘠的土地上都能长得很好。一般而言，在葡萄枝叶生长的阶段需要较多的水分，成熟期则需要较干燥的天气。水和雨量有关，但地下土层的排水性也会影响葡萄树对水分的摄取。

④ 土质。葡萄园的土质对葡萄酒的特色及品质有着非常重要的影响。一般葡萄树并不需要太多的养分，所以贫瘠的土地特别适合葡萄的种植。太过肥沃的土地使葡萄树枝茂盛，反而生产不出优质的葡萄。除此之外，土质的排水性、酸度、地下土层的深度及土中含矿物质的种类，甚至表土的颜色等，也都极大地影响着葡萄的品质和特色。

(3) 葡萄采摘。葡萄采摘的时间对酿制葡萄酒具有重要意义，不同的酿造产品对葡萄的成熟度要求不同。成熟的葡萄，有香味，果粒发软，果肉明显，果皮薄，皮肉容易分开，果核容易与果浆分开。一般情况下，制作干白葡萄酒的葡萄的采摘时间比制作干红葡萄酒的葡萄的采摘时间要早。因为葡萄收获早，不易产生氧化酶，不易氧化，而且葡萄含酸量高时，制成的酒具有新鲜果香味。而制造甜葡萄酒或酒度高的甜酒时，要求葡萄完全成熟时才能采摘。

2. 葡萄酒酵母

通过酵母的发酵，可将葡萄汁制成葡萄酒。因此，酵母在葡萄酒的生产中占有很重要的地位。品质优良的葡萄酒除本身的香气外，还包括酵母产生的果香与酒香。酵母能将酒液中的糖分全部发酵，使残糖含量在4g/L以下。此外，葡萄酒酵母具有较强的二氧化硫抵抗力、较强的发酵能力，可使酒液含酒精量达到16%，且具有较好的凝聚力和较快的沉降速度，能在低温或适宜温度下发酵，以保持葡萄酒果香味的新鲜。

3. 添加剂

添加剂是指添加在葡萄发酵液中的浓缩葡萄汁或白砂糖。通常，优良的葡萄品种在适合的生长条件下可以产出合格的用于制作葡萄酒的葡萄汁，然而由于自然条件和环境等因素的影响，葡萄酒的含糖量常常不能达到理想的标准，这时需要调整葡萄汁的糖度，加入添加剂以保证葡萄酒的酒度。

4. 二氧化硫

二氧化硫是一种杀菌剂，它能抑制各种微生物的活动。由于葡萄酒酵母抗二氧化硫的能力较强，因此，在葡萄发酵液中加入适量的二氧化硫可以促使葡萄发酵顺利进行。

(四) 葡萄酒的酿造工艺

经过数千年经验的积累，现今的葡萄酒不仅种类繁多且酿造过程复杂，其工艺流程包括以下环节。

1. 筛选

采收后的葡萄有时夹带未成熟或腐烂的葡萄，特别是在不好的年份，这种情况较为常见。为确保葡萄酒的品质，酒厂会在酿造前认真筛选。

2. 破皮

由于葡萄皮含有丹宁、红色素及香味物质等重要成分，所以在发酵之前，特别是酿造红葡萄酒之前，必须破皮挤出葡萄肉，让葡萄汁和葡萄皮接触，以便让这些物质溶解到酒中。破皮的过程必须谨慎，以避免释出葡萄梗和葡萄籽中的油脂和劣质丹宁，影响葡萄酒的品质。

3. 去梗

葡萄梗中的单宁收敛性较强，未完全成熟时常常带有刺鼻的草味，必须全部或部分去除。

4. 榨汁

酿制白葡萄酒时，要在发酵前进行榨汁(红酒的榨汁则在发酵后)，有时也可略过破皮、去梗的环节而直接压榨。在榨汁的过程中，必须特别注意压力不能太大，以避免苦味和葡萄梗味浸入汁中。

5. 去泥沙

压榨后的白葡萄汁通常还混有葡萄碎屑、泥沙等异物，容易引发霉变，发酵前需用沉淀的方式去除。由于葡萄汁中的酵母随时会开始酒精发酵，所以沉淀的环节需在低温下进行。由于酿制红酒的浸皮与发酵环节同时进行，所以不需要这个程序。

6. 发酵前低温浸皮

这个过程是新近发明的，还未被普遍采用，其目的在于，增强白葡萄酒的水果香味。已有一些酒商采用这种方法酿造红酒。应用此法时，应确保存在低温环境下进行。

7. 酒精发酵

酒精发酵是酿酒过程中最重要的一步，其原理可简化为以下反应式

$$葡萄中的糖分 + 酵母菌 \rightarrow 酒精(乙醇) + 二氧化碳 + 热量$$

通常葡萄糖本身就含有酵母菌。酵母菌必须处在10℃～32℃的环境中才能正常发酵。温度太低，酵母活动会变慢甚至停止；温度过高，则会杀死酵母菌，使酒精发酵完全终止。由于发酵的过程会使温度升高，所以温度的控制非常重要。一般白葡萄酒和红葡萄酒的酒精发酵会持续到所有糖分皆转化成酒精为止，而甜酒的制造则是在发酵的过程中加入二氧化碳使之停止发酵，以在酒中保留部分糖分。酒精浓度超过15%也会终止酵母的发酵，用酒精强化葡萄酒即运用了此原理：在发酵过程中加入酒精，使其停止发酵，以保留酒中的糖分。

8. 培养与成熟

(1) 乳酸发酵。完成酒精发酵的葡萄酒经过一个冬天的贮存，到了隔年的春天，当温度升高至20℃～25℃时会开始乳酸发酵，其化学反应式为

$$苹果酸 + 乳酸菌 \rightarrow 乳酸 + 二氧化碳$$

由于乳酸的酸味比苹果酸弱很多，同时稳定性高，所以乳酸发酵可使葡萄酒酸度降低且更稳定、不易变质。并非所有的葡萄酒都会进行乳酸发酵，特别是不宜久藏的白葡萄酒，应保留高酸度的苹果酸。

(2) 橡木桶中的培养与成熟。葡萄酒发酵完成后，装入橡木桶密封，促使葡萄酒成熟。

9. 澄清

(1) 换桶。每隔几个月，贮存于桶中的葡萄酒必须抽换到另外一个干净的桶中，以除去桶底的沉积物，并让酒与空气接触，以避免产生难闻的还原气味。

(2) 粘合过滤。粘合过滤是利用阴阳电子结合的特性，产生过滤沉淀的效果。通常在酒中添加含阳电子的物质，如蛋白、明胶等，与葡萄酒中含阴电子的悬浮杂质粘合，使之沉淀，以达到澄清的效果。

(3) 过滤。经过过滤的葡萄酒会变得稳定清澈，但过滤的过程会在一定程度上降低葡萄酒的浓度和特殊风味。

(4) 酒石酸的稳定。酒中的酒石酸遇冷会形成结晶状的酒石酸化盐，虽无关酒的品质，但有些酒厂为了美观，还是会在装瓶前在-4℃的低温环境中对其进行处理。

(五) 葡萄酒的命名

1. 以庄园的名称命名

以庄园的名称作为葡萄酒的名称，是生产商保证葡萄酒质量的一种承诺。

所谓庄园，系指葡萄园或大别墅。该类酒的命名标准是该酒所涉及的葡萄种植、采收、酿造和装瓶等环节都在同一庄园内进行。这类命名方法多见于法国波尔多地区出产的红、白葡萄酒。例如，莫高庄园(Chateau Margau)、拉特尔庄园(Chateau La. Tour)、艺甘姆庄园(Chateau de Yquem)等。

2. 以产地名称命名

以产地名称命名的葡萄酒，其原料必须全部或绝大部分来自该地区。例如，夏布丽(Chablis)、莫多克(Medoc)、布娇莱(Beaujolais)等。

3. 以葡萄品种命名

这是指以作为葡萄酒原料的优秀葡萄品种命名的葡萄酒。例如，雷司令(Riesling)、霞多丽(Chardonnay)、赤霞珠(Cabemet Sauvignon)等。

4. 以同类型名酒的名称命名

借用名牌酒名称也是葡萄酒命名的类型之一。此类酒一般都不是名酒产地的产品，但属于同一类型，因此酒名前必须注明该酒的真实产地。例如，美国出产的勃艮第、夏布丽葡萄酒，都使用了法国名酒产品的名称。

(六) 葡萄酒标示

1. 酒标

酒标用以标志某厂、某公司所产或所经营的产品。多使用风景名胜、地名、人名、花卉名,以精巧优美的图案标示在酒标的重要部位。它不允许重复,一经注册,即为专用,受法律保护。

2. 酒度及容量

酒度及容量在酒标的下角(左或右)标出,例如:酒度是12度,即ALc,12%BYVOI(按体积计);容量为750毫升,即Cent,750ml。

3. 含糖量

为了标明酒的含糖量,可用表2-1所示的字档,以中等大的字标出。如不标明"干"或"甜"型,即为干型酒。含糖量在酒标中的表示法见表2-1所示。

表2-1 含糖量在酒标中的表示法

中文	英文	法文	每升含糖量
天然(未加工的)	Nature	Brut	4克以下
绝干	Extra-Dry	Extra-Sec	4克以下
干	Dry	Sec	8克以下
半干	Semi-Dry	Demi-Sec	8~12克
半甜	Semi-sweet	Demi-Doux	12~50克
甜	Sweet	Doux	50克以上

4. 酿酒年份(Vintage)

由于法国或其他种植葡萄的地区的天气、土壤、温度等自然条件不稳定,葡萄的质量也不稳定,自然会影响酒的品质。标明年份有助于消费者辨明这一年的土壤、气候、温度等自然条件对葡萄的生长是否有利,以及所收获的葡萄的质量如何。好年份酿造的葡萄酒自然也是最好的,极具收藏价值,当然价格不菲。

5. A.O.C

原产地控制命名的葡萄酒,亦称A.O.C葡萄酒。在法国,为了保证原产地葡萄酒的优良品质,这些酒必须经过严格审查后方可冠之以原产地的名称,这就是"原产地名称监制法",简称A.O.C法。A.O.C法有其独特的功效,不但使法国葡萄酒的优良品质得以保持,而且可以防止假冒,保护该葡萄酒的名称权。A.O.C法对涉及葡萄酒生产的各个领域都有严格的规定,并且每年都有品尝委员会进行检查,对合格者发放A.O.C的使用证明。因此,A.O.C葡萄酒是法国最优质的上等葡萄酒。

根据A.O.C法的规定,A.O.C葡萄酒必须满足以下条件:以本地的葡萄为原料,按规定选择葡萄品种,符合有关酒度的最低限度,符合关于生产量的规定。为了防止生产过剩和质量降低,A.O.C法对每一地区每一公顷的土地生产多少葡萄都有严格的规定,同时,要求必须符合特定的葡萄栽培方法,如修剪、施肥等;另外,还须采用符合规定的酿造方法,有时甚至对A.O.C葡萄酒的贮藏和陈酿条件进行严格限制。

A.O.C级酒在标签上注明"Appellation…Controlee"字样,中间为原产地的名称。例如,Appellation Bordeaux Controlee或Appellation Medoc Controlee。产地名可能是省、县或村,其中县比省佳、村比县佳,也就是说,区域越小,质量越佳。

如图2-1所示，即为葡萄酒标签。

图2-1　葡萄酒标签识别

(七) 葡萄酒的贮存

葡萄酒的贮存至关重要，贮存得当会延长酒的寿命，提高酒质，避免酒变质遭受损失。葡萄酒的贮存应注意以下几点。

(1) 要存放在阴凉的地方，最好保存在10℃～13℃的恒温状态下。温度过低会使葡萄酒的成熟过程停止，而温度太高又会加快其成熟速度，缩短酒的寿命。

(2) 保持一定的湿度。空气过分干燥，酒瓶的软木塞会干缩，空气就会进入瓶内，导致酒质变坏。所以，存放在酒窖或酒柜内的葡萄酒多是将酒平放或倒立，以使酒液浸润软木塞。

(3) 避免强光照射。阳光直射，会使葡萄酒的颜色变黄。因此，通常用深棕色或绿色瓶装酒。

(4) 勿将葡萄酒与油漆、汽油、醋、蔬菜等放在一起贮存，否则，这些物品的气味很容易被葡萄酒吸收，破坏酒香。

(5) 避免震动，防止酒液变浑浊，影响酒的质量。

(八) 葡萄酒的饮用与服务

1. 葡萄酒的饮用温度

不同的葡萄酒，有不同的最佳饮用温度，具体情况如下。

(1) 干型、半干型白葡萄酒的最佳饮用温度为8℃～10℃。

(2) 桃红酒和轻型红酒的最佳饮用温度为10℃～14℃。

(3) 利口酒的最佳饮用温度为6℃～90℃。

(4) 鞣酸含量低的红葡萄酒的最佳饮用温度为15℃～16℃。

(5) 鞣酸含量高的红葡萄酒的最佳饮用温度为16℃～18℃。

2. 葡萄酒的品评

(1) 观色。主要包括以下几种情况。

干白葡萄酒：麦秆黄色，透明、澄清、晶亮。

甜白葡萄酒：麦秆黄色，透明、澄清、晶亮。

干红葡萄酒：近似红宝石色或本品种的颜色(不应有棕褐色)，透明、澄清、晶亮。

甜红葡萄酒(包括山红葡萄酒)：红宝石色，可微带棕色或本品种的正色，透明、晶亮、澄清。

(2) 闻香。轻轻摇动酒杯，将杯中的酒摇醒，使酒散发出香味。

干白葡萄酒：有新鲜愉悦的葡萄果香(品种香)，兼浓郁的酒香。果香和谐细致，令人清新愉快，不应有醋的酸味。

甜白葡萄酒：有新鲜愉悦的葡萄果香(品种香)兼浓郁的酒香。果香和酒香配合和谐、细致、轻快，不应有醋的酸味。

干红葡萄酒：有新鲜愉悦的葡萄果香及浓郁的酒香，香气协调、馥郁、舒畅，不应有醋味。

甜红葡萄酒(包括山红葡萄酒)：有愉悦的果香及浓郁的酒香，香气协调、馥郁、舒畅，不应有醋味及焦糖气味。

(3) 品味。主要包括以下几种情况。

干白葡萄酒：完整和谐、轻快爽口、舒适洁净，不应有橡木桶味及异杂味。

甜白葡萄酒：甘绵适润、完整和谐、轻快爽口、舒适洁净，不应有橡木桶味及异杂味。

干红葡萄酒：酸、涩、利、甘、和谐、完美、丰满、醇厚、爽利、浓烈幽香，不应有氧化感及橡木桶味和异杂味。

甜红葡萄酒(包括山红葡萄酒)：酸、涩、甘、甜、完美、丰满、醇厚、爽利、浓烈香馥、爽而不薄、醇而不烈、甜而不腻、馥而不艳，不应有氧化感、过重的橡木桶味和异杂味。

3. 葡萄酒病酒识别

葡萄酒病酒的主要产生原因是微生物病害、化学质变。

(1) 微生物病害。微生物病害主要表现为：表面结薄膜，酒味酸涩发苦，寡淡无味，酒液发浑、发黏，像油脂一样，有大量气体溢出，有胶状沉积产生。

(2) 化学质变。化学质变主要表现为酒液浑浊，触氧变色，有沉淀和异味。通常情况下，红葡萄酒病酒呈棕褐色，白葡萄病酒呈黄色。

4. 葡萄酒与菜肴搭配

(1) 葡萄酒与西式菜肴的搭配。

带糖醋调味汁的菜肴：应配以酸性较高的葡萄酒，如长相思。

鱼类菜肴：主要根据调味汁来决定。奶白汁的鱼菜可选用干白葡萄酒；浓烈的红汁鱼则配醇厚的干红葡萄酒；霞多丽干白葡萄酒则适宜搭配熏鱼。

油腻和奶糊状菜肴：宜搭配中性和厚重架构的干白葡萄酒，如霞多丽；辛辣刺激性菜肴，宜配冰凉的葡萄酒。

(2) 葡萄酒与中式菜肴的搭配。

清淡口味冷菜，如炸土豆条、萝卜丝拌海蛰、糟毛豆、姜末凉拌茄子、蒜香黄瓜、素火腿、小葱皮蛋豆腐、凉拌海带丝、白斩鸡等，宜搭配白葡萄酒。

浓郁口味冷菜，如咸菜毛豆、油炸臭豆腐、香牛肉雪菜、冬笋丝、黄泥螺、糖醋辣白菜、糖醋小排骨、鳗鱼香、酱鸭掌等，宜搭配红葡萄酒。

清淡口味河鲜，如泥鳅烧豆腐、清炒虾仁、清蒸河鳗、清蒸鲥鱼、盐水河虾、清蒸刀鱼、蒸螃蟹、葱油鳊鱼、醉鲜虾等，宜搭配白葡萄酒。

浓郁口味河鲜，如红烧鳝段、红烧桂鱼、烧螺蛳、酱爆黑鱼丁、油焖田鸡、豆瓣牛蛙、红鲫鱼塞肉、葱烧河鲫鱼、炒虾蟹等，宜搭配桃红葡萄酒和白葡萄酒。

清淡口味肉禽，如榨菜肉丝、冬笋烧牛肉、魔芋烧鸭、韭黄烧鸡丝、清蒸鸭子、韭黄烧肉、冬笋炒肉丝、蘑菇鸭掌、虾仁豆腐等，宜搭配桃红葡萄酒和白葡萄酒。

辛辣口味风味菜，如宫保鸡丁、水煮牛肉、椒盐牛肉、椒麻鸡、油淋仔鸡、干烧鱼片、回锅肉、红油腰花、鱼香肉丝等，宜搭配红葡萄酒。

清淡口味海鲜，如葱姜肉蟹、炒乌鱼球、生炒鲜贝、滑炒贵妃蚌、刺身三文鱼、蛤蜊炖蛋、葱姜海瓜子等，宜搭配白葡萄酒。

浓郁口味海鲜，如糖醋黄鱼、茄汁大明虾、干烧鱼翅、红烧鲍鱼、干烧明虾、红烧海参、蚝油贝干、红烧鱼肚、红烧螺片等，宜搭配红葡萄酒和白葡萄酒。

5. 葡萄酒服务

用餐巾擦一下瓶口，然后用右手握紧瓶身，将标签朝向主人，在主人的杯中倒入约30ml葡萄酒，让主人试酒，倒酒时瓶身不要碰到杯身，瓶口不能与杯口接触(注意：餐桌上如有多个葡萄酒杯，则小杯倒白葡萄酒，大杯倒红葡萄酒)。在主人试酒确认后，从主人右边第一位客人开始逐次为客人斟酒。在所有杯子都斟完后，白葡萄酒应放在冰桶内，如果客人有要求，也可以直接放在餐桌上；红葡萄酒应放在服务台上或餐桌上。切下的铝箔及木塞不应留在餐桌上或是放在冰桶里，应放在口袋中然后丢在垃圾桶里。

服务人员在提供红酒服务时可衬上一条餐巾以增加美感；对于放在冰桶中的白葡萄酒，可以在冰桶上盖上一条餐巾。

巡视客人的酒杯，当杯中酒水少于1/3时应该为客人添酒。一瓶酒斟完后，应询问主人是否再加一瓶同样的酒，或者是再从葡萄酒单上选择另一种餐酒。如果加的是同样的酒，除非主人有要求，否则可以不更换杯子，但也有一些餐厅要求客人再试一次餐酒，只需打开瓶塞，重复试酒的程序即可。如果加的是不同的餐酒，则需在更换杯子后，重复试酒的服务程序。

小资料·

如何识别法国葡萄酒的标签

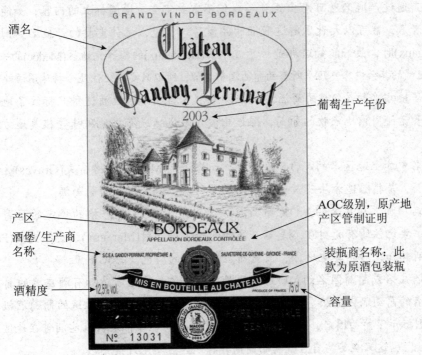

酒名

葡萄生产年份

产区

AOC级别，原产地
产区管制证明

酒堡/生产商
名称

装瓶商名称：此
款为原酒包装瓶

酒精度

容量

图2-2　法国葡萄酒标签

所有的法国葡萄酒都会将其相关信息标注在酒瓶的标签上，如图2-2所示。无论列于何种等级，标签上都必须标注以下有关内容。

(1) 所属命名。Vin De Table(普通餐酒)、Vin De Pays(地区餐酒)、V.D.Q.S(优良地区餐酒)或A.O.C(法定产区酒)。

(2) 瓶装者的名字与地址。

(3) 定容量法。此容器预定能装的液体容量，以公升(l)、厘升(cl)、毫升(ml)表示。

(4) 酒精含量。以容量百分比表示。数据之后须注明单位"%vol"。

当我们选购法国葡萄酒时，一定要注意酒瓶上的标签所标示的信息，以选择适合的葡萄酒。

在法国葡萄酒的4个分级中，等级最高的是A.O.C葡萄酒。葡萄酒的等级不同，酒标的记载方式也不同。下文中，我们将说明如何辨认A.O.C葡萄酒的酒标，若能了解这种酒标，也就可以大致看懂其他等级葡萄酒的酒标了。

首先，A.O.C标示生产地名的范围越小，则等级越高。法国的葡萄酒，除了阿尔萨斯之外，都是以产地名作为葡萄酒名的。例如，在波尔多地方产的葡萄酒，就以Bordeaux作为酒名。然后，从生产者着手，作进一步的区分。标示生产地名的范围越小，规定越严格，品质也越高。同样是A.O.C等级的葡萄酒，标示地区名梅铎克(Medoc)的葡萄酒要比标示地方名波尔多(Bordeaux)的葡萄酒更高级；而标有村名的葡萄酒则更高一级；如果标注为波尔多葡萄酒，且加上酒庄名称，更为高级；除了酒庄名以外又加上"Grand Cru"制分级标示的话，则属最高级的葡萄酒。

此外，通过产地名也可看出究竟。我们不需要完全看懂酒标上的内容，如能知道产地名及生产者名，就可以大致了解这瓶酒的品质了。首先，记住重要的产地名。例如，看到玛歌(Margaux)时，最好能知道那是位于波尔多(Bordeaux)的梅铎克地区(Medoc)的一个村庄。酒标上所记载的其余内容，几乎所有的葡萄酒都类似，所以只要能记住几个特殊用语就可以了。

标示了地方名的A.O.C葡萄酒，例如像波尔多酒或布根地酒这种只标注了地方名的葡萄酒，是表示使用该地采收的葡萄，酿造出波尔多风味或布根地风味等极具地方特色的葡萄酒。

地方名中加上地区名的A.O.C葡萄酒。如梅铎克(Medoc)及格雷夫(Graves)这种有标示地的葡萄酒，是指酿造方法及最低酒精浓度等符合各地区规定的葡萄酒。

地区名中加上村庄名的A.O.C葡萄酒。这是符合A.O.C最严格的规定的葡萄酒，风味更为独特。要记住所有的村庄名是不可能的，除了玛歌村(Margaux)、宾雅克村(Pauillac)等已为大家所熟知，对于其他地方，最好对应葡萄酒的特色一并记下来。

标有酒庄名或葡萄园名的A.O.C葡萄酒。在波尔多等地方，标有酒庄名的葡萄酒，比标有村庄名的葡萄酒还高级。这是因为酒庄的范围比村庄还小，酿造的葡萄酒极具特色。布根地酒则标示了葡萄园名，这也是最高级的葡萄酒。在布根地，有些酒曾在地区名后面标注"Villages"，这只在某些自古就有的葡萄栽种地区，才允许使用。

在北梅铎克地区出产的葡萄酒，曾有"Haut-Medoc"的标示。"Haut-Medoc"是"上梅铎克"的意思，特别是上梅铎克地区产的葡萄酒曾有这样的标示。该地区有很多优秀的村庄，葡萄酒的品质等级也很高，为了和单纯称为"梅铎克"的葡萄酒有所区别，因而冠上"Haut-Medoc"之名。

资料来源：http://tieba.baidu.com/p/494801342

■ 二、中国葡萄酒

(一) 中国葡萄酒概述

我国是一个以白酒消费为主的国家，葡萄酒的生产和消费一直处于很低的水平。新中国成立时，葡萄酒的年产量还不足200吨，1981年才超过10万吨，1984年超过15万吨，到1993年，葡萄酒的年均产量才达到25万吨左右。1994年国家为调整葡萄酒产品结构，促进我国葡萄酒产品质量向国际水平靠近，颁布了含汁量100%的葡萄酒产品国家标准和含汁量为50%以上的葡萄酒行业标准，同时取消了含汁量为50%以下的葡萄酒的生产。此后，我国优质葡萄酒的产量有较大增长。

近年来，我国葡萄酒工业发展迅速。全国第五次工业普查结果显示，1995年底，我国共有葡萄酒企业240多家，从1996年起，全国新增葡萄酒企业200多家，估计总数近500

家。1997年，全国生产葡萄酒的省、市、自治区达到26个，企业小、生产分散、兼营厂家多是最突出的特点，产量过万吨的企业仅有张裕、长城、王朝和威龙四家。

随着我国大中城市葡萄酒消费热潮的兴起，我国葡萄酒的进口数量激增。1996年达到5930吨；1997年达到39 670吨，是1996年的6.7倍、1995年的51倍；1998年，葡萄酒的进口数量持续增长，达到49 840吨，以后逐年增加。而国内葡萄酒的出口量每年仅有3000～4000吨，进出口量形成巨大反差。

(二) 中国葡萄酒的分类

1. 从口味和含糖量上分类

(1) 干葡萄酒(每升含糖量小于4克)。

(2) 半干葡萄酒(每升含糖量为4～12克)。

(3) 半甜葡萄酒(每升含糖量为12～50克)。

(4) 甜葡萄酒(每升含糖量大于50克)。

2. 从色泽上分类

(1) 红葡萄酒。

(2) 玫瑰色葡萄酒。

(3) 白葡萄酒。

(三) 中国葡萄酒主要产地

1. 渤海湾地区

华北北半部的昌黎、蓟县丘陵山地，天津滨海区，山东半岛北部丘陵等地受渤海湾地区海洋气候的影响，雨量充沛。土壤有沙壤、棕壤和海滨盐碱土。优越的自然条件使这里成为我国著名的葡萄产地，其中，昌黎的赤霞珠、天津滨海区的玫瑰香、山东半岛的霞多丽和品丽珠等品种都在国内久负盛名。渤海湾地区是我国较大的葡萄酒生产区。著名的酿酒公司有中国长城葡萄酒有限公司、天津王朝葡萄酿酒有限公司、青岛市葡萄酒厂、烟台威龙葡萄酒有限公司、烟台张裕葡萄酒有限公司和青岛威廉彼德酿酒公司。

2. 河北地区

宣化、涿鹿、怀来等地地处长城以北，光照充足，昼夜温差大，夏季凉爽，气候干燥，雨量偏少。土壤为褐土，地质偏沙，多丘陵山地，十分适合葡萄生长。主要葡萄品种有龙眼葡萄，近年来已推广栽培赤霞珠和甘美等著名葡萄品种。该地区的酿酒公司有北京葡萄酒厂、北京红星酿酒集团、秦皇岛葡萄酿酒有限公司和中化河北地王集团公司等。

3. 豫皖地区

安徽萧县，河南兰考、民权等地的气候偏热，年降水量约800ml以上，并集中在夏季，因此夏季的葡萄生长旺盛。近年来，通过引进赤霞珠等晚熟葡萄品种、改进栽培技术等措施，葡萄酒品质得到不断提高。著名的葡萄酒厂有河南民权五丰葡萄酒有限公司和陕西丹凤酒厂。

4. 山西地区

汾阳、榆次、清徐及西北山区气候温凉，光照充足，年平均降水量为450ml。土壤为沙壤土，含砾石。葡萄栽培在山区，着色极深。国产龙眼是当地的特产，近年来，赤霞珠和美露也开始用于酿酒。著名的葡萄酒厂有山西杏花村葡萄酒有限公司、山西太极葡萄酒公司。

5. 宁夏地区

贺兰山东部分布着广阔的平原，是西北新开发的最大葡萄酒生产基地。这里天气干旱，昼夜温差大，年平均降水量为180~200ml。土壤为沙壤土，含砾石。目前，种植的葡萄品种有赤霞珠和美露。当地著名的酒厂有宁夏玉泉葡萄酒厂等。

6. 甘肃地区

武威、民勤、古浪、张掖是我国新开发的葡萄酒产地。这里气候冷凉干燥，年平均降水量约为110ml。由于热量不足，冬季寒冷，适于早、中熟葡萄品种的生长。近年来，该地区开始种植黑比诺、霞多丽等葡萄品种。该地区著名的酒厂有甘肃凉州葡萄酒业责任有限公司。

7. 新疆地区

新疆吐鲁番盆地四面环山，热风频繁，夏季温度极高，可达45℃以上。这里雨量稀少，是我国无核白葡萄的生产和制干基地。该地区种植的葡萄含糖量高、酸度低、香味不足，制成的干味酒品质欠佳；但甜葡萄酒极具特色，品质优良。

8. 云南地区

云南高原海拔1500米的弥勒、东川、永仁及与四川接壤的攀枝花，土壤多为红壤和棕壤。光照充足，热量丰富，降水适时，上年11月至下年6月是明显的旱季。云南弥勒年降水量为330ml，四川攀枝花为100ml，尤适合葡萄的生长和成熟。当地著名的酿酒公司有云南高原葡萄酒公司。

(四) 中国著名葡萄酒

1. 烟台红葡萄酒

(1) 产地。烟台"葵花"牌红葡萄酒，原名"玫瑰香葡萄酒"，是山东烟台张裕葡萄酿酒公司的传统名牌产品。

(2) 历史。烟台红葡萄酒早在1914年即已行销海内外，迄今已有90多年的历史。爱国华侨、实业家张弼士于清朝光绪十八年(1892年)买下了烟台东山和西山3000亩荒山，又两次从欧洲引进蛇龙珠、解百纳、玛瑙红、醉诗仙、赤霞珠等120个优良红、白葡萄品种，开辟葡萄园，并投资创建了张裕酿酒公司。

(3) 特点。烟台红葡萄酒是一种本色本香、质地优良的纯汁红葡萄酒。酒度为16%，酒液鲜艳透明，酒香浓郁，口味醇厚，甜酸适中，清鲜爽口，具有解百纳、玫瑰香葡萄特有的香气。

(4) 功效。烟台红葡萄酒酒中含有单宁、有机酸、多种维生素和微量矿物质，是益神延寿的滋补酒。

(5) 工艺。烟台红葡萄酒以著名的玫瑰香、玛瑙红、解百纳等优质葡萄为原料，经过压榨、去渣皮、低温发酵、木桶贮存、多年陈酿后，再经匀兑、下胶、冷浆、过滤、杀菌等工艺处理而成。

(6) 荣誉。烟台红葡萄酒于1914年在南京南洋劝业会上荣获最优等奖状；1915年在巴拿马万国商品赛会上荣获金质奖章；在第一、二、三、四届全国评酒会上，均被评为国家名酒；于1980年、1983年两次荣获国家优质产品金质奖章；在1984年的轻工业部酒类质量大赛中荣获金杯奖。

2. 烟台味美思

(1) 产地。烟台味美思产于山东烟台张裕葡萄酿酒公司。

(2) 历史。味美思源于古希腊。在很早的时候，希腊人喜欢在葡萄酒内加入香料，以增加酒的风味。到了罗马时代，罗马人对配方进行改进，称之为"加香葡萄酒"。17世纪，一个比埃蒙人首先将苦艾引入南部，酒厂将苦艾作为酿造加香葡萄酒的配料，又取名"苦艾葡萄酒"。后来条顿人进入南欧，将这种酒又改称为"味美思"，原意是人们饮用此酒"能保持勇敢精神"。这个美名传遍欧洲各国，后来，中国也称之为"味美思"。

(3) 特点。烟台味美思属于甜型加料葡萄酒，酒度一般为17.5%～18.5%，酒液呈棕褐色，清澈透明兼有水果酯香和药材芳香，香气浓郁协调。该酒味甜、微酸、微苦，柔美醇厚。

(4) 功效。烟台味美思具有开胃健脾、祛风补血、帮助消化、增进食欲的功效，故又称为"强身补血葡萄酒""健身葡萄酒""滋补药酒"。此外，该酒还常被当作配制鸡尾酒的基酒。

(5) 工艺。烟台味美思以山东省大泽山区出产的优质龙眼、雷司令、贵人香、白羽、白雅、李将军等葡萄品种为原料，专用自流汁和第一次压榨汁酿制，贮藏两年后再与藏红花、龙胆草、公丁香、肉桂等名贵中药材的浸出汁相调配，并加入原白兰地、糖浆和糖色，来调整酒度、口味和色泽，最后经冷冻澄清处理而成。

(6) 荣誉。烟台味美思于1914年在南洋劝业会上获最优等奖状；1915年在巴拿马万国商品赛会上，荣获金质奖章和最优等奖状；在全国第一、二、三、四届评酒会上，均被评国家名酒。

3. 河南民权葡萄酒

(1) 产地。民权葡萄酒产于河南民权葡萄酒厂。

(2) 历史。河南省民权葡萄酒的历史可谓源远流长。传说，早在两千多年前，我国古代的大哲学家庄子，最喜欢喝土法酿造的河南省民权葡萄酒。河南省的民权县四季分明、土地肥沃，自古以来就是盛产葡萄的地方。民权酿酒有限公司累积酿造葡萄酒的丰富经验已达半世纪之久，因此，生产的葡萄酒早已闻名中外。

(3) 特点。河南省民权葡萄酒是一种果香新鲜、酒香绵长的甜白葡萄酒。颜色呈麦秆黄色，清亮透明，酸甜适中，酒度为12%，含糖量每升为12克。

（4）工艺。河南省民权葡萄酒是用白羽、红玫瑰、季米亚特、巴米特等优良品种酿制而成的。

（5）荣誉。民权葡萄酒自1962年投放市场以来，质量不断提高，1963年获国家优质酒称号，1979年获国家名酒殊荣。

4. 中国红葡萄酒

（1）产地。北京东郊葡萄酒厂出品。

（2）特点。中国红葡萄酒属甜型葡萄酒，酒度为16%。酒液呈红棕色，鲜丽透明；有明显的葡萄果香和浓郁的酒香；口味醇和、浓郁、微涩；酒香谐和持久。该酒堪与国际上同类型的高级葡萄酒相媲美。

（3）工艺。中国红葡萄酒是在原五星牌红葡萄酒的基础上不断改进和提高工艺配制而成的，经过破碎、发酵、陈酿、调配环节，并用冷加工和热处理的方法加速了酒的老熟。制作中不仅选用长期贮存的优质甲级原酒做酒基，而且加入多种有色葡萄原酒，使之在色泽、酒度、糖度等方面达到较高的水平。最后，贮存期满的酒经过再过滤、杀菌、检验，才可供应上市。

（4）荣誉。中国红葡萄酒于1963年、1979年和1983年均获得国家名酒称号。

5. 沙城干白葡萄酒

（1）产地。河北省沙城县。

（2）特点。沙城干白葡萄酒属不甜型葡萄酒，酒度为16%。酒液淡黄微绿，清亮有光，香美如鲜果；口味柔和细致，怡而不滞，醇而不酽，爽而不涩。

（3）工艺。沙城干白葡萄酒采用当地优质龙眼葡萄为原料，加入纯种酵母发酵。陈酿两年之后，再经勾兑、过滤环节，装瓶贮存半年以上方可出厂。

（4）荣誉。沙城干白葡萄酒于1977年问世。此酒一经上市即崭露头角，次年出口，立即受到国际市场的欢迎。1979年和1983年连续荣获国家名酒称号，为国内外宴会常用酒。

6. 王朝半干白葡萄酒

（1）产地。王朝半干白葡萄酒产于中法合营的天津王朝葡萄酿酒有限公司。

（2）特点。天津王朝半干白葡萄酒属不甜型葡萄酒。色微黄带绿，澄清透明，果香浓郁，酒香怡雅；酒味舒顺爽口，纯正细腻，有新鲜感；酒体丰满，典型完美，突出麝香型风格。

（3）工艺。王朝半干白葡萄酒采用优质麝香型葡萄贵人香、佳美等世界名种葡萄，运用国际上最先进的酿造白葡萄酒的工艺技术和设备，经过软压取汁、果汁净化、控温发酵、除菌过滤、恒温瓶贮、典雅包装等工艺环节，精工酿制而成。

（4）荣誉。王朝半干白葡萄酒问世不久即于1983年在第四届全国(葡萄酒和黄酒)评酒会上荣获国家名酒称号；其后，又先后在1984年民主德国莱比锡国际评酒会、南斯拉夫卢比尔亚那国际评酒会和1989年比利时布鲁塞尔第27届评酒会上荣获金奖；获国家首批"绿色食品"称号；2006年1月首批通过国家酒类质量认证。

三、法国葡萄酒

(一) 法国葡萄酒起源

法国得天独厚的气候条件，有利于葡萄生长，但不同地区，气候和土壤条件也不尽相同。因此，法国可种植几百种葡萄。其中，最有名的品种有酿制白葡萄酒的霞多丽和苏维浓，酿制红葡萄酒的赤霞珠、希哈、佳美和海洛。

法国葡萄酒的起源，可以追溯到公元前6世纪。当时腓尼基人和克尔特人首先将葡萄种植和酿造业传入现今法国南部的马赛地区，葡萄酒成为人们佐餐的奢侈品。到公元前1世纪，在罗马人的大力推动下，葡萄种植业很快在法国的地中海沿岸盛行，饮酒成为时尚。然而，在此后的岁月里，法国的葡萄种植业却几经兴衰。公元92年，罗马人逼迫高卢人摧毁了大部分葡萄园，以保护亚平宁半岛的葡萄种植和酿酒业，法国葡萄种植和酿造业出现了第一次危机。公元280年，罗马皇帝下令恢复种植葡萄的自由，葡萄种植和酿造业进入重要的发展时期。1441年，勃艮第公爵禁止良田种植葡萄，葡萄种植和酿造业再度萧条。1731年，路易十五国王取消部分上述禁令。1789年，法国大革命爆发，葡萄种植不再受到限制，法国的葡萄种植和酿造业终于进入全面发展的阶段。历史的反复、求生的渴望、文化的熏染以及大量的品种改良和技术革新，推动法国葡萄种植和酿造业日臻完善，最终走进了世界葡萄酒极品的神圣殿堂。

(二) 法国葡萄酒的等级划分

法国拥有一套严格和完善的葡萄酒分级与品质管理体系。在法国，葡萄酒被划分为以下4个等级。

1. 日常餐酒(Vin de Table)

日常餐酒由来自法国单一产区或数个产区的酒调配而成，产量约占法国葡萄酒总产量的38%。日常餐酒品质稳定，是法国大众餐桌上最常见的葡萄酒。此类酒的酒精含量不得低于8.5%或9%，不得超过15%。酒瓶标签标示为"Vin de Table"，如图2-3所示。

图2-3　日常餐酒酒瓶标签图

2. 地区餐酒(Vin de Pays)

地区餐酒由最好的日常餐酒升级而成。法国绝大部分的地区餐酒产自南部地中海沿岸。其产地必须与标签上所标示的特定产区一致，而且要选用被认可的葡萄品种。最后，还要通过专门的法国品酒委员会核准。酒瓶标签标示为"Vin de Pays+产区名"，如图2-4所示。

图2-4 地区餐酒酒瓶标签图

3. 优良地区餐酒(V.D.Q.S)

优良地区餐酒等级介于地区餐酒和法定地区葡萄酒之间，产量只占法国葡萄酒总产量的2%。这类葡萄酒的生产受到法国原产地名称管理委员会的严格控制。酒瓶标签标示为"Appellation+产区名+Qualite Superieure"，如图2-5所示。

图2-5 优良地区餐酒酒瓶标签图

4. 法定地区葡萄酒(A.O.C)

A.O.C是最高等级的法国葡萄酒，产量大约占法国葡萄酒总产量的35%。这美酒所选用的葡萄品种、最低酒精含量、最高产量、培植方式、修剪以及酿制方法等都受到最严格的监控。只有通过官方分析和化验的法定产区葡萄酒才可获得A.O.C证书。正是这种非常严格的规定才确保了A.O.C等级的葡萄酒始终如一的高贵品质。在法国，每一个大的产

区里又分很多小的产区。一般来说，产区越小，葡萄酒的质量就越高。酒瓶标签标示为
"Appellation+产区名+Controlee"，如图2-6所示。

图2-6 法定地区葡萄酒酒瓶标签图

(三) 法国葡萄酒产区

1. 波尔多区(Bordeaux)

波尔多区是法国最受瞩目也是最大的A.O.C等级葡萄酒产区。从一般清淡可口的干白
酒到顶级城堡酒庄出产的浓重醇厚的高级红酒都有出产。该区所产的红葡萄酒无论在色、
香、味还是在典型性上均属世界一流，尤以味道醇美柔和、爽净而著称，凭其悦人的果香
和永存的酒香，被誉为"葡萄酒王后"。

1) 莫多克分区(Medoc)(红葡萄酒)

(1) 地理位置。莫多克位于波尔多市北边，气候温和，有大片排水良好的砾石地，是
赤霞珠(Cabernet-Sauvignon)红葡萄的最佳产区。

(2) 葡萄酒特点。莫多克出产酒色浓黑、口感浓重的耐久存红酒，需存放多年才能饮
用，St.Es-tephe、Pauillac、St.Julien及Margaux是最著名A.O.C产酒村庄。

(3) 名品。主要有以下几种。

① 拉菲特酒(Chateau Iafite—Rothschild)。此酒色泽深红清亮，酒香扑鼻，口感醇厚、
绵柔，以清雅著称，属干型，最宜陈酿久存，越陈越显其清雅之风格，以11年以上酒龄者
为最佳，是世界上罕见的好品种。

② 马尔戈酒(Margaux)。马尔戈酒被冠之以"波尔多最婀娜柔美的酒"，酒液呈深红
色，酒体协调、细致，各种风格体现得恰到好处，属干型，早在17世纪就出口到英国。

③ 拉杜尔酒(Chateau LatouI)。拉杜尔酒酒质丰满厚实，越陈越能体现其纯正坚实、珠
光宝气的风格，属干型，早在18世纪就已出口到英国。

2) 圣·爱美里昂分区(St.Emilion)(红葡萄酒)

(1) 地理位置。圣·爱美里昂较靠近内陆的红酒产区，美露葡萄的种植比例较高，
比莫多克产的葡萄圆润可口。产区范围大，分成一般的St.Emilion和较佳的St.Emilion

grandcru，后者还分三级，最佳的是St.Emilion Ier grand eru class6，属久存型的名酿。

(2) 葡萄酒特点。该分区的红葡萄酒色深而味浓，是波尔多葡萄酒中最浓郁的一种，成熟期漫长。

(3) 名品。圣·爱美里昂分区的葡萄酒名品主要有乌绍尼堡(Chateau Ausone)和波西乳喝堡(Chateau Beausejour)两种。

3) 葆莫罗尔分区(Pomerol)(红葡萄酒)

(1) 地理位置。葆莫罗尔位于吉伦特河的右边，是著名的白葡萄酒产区，主要种植美露葡萄。

(2) 葡萄酒特点。葆莫罗尔只产红酒，以高比例的美露葡萄酒著称，虽强劲浓烈，但口感圆润丰美，较早成熟，亦耐久存。因产区小，所以价格昂贵。

(3) 名品。葆莫罗尔分区的葡萄酒名品主要有北京鲁堡(Chatan Petrus)和色旦堡(Vieux Chateau Certan)两种。

4) 格哈夫斯分区(Graves)(红、白葡萄酒)

(1) 地理位置。格哈夫斯位于波尔多市的南边，红、白葡萄酒皆产。

(2) 葡萄酒特点。白葡萄酒以混合Semillon和Sauvignon Blanc葡萄酿成，是波尔多区最好的干白酒产区，口感圆润丰厚。红酒以Cabernet-Sanvignan为主，口感紧涩，常带一点土味。以北边的Pessac-Leognan区内所产的酒的品质最好，所有列级酒庄都位于此区内。

(2) 名品。格哈夫斯分区的葡萄酒名品主要有奥·伯里翁堡(Chateau Hant-Brion)(红、白)、长堡尼克斯堡(Chateau Carbonnieux)(红、白)、多美·席娃里厄(Domaine De Chevatier)(红、白)三种。

5) 索特尼分区(Santenes)(甜白葡萄酒)

(1) 地理位置。索特尼位于波尔多的西南部，具有悠久的历史，是优质白葡萄酒的著名产区，出产世界著名的高级甜葡萄酒的葡萄庄园帝琴葡萄庄园(Chateau Yquem)就位于该区。

(2) 葡萄酒特点。索特尼是波尔多区内最佳的甜白酒产区，因特殊的自然环境，葡萄收成时表面长有贵腐霉，这让葡萄的糖分浓缩，同时发出特殊的香味，酿成的白酒甜美圆润，香气十分浓郁，适合久存。

(3) 名品。索特尼分区的葡萄酒名品主要有艺甘姆堡(Chateau De Yquem)，此酒被誉为"甜型白葡萄酒的最完美代表"。其风格优雅无比，色泽金黄华美，清澈透明，口感异常细腻，味道甜美，香气怡然。此酒越老口感越徍，由于精工细制，控制产量，因此身价百倍，它也是世界最贵的葡萄酒之一。

6) 波尔多区主要的A.O.C葡萄酒

白葡萄酒：长相思(Bordeaux Sanvignon Blanc)、赛芙蓉(Bordeaux Semillon)、玛斯凯特(Bordeaux Muscadelle)、巴萨克(Bordeaux Barsac)、索特尼(Bordeaux Sauterne)。

红葡萄酒：梅鹿特(Bordeaux Medot)、品丽珠(Bordeaux Cabemet Flanc)、赤霞珠(Bordeaux Cabemet Sauvingon)、圣·爱米里昂(Bordeaux St—Emillon)、索特尼(Bordeaux Sauterne)。

2. 勃艮第地区(Burgundy)

勃艮第地区出产举世闻名的红、白葡萄酒，有相当悠久的葡萄种植传统，每块葡萄园都经过精细的分级。最普通的等级是Bourgogue，之上有村庄级Communal、一级葡萄园Ler Cru以及最高级别的特级葡萄园Grand Cru。由北到南分，主要产区有如下几个。

1) 夏布利(Chablis)

(1) 地理位置。夏布利位于第戎市西北部，距第戎市约60公里。该地区种植著名的霞多丽葡萄，能生产颜色为浅麦秆黄、口感非常干爽的白葡萄酒。

(2) 葡萄酒的特点。夏布利所产的葡萄酒以口感清新淡雅、酸味明显的霞多丽闻名，该酒常带矿石香气，适合搭配生蚝或贝类海鲜。

(3) 名品。夏布利地区的葡萄酒名品主要有霞多丽(Chablis Chardonnay)、巴顿·古斯梯(Chablis Barton & Guestier)。

2) 科多尔(Cotes D Or)

(1) 地理位置。科多尔由两个著名的葡萄酒区组成：科德·内斯(Cote De Nuits)和科特·波讷(Cote De Beaune)。科德·内斯附近的内斯·圣约翰(Nuits St Georges)、拉·山波亭(Le Chambertin)和拉·马欣尼(Le Musiguy)等地都生产各种优质的葡萄酒。道麦尼.德.接·德罗美尼·康迪地区(Domaine De La Romanee Conti)以生产价格昂贵的高级葡萄酒而著称。由于科多尔中部的土质、气候和环境原因，格沃雷接山波亭(Gevrey Chambertin)、莫雷·圣丹尼斯(Morey St Denis)、仙伯雷·马斯格尼(Chambolle Musigny)和沃斯尼·罗曼尼(Vosne Romane)等村庄及内斯·圣约翰(Nuits St Georges)村周围的葡萄园都种植着著名的黑比诺葡萄(Pinot Noir)，从而为该地区生产优质葡萄酒奠定了良好的基础。

(2) 葡萄酒特点。科多尔北部(Cote De Nuits)是全球最佳的Pinot Noir红酒产区，该品种具有优雅、细致却又浓烈、丰郁的特性。

(3) 名品。科多尔地区的葡萄酒名品主要有豪特·科特葡萄酒(Hautes Cotes)。

3) 布娇莱(Beaujolais)

(1) 地理位置。布娇莱位于勃艮第酒区的最南端。该地区仅种植味美、汁多的甘美葡萄。所生产的葡萄酒有宝祖利普通级葡萄酒(Beaujolais)、宝祖利普通庄园酒(Beaujolais-Villages)。

(2) 葡萄酒特点。布娇莱产出的红葡萄酒味淡而爽口，以新鲜、舒适和醇柔著称。

(3) 名品。布娇莱地区的葡萄酒名品主要有黑品乐(Beaujolais Pinot Noir)、佳美(Beaujolais Gamay)、乡村布娇莱(Beaujolais Villages)、佛罗利(Fleurie)。

4) 布利付西(Pouilly Fuisse)

(1) 地理位置。布利付西位于卢瓦尔的中部，是卢瓦尔人最骄傲的酒区。该区气候温和，地势陡峭，土壤中含有钙和硅的成分，很多著名的白葡萄酒，都是以该地区的夏维安白葡萄为原料制作的。

(2) 葡萄酒特点。布利付西是勃艮第白葡萄酒的杰出代表产品，该地出产的葡萄酒呈浅绿色，光滑平润，清雅甘冽，鲜美可口，属干型。

(3) 名品。布利付西地区的葡萄酒名品主要有马贡·霞多丽(Macon Chardonnay)、马贡·白品乐(Macon Pinot Blanc)、马贡·佳美(Macon Gamay)、马贡·黑品乐(Macon Pinot Noir)。

四、其他国家葡萄酒

(一) 意大利葡萄酒

意大利生产的葡萄酒是全国性的，其最大的特点是种类繁多、风味各异。意大利葡萄酒与意大利民族一样，开朗明快，热烈而感情丰富。

著名的红葡萄酒有斯瓦维(Soave)、拉菲奴(Ruffino)、肯扬地(Chianti)、巴鲁乐(Barolo)等。干红、白葡萄酒有噢维爱托(Orvieto)，古典红葡萄酒有肯扬地(Chianti)。

(二) 德国葡萄酒

德国以产于莱茵(Rhein)和莫泽尔(Moselle)的白葡萄酒最为著名。莱茵河和莫泽尔河两岸都盛产葡萄，酿酒者即以河为酒名。

莱茵酒成熟、圆润且带甜味，用棕色瓶装；莫泽尔酒清澈、新鲜、无甜味，用绿色瓶装。德国葡萄酒的种类繁多，以美国为主要出口对象。

(三) 美国葡萄酒

美国葡萄酒的主要产地是加利福尼亚州。此外，还有新泽西州、纽约州、俄亥俄州。

由于美国各葡萄园严格控制土壤的含水量、酸碱度及养分，使得每一年的葡萄几乎在相同的环境下生长，所以酒品几乎可以确保年年一致。美国葡萄酒品质稳定，生产量大，但特色不突出。著名的品牌有夏布利(Almaden Chablis)、佳美布娇莱(Gamy Beaujolais)、纳帕玫瑰酒(The Christian Brothers Napa Rose)、品乐霞多丽(Piont Chardonnay)、BV长相思(BV Sauvignon Blanc)、赤霞珠(Pan Masson Cabemet Sauvignon)、雷司令(Johannisberg Riesling)。

(四) 澳洲葡萄酒

澳洲被称为葡萄酒的新世界，这是因为当地葡萄酒厂勇于创新，能酿制出与众不同的澳洲葡萄酒。

澳洲生产葡萄酒的省份为新南威尔士(New South Wales)、维多利亚(Victofia)、南澳大利亚(South Australia)和西澳大利亚(Western Australia)。其中，最重要的产区为南澳大利亚，当地的地理位置及纬度均类似酒乡——法国波尔多(介于纬度30～50度之间)。但其气候较温暖，日照充分，所以能酿造出酒气浓郁、平顺、易入口的葡萄酒。

澳洲葡萄酒既有用产地名称命名的，也有以葡萄品种命名的。许多著名的酿酒厂都拥有自己的葡萄园。著名的红葡萄酒以赤霞珠为原料，而优质的白葡萄酒则以雷司令、霞多丽等葡萄品种为原料。

澳洲葡萄酒的另一个特色是混合两种或两种以上的葡萄品种来酿酒。凭借这种做法，澳洲人创造出独具澳洲风味的葡萄酒。最常见的是赤霞珠和西拉(Syrah)品种的混合。这一点在酒的正标或背标上，一定会清楚地标明。大部分澳洲葡萄酒，不论在口感上还是在价格上，都能符合国内消费者的要求。

五、香槟酒

香槟酒是世界上最富吸引力的葡萄酒，是最高级的酒精饮料。

(一) 香槟酒的起源

据说在18世纪初叶，Dom Perignon修道院的葡萄园的负责人——贝力农，因为某一年葡萄的产量减少，就把还没有完全成熟的葡萄榨汁后装入瓶中贮存。贮存期间，因为葡萄酒不断受到发酵中所产生的二氧化碳的压迫，于是就变成了发泡性的酒。

由于瓶中充满了气体，所以在拔除瓶塞时会发出悦耳的声响，香槟酒也因此成为圣诞节等喜庆活动中不可或缺的酒。

(二) 香槟酒的生产工艺

香槟酒的酿造工艺复杂且精细，具有独到之处。制作流程：每年10月初，葡萄被采摘下来，经过挑选选择合格的原料榨汁，汁液流入不锈钢酒槽中澄清12小时，而后装桶，进行第一次发酵。第二年春天，把酒装入瓶中，而后放置在10℃的恒温酒窖里，开始长达数月的第二次发酵。翻转酒瓶是香槟酒酿造过程中的一个重要环节。翻转机每天转动八分之一周，使酒中的沉淀物缓缓下沉至瓶口。六周后，打开瓶塞，瓶内的压力将沉淀物冲出。为了填补沉淀物流出酒瓶中出现的空缺，需要加入含有糖分的添加剂。添加剂的多少决定了香槟酒的三种类型——原味、酸味和略酸味，而后再封瓶，继续在酒窖中缓慢发酵。这个过程一般持续3～5年。

香槟酒的重要特点之一是由产于不同年份的多种葡萄配制而成，一般将紫葡萄汁和白葡萄汁混合在一起，将年份不同的同类酒掺杂在一起。至于混合的方法、配制的比例，则是各家酒厂概不外传的秘诀。

(三) 香槟酒的分类

香槟酒依据其原料即葡萄品种的不同，可分为以下两种。

(1) 用白葡萄酿造的香槟酒称"白白香槟"(Blanc De Blanc);

(2) 用红葡萄酿造的香槟酒称"红白香槟"(Blanc De Noir)。

(四) 香槟酒的命名

香槟来自法文"Champagne"的音译，意思是香槟省。香槟省位于法国北部，气候寒冷且土壤干硬，阳光充足，其种植的葡萄适宜酿造香槟酒。

由于以产地命名的原因，因此，只有以法国香槟省所产的葡萄为原料生产的气泡葡萄酒才能称为"香槟酒"，其他地区产的此类葡萄酒只能叫"气泡葡萄酒"。根据欧盟的规定，欧洲其他国家的同类气泡葡萄酒也不得叫"香槟"。

(五) 香槟酒的特点

1. 香槟酒的年份

(1) 不记年香槟：香槟酒如不标明年份，说明它是装瓶12个月后出售的。

(2) 记年香槟：香槟酒如果标明年份，说明它是葡萄采摘若干年后出售的。

2. 香槟甜度划分

(1) 天然Brut：含量最少，口感酸。

(2) 特干Extra Sec：含量次少，口感偏酸。

(3) 干Sec：含量少，口感有点酸。

(4) 半干Demi-Sec：口感半糖半酸。

(5) 甜Doux：口感甜。

通常情况下，甜香槟或半干香槟比较适合中国人的口味。

3. 香槟酒的品质

香槟酒一般呈黄绿色，部分呈淡黄色，斟酒后略带白沫，细珠升腾，色泽透亮，果香浓于酒香，酒气充足，被誉为"酒中皇后"。

香槟酒如果气泡多且细，气泡持续时间长，则说明香槟品质好。

(六) 香槟酒的品评

色鲜明亮，协调，有光泽。

透明澄清，澈亮，无沉淀，无浮游物，无失光现象。

打开瓶塞时声音清脆，响亮。

香型为果香，酒香柔和、轻快，没有异味。

味醇正、协调、柔美、清爽、香馥，后味杀口、轻快、余香有独特风味。

(七) 香槟的饮用与服务

1. 香槟酒与菜肴搭配

香槟酒不仅可以作为开胃酒，还能与不同的菜肴以及甜品搭配。粉红香槟酒可以配法国美食中的鹅肝、火腿或家禽，亦可以配中国美食中的红烧肉；而白葡萄香槟酒则可以配法国美食中的羊羔肉，亦可配中国美食中的清蒸鱼和白灼虾等。

2. 香槟酒的饮用温度

香槟酒无论是作为开胃酒饮用还是与菜肴搭配饮用，其最佳饮用温度应该是8℃～10℃，饮用前可在冰桶里放20分钟或在冰箱里平放三小时。

3. 香槟酒服务

(1) 点酒选杯。客人点了香槟酒后，服务人员首先要在餐桌上放上适当的杯子(窄口香槟杯)。

(2) 示瓶。服务人员用餐巾托瓶身放在左手手掌上，标签朝向客人以便认读，应口头介绍一遍，让客人确认。

(3) 开瓶。客人确认所点的酒后，准备开瓶。香槟酒瓶中的气体含有很强的冲力，特别是在摇晃以后，强力冲出的瓶塞可能会伤到客人。所以开瓶时必须十分小心，千万不要将瓶口对着自己或客人的脸，瓶口应该朝向天花板。在开瓶的过程中，可以将瓶口倾斜，这样能减少气体对瓶塞的冲力。用左手握住酒瓶呈45度，用右手拉开扣在瓶口的铁圈。去掉铝箔及铁圈时，同时用左手拇指压住瓶塞。拿一条餐巾放在右手掌心，隔着餐巾握住瓶塞，用左手握住瓶身，右手轻轻转动木塞，木塞在压力的作用下便会弹到右手的餐巾中。

(4) 倒酒。用餐巾擦一下瓶口。用右手握紧瓶身，将标签朝向客人。在主人的杯中倒入30ml让主人试酒。另一种握法是用右手四指贴住瓶身，大拇指扣住香槟瓶身的凹陷处倒酒。

在主人试酒确认后，从主人右边第一位客人开始按顺时针方向(绕过主人)逐次为客人斟酒(不要超过酒杯的2/3)，最后再为主人添酒。斟酒时可以停顿一下，以免泡沫溢出酒杯。

如客人无特殊要求，酒瓶应放在冰桶内，瓶身可用餐巾包住以增强美观效果。

在客人用餐过程中，巡视杯子为客人添酒，斟完后应询问客人是否再加一瓶。

(八) 世界著名香槟

世界著名香槟品牌，主要有宝林歇(Bolliuger)、梅西埃(Mercier)、海德西克(Heidsieck Monopole)、莫姆(Mumm)、库葛(Krug)、泰汀歇(Taittingter)。

学习任务二　啤酒及其服务

啤酒(Beer)是用麦芽、啤酒花、水、酵母发酵而来的含二氧化碳的低酒精饮料的总称。我国最新的国家标准规定：啤酒是指以大麦芽(包括特种麦芽)为主要原料，加酒花，经酵母发酵酿制而成的，含二氧化碳的、起泡的、低酒度(3.5%~4%)的各类熟鲜啤酒。

一、啤酒的起源和发展

在所有与啤酒有关的记录中，数伦敦大英博物馆内的"蓝色纪念碑"的板碑最为古老。这是公元前三千年左右，住在美索不达米亚地区的幼发拉底人留下一些具有重要史料价值的文字。从文字的内容可以推断，在当时，啤酒已经走进了他们的生活，并极受欢迎。另外，在公元前一千七百年左右制定的《汉谟拉比法典》中，也可以找到和啤酒有关的内容。由此可知，在当时的巴比伦，啤酒已经在人们的日常生活中占有很重要的地位了。公元六百年左右，新巴比伦王国已有啤酒酿造业的同业组织，并且开始在酒中添加啤酒花了。

此外，古埃及人也和苏美尔人也开始大量生产啤酒供人饮用。在公元前三千年左右所著的《死者之书》里，曾提到酿啤酒这件事，而金字塔的壁画上也处处可看到栽培大麦及酿造啤酒的画面。

由石器时代初期的出土物品，我们可以推测，在现在的德国附近曾经有过酿造啤酒的文化。但是，当时的啤酒和现在的啤酒却大不相同。据说，当时的啤酒是用未经烘烤的面包浸水，以此发酵而成的。

在啤酒发展的初期，人们一直沿用古法制作，后来，在长期的实践过程中人们发现，制作啤酒时，如果要让它准确且快速地发酵，只要在酿造过程中添加含有酵母的泡泡就行了，但是要将本来浑浊的啤酒变得清澈且带有一些苦味，却得花费相当大的心思。到了7世纪，人们开始添加啤酒花。进入15—16世纪，啤酒花已普遍地用在啤酒酿造中了。进入中世纪，由于有了一种"啤酒是液体面包""面包为基督之肉"的观念，导致教会及修道院也开始酿造啤酒。在15世纪末期，以慕尼黑为中心的巴伐利亚的部分修道院，开始用大麦、啤酒花及水来酿造啤酒。从此之后，啤酒花成为啤酒不可或缺的原料。16世纪后半期，一些移民到美国的人士也开始栽培啤酒花并酿造啤酒。进入19世纪后，冷冻机的发明、科学技术的推动，使得啤酒酿造业借助近代工业的帮助而扶摇直上。

与远古时期的苏美尔人和古埃及人一样，我国远古时期的醴也是用谷芽酿造的，即所谓的蘖法酿醴。《黄帝内经》中记载了一些有关醪醴的文字；商代的甲骨文中也记载了由不同种类的谷芽酿造的醴；《周礼·天官·酒正》中有"醴齐"说。醴和啤酒在远古时代应属同一类型的含酒精量非常低的饮料。由于时代的变迁，用谷芽酿造的醴消失了，但口味类似于醴、用酒曲酿造的甜酒却保留了下来。在古代，人们也称甜酒为醴。今人普遍认为中国自古以来就没有啤酒，但是，根据古代的资料，我国很早就掌握了蘖的制造方法，也掌握了用蘖制造饴糖的方法。不过苏美尔人、古埃及人酿造啤酒需用两天时间，而我国古代人酿造醴酒则需一天一夜。《释名》曰："醴齐醴礼也，酿之一宿而成，醴有酒味而已也。"

■ 二、啤酒的生产原料

(一) 大麦

大麦是酿造啤酒的重要原料，但是首先必须将其制成麦芽方能用于酿酒。大麦在人工控制和外界条件的作用下发芽和干燥的过程即为麦芽制造。大麦发芽后称为绿麦芽，干燥后称为麦芽。麦芽是发酵时的基本成分，并被称为"啤酒的灵魂"。它决定了啤酒的颜色和气味。

(二) 酿造用水

啤酒对酿造用水的要求相对于其他酒类酿造的要求要高得多，特别是用于制麦芽和糖化的水与啤酒的质量密切相关。酿造啤酒的用水量很大，对水的要求是不含妨碍糖化、发酵以及对色、香、味产生影响的物质。因此，很多厂家采用深井水，如无深井水则采用离子交换机和电渗析方法对水进行处理。

(三) 啤酒花

啤酒花是啤酒生产中不可缺少的原料，作为啤酒工业的原料，啤酒花最早使用于英国，主要是利用其具有苦味、香味、防腐力和能够澄清麦汁的特性。

(四) 酵母

酵母的种类很多，用于啤酒生产的酵母叫啤酒酵母。啤酒酵母可分为上发酵酵母和下发酵酵母两种。上发酵酵母应用于上发酵啤酒的发酵，发酵产生的二氧化碳和泡沫使细泡漂浮于液面，最适宜的发酵温度为10℃～25℃，发酵期为5～7天。下发酵酵母在发酵时悬浮于发酵液中，发酵终了时凝聚并沉于底部，发酵温度为5℃～10℃，发酵期为6～12天。

三、啤酒的酿造工艺

(一) 选麦育芽

精选优质大麦清洗干净，在槽中浸泡三天后送出芽室，在低温潮湿的空气中发芽一周，然后将这些嫩绿的麦芽在热风中风干24小时，这样大麦就具备了酿造啤酒所需的颜色和风味。

(二) 制浆

将风干的麦芽磨碎，加入温度适当的热水，制造麦芽浆。

(三) 煮浆

将麦芽浆送入糖化槽，加入米淀粉煮成的糊，加温，这时麦芽酵素充分发挥作用，可把淀粉转化为糖，产生麦芽糖汁液，过滤之后，加蛇麻花煮沸，提炼芳香和苦味。

(四) 冷却

将煮沸的麦芽浆冷却至5℃，然后加入酵母进行发酵。

(五) 发酵

麦芽浆在发酵槽中经过8天左右的发酵，大部分的糖和酒精都被二氧化碳分解，生涩的啤酒诞生。

(六) 陈酿

经过发酵的深色啤酒被送进调节罐中低温(0℃以下)陈酿两个月，陈酿期间，啤酒中的二氧化碳逐渐溶解，渣滓沉淀，酒色开始变得透明。

(七) 过滤

成熟后的啤酒经过离心器去除杂质，酒色完全透明，呈琥珀色，这就是人们通常所称的生啤酒，然后在酒液中注入二氧化碳或小量浓糖进行二次发酵。

(八) 杀菌

将酒液装入消过毒的瓶中，进行高温杀菌(俗称巴氏消毒)使酵母停止作用，这样瓶中的酒液就能耐久贮藏。

(九) 包装销售

装瓶或装桶的啤酒经过最后的检验，便可以出厂上市。一般包装形式有瓶装、听装和桶装三种。

四、啤酒的分类

(一) 根据颜色分类

1. 淡色啤酒

淡色啤酒外观呈淡黄色、金黄色或棕黄色。我国绝大部分啤酒均属此类。

2. 浓色啤酒

浓色啤酒呈红棕色或红褐色，产量比较小。这种啤酒的麦芽香味突出，口味醇厚。这类啤酒的典型代表是上发酵的浓色爱尔啤酒，其原料部分采用深色麦芽。

3. 黑色啤酒

黑色啤酒呈深红色至黑色，产量比较小。麦汁浓度较高，麦芽香味突出，口味醇厚，泡沫细腻。它的苦味有轻有重，典型产品有慕尼黑啤酒。

(二) 根据工艺分类

1. 鲜啤酒

包装后不经巴氏灭菌的啤酒叫鲜啤酒。这类啤酒不能长期保存，保存期在7天以内。

2. 熟啤酒

包装后经过巴氏灭菌的啤酒叫熟啤酒。这类啤酒可以保存三个月。

(三) 根据啤酒发酵特点分类

1. 底部发酵啤酒

(1) 拉戈啤酒。拉戈啤酒是传统的德式啤酒，以溶解度稍差的麦芽为原料，采用糖化煮沸法，使用底部酵母，该啤酒呈浅色，有典型的啤酒花香味，贮存期长。

(2) 宝克啤酒。宝克啤酒是一种底部发酵啤酒，呈棕红色，原产地为德国。该酒发酵度低，有醇厚的麦芽香气，口感柔和醇厚，酒度较高，约6度，泡沫持久，颜色较深，味甜。

2. 上部发酵啤酒

上部发酵啤酒主要有波特黑啤酒。波特黑啤酒由英国人首先发明和生产，是英国著名啤酒。该酒苦味浓，颜色很深，营养素含量高。

(四) 根据麦汁分类

1. 低浓度啤酒

麦汁浓度为2.5～8度，乙醇含量为0.8%～2.2%。

2. 中浓度啤酒

麦汁浓度为9～12度，乙醇含量为2.5%～3.5%，淡色啤酒几乎都属于这个类型。

3. 高浓度啤酒

麦汁浓度为13～22度，乙醇含量为3.6%～5.5%，多为深色啤酒。

(五) 根据其他特点分类

1. 苦啤酒

苦啤酒属于英国风味，啤酒花投料比例比一般啤酒高，干爽，浅色，味浓郁，酒度高。

2. 水果啤酒

水果啤酒在发酵前或发酵后需放入水果做原料。

3. 印度浅啤酒

印度浅啤酒的英语缩写为"IPA"，是增加了大量啤酒花的拉戈式啤酒。

4. 小麦啤酒

小麦啤酒是以发芽小麦为原料，并加入适量大麦的德国风味啤酒。Hefeweizen是其中的一个种类。

五、啤酒的"度"

啤酒商标中的"度"不是指酒精含量，而是指发酵时原料中的麦芽汁的糖度，即原麦芽汁浓度，分为6度、8度、10度、12度、14度、16度不等。一般情况下，麦芽浓度高，含糖量就多，啤酒酒精含量就高，反之亦然。

例如，低浓度啤酒，麦芽浓度为6～8度，酒精含量为2%左右；高浓度啤酒，麦芽浓度为14～20度，酒精含量为5%左右。

六、啤酒的商标

根据《食品标签通用标准》的规定，啤酒与其他包装食品一样，必须在包装上印有或附上包括厂名、厂址、产品名称、标准代号、生产日期、保质期、净含量、酒度、容量、配料和原麦汁浓度等内容的标志。

啤酒的包装容量根据包装容器而定，国内一般采用玻璃包装，分350ml和640ml两种。一般商标上标的"640ml±10ml"，指的是瓶内含640ml的酒液，上下浮动不超过10ml。

沿着商标周围有两组数字，1～12为月份，1～31为日期。厂家采取在商标边将月数和日期数切口的办法来注明生产日期。

啤酒商标作为企业产品的标志，既便于市场管理部门的监督、检查，又便于消费者对这一产品的了解和认知，同时它又是艺术品，被越来越多的国内外商标爱好者收集和珍藏。

七、啤酒的饮用与服务

(一) 啤酒的选择

啤酒种类繁多，成分各异，而人的体质不同，所以饮用啤酒要因人而异。

1. 生啤酒

生啤酒即鲜啤酒，比较适于瘦人饮用。生啤酒是没有经过巴氏杀菌的啤酒，由于酒中的活酵母菌在灌装后，在人体内仍可以继续进行生化反应，因而这种啤酒很容易使人发胖。

2. 熟啤酒

经过巴氏杀菌后的啤酒即为熟啤酒。因为酒中的酵母已被加温杀死，不会继续发酵，稳定性较好，所以较适宜胖人饮用。

3. 低醇啤酒

低醇啤酒适合从事特种工作的人饮用，如驾驶员、演员等。低醇啤酒是啤酒家族的新成员之一，属低度啤酒。低醇啤酒的糖化麦汁的浓度是12度或14度，酒精含量为3.5度，人喝了这种啤酒不容易"上头"。

4. 无醇啤酒

无醇啤酒是啤酒家族中的新成员，也属于低度啤酒，只是它的糖化麦汁的浓度和酒度比低醇啤酒还要低，所以很适于妇女、儿童和老弱病残者饮用。

5. 运动啤酒

运动啤酒是供运动员饮用的啤酒，是啤酒家族的新成员。运动啤酒除了酒度低以外，还含有黄芪等15种中药成分，能使运动员在剧烈运动后迅速恢复体能。

(二) 啤酒酒杯的选择

饮用啤酒与洋酒一样，对酒杯有一定的要求，不同类型的啤酒需要用不同的杯子盛装。可供选择的常用啤酒杯有淡啤酒杯(Light Beer Pilsner)、生啤酒杯(Beer Mug)和一般啤酒杯(Laeavyr Beer Pilsner)。

(三) 啤酒的饮用温度

啤酒愈鲜愈醇，不宜久藏，冰后饮用最为爽口，不冰则口感苦涩，但饮用时温度过低无法产生气泡，尝不出啤酒的奇特滋味，所以饮用前4～5小时冷藏最为理想。夏天时的适宜饮用温度为6℃～8℃，冬天时的适宜温度为10℃～12℃。

(四) 啤酒气泡的作用

啤酒气泡可防止酒中的二氧化碳散失，能使啤酒保持新鲜美味。一旦气泡消失，则香气减少，苦味加重，丧失口感。所以，斟酒时应先慢倒，接着猛冲，最后轻轻抬起瓶口，其泡沫自然高涌。

(五) 啤酒的品评

1. 黄啤酒品评

(1) 色淡黄、带绿，黄而不显暗色。

(2) 透明清亮，无悬浮物或沉淀物。

(3) 泡沫高且持久(在8℃～15℃的气温条件下，5分钟内不消失)，细腻，洁白，挂杯。

(4) 有明显的酒花香气，新鲜，无老化气味及酒花气味。

(5) 口味圆正且爽滑，醇厚而杀口。

2. 黑啤酒品评

(1) 清亮透明，无悬浮物或沉淀物。

(2) 有明显的麦芽香，香味正，无老化气味及异味(如双乙酰气味、烟气味、酱油气味等)。

(3) 口味圆正且爽滑，醇厚而杀口。

(4) 无甜味、焦糖味、后苦味等杂味。

(六) 啤酒服务

正规的啤酒服务操作比人们想象的要复杂得多，具体包括以下步骤。

(1) 在托盘内放上啤酒杯及已开瓶的啤酒、冰块，托至餐桌边。将杯子放在客人右手边。如客人需喝温啤酒，可先将酒杯在热水中浸泡一会儿，再注入啤酒，也可将啤酒浸入40℃的热水(装满酒的杯子)进行加温。

(2) 斟倒瓶装啤酒时，先将酒杯微倾，顺杯壁倒入2/3的无沫酒液，再将酒杯端正，采用倾注法，使泡沫产生。酒液与泡沫的比例分别为酒杯容量的3/4和1/4。

(3) 斟注压力啤酒时，先将开关开足，将酒杯斜放在开关下(不要摇晃酒杯)，注入3/4，再将酒杯放于一边，使泡沫沉淀，然后再注满酒杯。酒液与泡沫的比例，应为酒杯容量的3/4和1/4。

(4) 注入杯中的啤酒要求酒液清澈,二氧化碳含量适当,泡沫洁白而厚实。一般情况下,服务员不在同一杯中添加啤酒。

(七) 病酒

啤酒是一种稳定性不强的胶体溶液,比较容易发生浑浊和病害。

1. 浑浊

啤酒浑浊通常发生在低温环境条件下,当贮存气温低于0℃时,酒液中出现浑浊,严重时可出现凝聚物,当气温回升后,浑浊自行消失,这种浑浊称为冷浑浊(或受寒浑浊)。如冷浑浊持续时间过长,凝聚物会由白色变为褐色,气温回升后,浑浊不能完全消失,则啤酒发生病变。

啤酒浑浊还发生在与空气接触的条件下,如包装破损漏气、长时间敞口、内部空隙过大,都会导致浑浊现象的发生,这种浑浊称为氧化浑浊。氧化浑浊是啤酒生产和消费过程中的常见问题。

啤酒浑浊虽然不会对人体造成严重的损害,但会影响顾客的消费心理。

2. 氧化味

氧化味又称面包味、老化味,产生原因是酒液的氧化和贮存期过久。

3. 馊饭味

馊饭味主要起因于啤酒未成熟时即装瓶,或装瓶前就已被细菌污染等。

4. 铁腥味

铁腥味又称墨水味、金属味,起因主要是酒液受重金属污染。

5. 焦臭味

焦臭味是由麦芽干燥处理过头等因素所致的。

6. 酸苦味

酸苦味是由感染细菌等因素所致的。

7. 霉烂味

导致霉烂味的主要原因有使用生霉原料、瓶塞霉变等。

8. 苦味不正

苦味不正的主要原因有酒花陈旧、酒花用量过多、水质过硬、麦汁煮沸不当、发酵不好、氧化、受重金属污染和酵母再发酵等。

八、中外知名啤酒

(一) 青岛啤酒

1. 产地

青岛啤酒的产地为青岛啤酒股份有限公司。

2. 历史

青岛啤酒厂始建于1903年(清光绪二十九年)。当时青岛被德国占领，英德商人为适应占领军和侨民的需要开办了啤酒厂。当时，企业名称为"日耳曼啤酒公司青岛股份公司"，生产设备和原料全部来自德国，产品品种有淡色啤酒和黑啤酒。

1914年，第一次世界大战爆发以后，日本乘机侵占青岛。1916年，日本国东京都的"大日本麦酒株式会社"以50万银元收购了青岛啤酒厂，更名为"大日本麦酒株式会社青岛工场"，并于当年开工生产。日本人对工厂进行了较大规模的改造和扩建，1939年建立了制麦车间，曾试用山东大麦酿制啤酒，效果良好。原材料中的大米源于中国以及西贡；酒花则从捷克采购。第二次世界大战爆发后，由于外汇管制，啤酒花进口发生困难，日本人曾在厂院内设"忽布园"进行试种。1945年抗日战争胜利，当年10月，工厂被国民党政府军政部查封，旋即由青岛市政府当局派人员接管，工厂更名为"青岛啤酒公司"。1947年，"齐鲁企业股份有限公司"从行政院山东青岛区敌伪产业处理局收购了该工厂，定名为"青岛啤酒厂"。

3. 品种

青岛啤酒的主要品种有8度、10度、11度青岛啤酒，以及11度纯生青岛啤酒。

4. 特点

青岛啤酒属于淡色啤酒，酒液呈淡黄色，清澈透明，富有光泽。酒中二氧化碳充足，当酒液注入杯中时，泡沫细腻、洁白，持久而厚实，并有细小如珠的气泡从杯底连续不断上升，经久不息。饮时，酒质柔和，有明显的酒花香和麦芽香，具有啤酒特有的爽口苦味和杀口力。酒中含有多种人体不可缺少的碳水化合物、氨基酸、维生素等营养成分。常饮有开脾健胃、帮助消化之功效。原麦芽汁浓度为8～11度，酒度为3.5%～4%。

5. 成分

(1) 大麦。选自浙江省宁波、舟山地区的"三棱大麦"，粒大、淀粉多、蛋白质含量低、发芽率高，是酿造啤酒的上等原料。

(2) 酒花。青岛啤酒采用的优质啤酒花，由该厂自己的酒花基地精心培育，具有蒂大、花粉多、香味浓的特点，能增强啤酒的爽快的微苦味和酒花香，并能延长啤酒的保存期，保证了啤酒的正常风味。

(3) 水。青岛啤酒的酿造用水是有名的崂山矿泉水，水质纯净、口味甘美，对啤酒味道的柔和度起了良好的促进作用，它赋予青岛啤酒独有的风格。

6. 工艺

青岛啤酒采取酿造工艺的"三固定"和严格的技术管理。"三固定"就是固定原料、固定配方和固定生产工艺。严格的技术管理是指操作一丝不苟，凡是不合格的原料绝对不用，发酵过程要严格遵守卫生法规；对后发酵的二氧化碳，要严格保持规定的标准，过滤后的啤酒中的二氧化碳要处于饱和状态；产品出厂前，要经过全面分析化验及感官鉴定，合格方能出厂。

7. 荣誉

青岛啤酒在第二、三届全国评酒会上均被评为全国名酒；1980年荣获国家优质产品金质奖章。青岛啤酒不仅在国内负有盛名，而且驰名全世界，远销三十多个国家和地区。2006年1月，青岛啤酒中的8度、10度、11度青岛啤酒，以及11度纯生青岛啤酒首批通过国家酒类质量认证。

(二) 嘉士伯

1. 产地

嘉士伯的原产地为丹麦。

2. 历史

嘉士伯创始人J. C. 雅可布森最初在其父亲的酿酒厂工作，后于1847年在哥本哈根郊区设厂生产啤酒，并以其子卡尔的名字命名为嘉士伯牌啤酒。其子卡尔·雅可布森在丹麦和国外学习酿酒技术后，于1882年创立了新嘉士伯酿酒公司。新老嘉士伯啤酒厂于1906年合并为嘉士伯酿酒公司。直至1970年嘉士伯酿酒公司与图堡(Tuborg)公司合并，并命名为嘉士伯公共有限公司。

3. 特点

知名度较高，口味较大众化。

4. 工艺

1835年6月，哥本哈根北郊成立了作坊式的啤酒酿造厂，采用木桶制作啤酒，1876年成立了著名的"嘉士伯"实验室，1906年组成了嘉士伯啤酒公司。从此，嘉士伯成为啤酒行业的一匹黑马，由嘉士伯实验室汉逊博士培养的汉逊酵母至今仍被各国啤酒业界应用，嘉士伯啤酒工艺一直是啤酒业的典范，其产业自身也因重视原材料的选择和严格的加工工艺保持，其质量始终处于世界一流水平。

5. 荣誉

嘉士伯啤酒风行世界一百三十多个国家，被啤酒饮家誉为"可能是世界上最好的啤酒"。自1904年开始，嘉士伯啤酒被丹麦皇室许可，作为指定的供应商，其商标上自然也就多了一个皇冠标志。嘉士伯公共有限公司自1982年始，相继与中国广州、江门、上海等啤酒厂合作生产中国的嘉士伯。

(三) 喜力啤酒

1. 产地

喜力啤酒的原产地为荷兰。

2. 历史

喜力啤酒始于1863年。G. A. 赫尼肯从收购位于阿姆斯特丹的啤酒厂De Hoo-iberg之日起，便开始关注啤酒行业的新发展。在德国，当酿酒潮流从顶层发酵转向底层发酵时，他迅速意识到这一转变的重大意义。为寻求最佳的原材料，他跑遍了整个欧洲大陆，并引进了现场冷却系统。他甚至建立了实验室来检查基础配料和成品的质量，这在当时的酿酒行业中是绝无仅有的。正是在这一时期，特殊的喜力A酵母开发成功。到19世纪末，啤酒厂已成为荷兰最大且最重要的产业之一。G. A.赫尼肯的经营理念也被他的儿子A. H.赫尼肯承传下来。自1950年起，A. H.赫尼肯喜力成为享誉全球的商标，并赋予它以独特的形象。为此，他仿造美国行业建立了广告部门，同时还奠定了国际化的组织结构的基础。

3. 特点

口感较苦。

4. 荣誉

喜力啤酒在1889年的巴黎世界博览会上荣获金奖，在全球50多个国家的90个啤酒厂生产啤酒。目前，喜力啤酒已出口到170多个国家。

(四) 比尔森(Pilsen)啤酒

1. 产地

比尔森啤酒的原产地为位于捷克斯洛伐克西南部的城市比尔森，已有150年的历史。

2. 工艺

啤酒花用量高，约400g/100L，采用底部发酵法、多次煮沸法等工艺，发酵度高，熟化期为三个月。

3. 特点

麦芽汁浓度为11%～12%，色浅，泡沫洁白细腻，挂杯持久，酒花香味浓郁且清爽，苦味重而不长，味道醇厚，杀口力强。

(五) 慕尼黑(Muneher)啤酒

1. 产地

慕尼黑是德国南部的啤酒酿造中心，以酿造黑啤闻名。慕尼黑啤酒已成为世界深色啤酒效法的典型。因此，凡是采用慕尼黑啤酒工艺酿造的啤酒，都可以称为慕尼黑型啤酒。慕尼黑啤酒最大的生产厂家是罗汶啤酒厂。

2. 工艺

慕尼黑啤酒采用底部发酵的生产工艺。

3. 特点

慕尼黑啤酒外观呈红棕色或棕褐色，清亮透明，有光泽，泡沫细腻，挂杯持久，二氧化碳充足，杀口力强，具有浓郁的焦麦芽香味，口味醇厚而略甜，苦味轻。内销啤酒的原麦芽浓度为12%～13%，外销啤酒的原麦芽浓度为16%～18%。

(六) 多特蒙德(Dortmund)啤酒

1. 产地

多特蒙德位于德国西北部，是德国最大的啤酒酿造中心，有国内最大的啤酒公司和啤酒厂。自中世纪以来，这里的啤酒酿造业一直很发达。

2. 工艺

多特蒙德啤酒采用底部发酵的生产工艺。

3. 特点

多特蒙德啤酒酒体呈淡黄色，酒精含量高，醇厚而爽口，酒花香味明显，但苦味不重，麦芽汁浓度为13%。

(七) 巴登·爱尔(Burton Ale)啤酒

1. 产地

巴登·爱尔啤酒是英国的传统名牌啤酒，全国生产爱尔兰啤酒的厂家很多，唯有巴登地区酿造的爱尔啤酒最负盛名。

2. 工艺

爱尔啤酒以溶解良好的麦芽为原料，采用上部发酵、高温和快速发酵的方法。

3. 特点

爱尔啤酒有淡色和深色两种，内销爱尔啤酒的原麦芽汁浓度为11%～12%，出口爱尔啤酒的原麦芽汁浓度为16%～17%。

淡色爱尔啤酒色泽浅，酒精含量高，酒花香味浓郁，苦味重，口味清爽。

深色爱尔啤酒色泽深，麦芽香味浓，酒精含量较淡色的低，口味略甜而醇厚，苦味明显而清爽，在口中消失快。

(八) 司陶特(Stout)啤酒

1. 产地

司陶特啤酒的产地为英国。

2. 工艺

司陶特啤酒采用上部发酵方法，用中等淡色麦芽为原料，加入7%～10%的焙焦麦芽或焙焦大麦，有时加焦糖作原料。酒花用量高达600g～700g/100L。

3. 特点

一般的司陶特啤酒原麦芽汁浓度为12%，高档司陶特啤酒的原麦芽汁浓度为20%。司陶特啤酒外观呈棕黑色，泡沫细腻持久，为黄褐色；有明显的焦麦芽香，酒花苦味重，口感爽快；酒度较高，风格浓香醇厚，饮后回味长久。

(九) 其他著名啤酒品牌

贝克：德国啤酒，口味殷实。

百威：美国啤酒，酒味清香，因贮存于橡木酒桶所致。

虎牌：新加坡啤酒，在东南亚知名度较高。

朝日：日本啤酒，味道清淡。

健力士黑啤：爱尔兰出产啤酒中的精品，味道独特。

科罗娜：墨西哥酿酒集团出品，为世界第一品牌。

中国台湾统一狮子座：带有龙眼味的啤酒。

泰国狮牌：最独特的啤酒，味苦，劲烈。

学习任务三 中国黄酒及其服务

黄酒又名"老酒""料酒""陈酒"，因酒液呈黄色，故俗称黄酒。

一、黄酒的起源

黄酒是世界上最古老的一种酒，它源于中国，为中国所独有，与啤酒、葡萄酒并称世界三大古酒。约在三千多年前的商周时代，中国人独创酒曲复式发酵法，开始大量酿制黄酒。从宋代开始，政治、文化、经济中心的南移，使黄酒的生产局限于南方数省。南宋时期，烧酒开始产生，元朝开始烧酒在北方得到普及，北方的黄酒生产逐渐萎缩。南方人饮烧酒者不如北方普遍，使得黄酒生产得以在南方保留下来。清朝时期，南方绍兴一带的黄酒誉满天下。

二、黄酒的成分

黄酒是用谷物作原料，用麦曲或小曲做糖化发酵剂制成的酿造酒。在历史上，在北方以粟(在古代，粟是秫、稷、黍的总称，有时也称为粱，现在称为谷子，去除壳后的谷子叫小米)为原料酿造黄酒，而在南方则普遍以稻米为原料(尤其是以糯米为最佳原料)酿造黄酒。

三、黄酒的分类

在最新的国家标准中，黄酒的定义：以稻米、黍米、黑米、玉米、小麦等为原料，经过蒸料，拌以麦曲、米曲或酒药，进行糖化和发酵酿制而成的各类黄酒。

(一) 按黄酒的含糖量分类

1. 干黄酒

干黄酒的含糖量小于1.00g/100ml(以葡萄糖计)，如元红酒。

2. 半干黄酒

半干黄酒的含糖量为1.00%～3.00%。我国大多数出口黄酒均属此种类型。

3. 半甜黄酒

半甜黄酒的含糖量为3.00%～10.00%，是黄酒中的珍品。

4. 甜黄酒

甜黄酒糖分含量为10.00～20.0g/100ml。由于加入了米白酒，酒度也较高。

5. 浓甜黄酒

浓甜黄酒的糖分大于或等于20.0g/100ml。

(二) 按黄酒酿造方法分类

1. 淋饭酒

淋饭酒是指蒸熟的米饭用冷水淋凉，拌入酒药粉末，搭窝，糖化，最后加水发酵成酒。

2. 摊饭酒

摊饭酒是指将蒸熟的米饭摊在竹篾上，使米饭在空气中冷却，然后再加入麦曲、酒母(淋饭酒母)、浸米浆水等，混合后直接进行发酵。

3. 喂饭酒

按这种方法酿酒时，米饭不是一次性加入，而是分批加入。

(三) 按黄酒酿酒用曲的种类分类

按黄酒酿酒用曲的不同，可分为麦曲黄酒、小曲黄酒、红曲黄酒、乌衣红曲黄酒、黄衣红曲黄酒等。

四、黄酒的功效

黄酒色泽鲜明、香气好、口味醇厚，酒性柔和，酒精含量低，含有13种以上的氨基酸(其中有人体自身不能合成但必需的8种氨基酸)和多种维生素及糖氮等多量浸出物。黄酒有相当高的热量，被称之为液体蛋糕。

黄酒除作为饮料外，在日常生活中也将其作为烹调菜的调味剂或"解腥剂"。另外，在中药处方中常用黄酒浸泡、炒煮、蒸炙某种草药，又可用其调制某种中药丸和泡制各种药酒，是中药制剂中用途广泛的"药引子"。

五、黄酒的保存方法

成品黄酒都要进行灭菌处理才便于贮存，通常的方法是用煎煮法灭菌，用陶坛盛装。酒坛以无菌荷叶和笋壳封口，又以糖和黏土等混合加封，封口既严实又便于开启。酒液在陶坛中，越陈越香，这就是黄酒被称为"老酒"的原因。

六、黄酒病酒识别

黄酒是原汁酒，很容易发生的病害是酸败腐变。

病黄酒的主要表现：酒液明亮度降低，浑浊或有悬浮物质，结成痂皮薄膜，气味酸臭，有腐烂的刺鼻味，酸度超过0.6g/100ml，不堪入口等。

酸败的主要原因有：煎酒不足，坛口密封不好，光线长期直接照射，贮酒温度过高，夏季开坛后有细菌侵入，用其他提酒用具提取黄酒，感染其他霉变物质等。

七、黄酒的品评

黄酒的品评基本上可从色、香、味、体4个方面入手。

(一) 色

黄酒的颜色在酒的品评中一般占10%的比重。好的黄酒必须是色正(橙黄、橙红、黄褐、红褐)，透明，清亮有光泽。

(二) 香

黄酒的香在酒的品评中一般占25%的比重。好的黄酒，有一股强烈而优美的特殊芳香。构成黄酒香气的主要成分有醛类、酮类、氨基酸类、酯类、高级醇类等。

(三) 味

黄酒的味在酒的品评中占有50%的比重。黄酒的基本口味有甜、酸、辛、苦、涩等。黄酒应在具有优美香气的前提下，具有糖、酒、酸调和的基本口味。如果突出了某种口味，就会给人以过甜、过酸或有苦涩等感觉，影响酒的质量。一般好的黄酒必须是香味浓郁，质纯可口，尤其是糖的甘甜、酒的醇香、酸的鲜美、曲的苦辛配合要协调，才会给人以余味绵长之感。

(四) 体

体就是风格，是指黄酒的组成整体，它全面反映酒中所含的基本物质(乙醇、水、糖)和香味物质(醇、酸、酯、醛等)。黄酒的体在酒的品评中占有15%的比重。由于黄酒在生产过程中，原料、曲和工艺条件不同，酒中组成物质的种类及含量也随之不同，因而可形成多种特点不同的黄酒酒体。

八、黄酒的饮用

黄酒的传统饮法是温饮，即将盛酒器放入热水中烫热或直接烧煮，以达到其最佳饮用温度。温饮可使黄酒酒香浓郁，酒味柔和。

黄酒也可在常温下饮用。另外，在我国香港和日本，流行加冰后饮用，即在玻璃杯中加入一些冰块，注入少量的黄酒，最后加水稀释饮用，有的也可以放一片柠檬入杯。

在饮用黄酒时，如果菜肴搭配得当，则更可领略黄酒的特有风味，以绍兴酒为例，其常见的搭配有以下几种。

干型的元红酒，宜配蔬菜类、海蜇皮等冷盘；

半干型的加饭酒，宜配肉类、大闸蟹；

半甜型的善酿酒，宜配鸡鸭类；

甜型的香雪酒，宜配甜菜类。

九、中国名优黄酒

(一) 绍兴酒

1. 产地

绍兴酒，简称"绍酒"，产于浙江省绍兴市。

2. 历史

据《吕氏春秋》记载："越王之栖于会稽也，有酒投江，民饮其流而战气百倍。"可见在两千多年前的春秋时期，绍兴已经产酒。到南北朝以后，关于绍兴酒有了更多的记载。南朝《金缕子》中说："银瓯贮山阴(绍兴古称)甜酒，时复进之。"宋代的《北山酒经》中亦认为："东浦(东浦为距绍兴市西北10余里的村名)酒最良。"到了清代，有关黄酒的记载就更多了。20世纪30年代，绍兴境内有酒坊达两千余家，年产酒六万多吨，产品畅销中外，在国际上享有盛誉。

3. 特点

绍兴酒具有色泽橙黄清澈、香气馥郁芬芳、滋味鲜甜醇美的独特风格，绍兴酒有越陈越香、久藏不坏的优点，人们说它有"长者之风"。

4. 工艺

绍兴酒在操作工艺上一直恪守传统。冬季"小雪"淋饭(制酒母)，至"大雪"摊饭(开始投料发酵)，到翌年"立春"时开始榨就，然后将酒煮沸，用酒坛密封盛装，进行贮藏，一般三年后才投放市场。但是，不同的品种，其生产工艺又略有不同。

(1) 元红酒。元红酒又称状元红酒，因在其酒坛外表涂朱红色而得名。酒度在15%以上，糖分为0.2%～0.5%，需贮藏1～3年才能上市。元红酒酒液橙黄透明，香气芬芳，口味甘爽微苦，有健脾作用。元红酒是绍兴酒家族的主要品种，产量最大，且价廉物美，深受广大消费者的欢迎。

(2) 加饭酒。加饭酒是在元红酒的基础上精酿而成的，其酒度在18%以上，糖分在2%以上。加饭酒酒液橙黄明亮，香气浓郁，口味醇厚，宜于久藏(越陈越香)。饮时加温，则酒味尤为芳香，适当饮用可增进食欲，帮助消化，消除疲劳。

(3) 善酿酒。善酿酒又称"双套酒"，始创于1891年，其工艺独特，是用陈年绍兴元红酒代替部分水酿制的加工酒，新酒需陈酿1～3年才能供应市场。其酒度在14%左右，糖分在8%左右，酒色深黄，酒质醇厚，口味甜美，芳馥异常，是绍兴酒中的佳品。

(4) 香雪酒。香雪酒为绍兴酒的高档品种，以淋饭酒拌入少量麦曲，再用绍兴酒糟蒸馏而得到的50度白酒勾兑而成。其酒度在20%左右，含糖量在20%左右，酒色金黄透明。

经陈酿后，此酒上口、鲜甜、醇厚，既不会感到有白酒的辛辣味，又具有绍兴酒特有的浓郁芳香，为广大国内外消费者所欢迎。

(5) 花雕酒。在贮存的绍兴酒坛外雕绘五色彩图，这些彩图多为花鸟鱼虫、民间故事及戏剧人物，具有民族风格，习惯上称为"花雕酒"或"远年花雕"。

(6) 女儿酒。浙江地区风俗，生子之年，选酒数坛，泥封窖藏。待子到长大成人婚嫁之日，方开坛取酒宴请宾客。生女时相应称其为"女儿酒"或"女儿红"，生男称为"状元红"，因经过二十余年的封藏，酒的风味更臻香醇。

5. 荣誉

绍兴酒于1910年曾获南洋劝业会特等金牌；1924年在巴拿马赛会上获银奖章；1925年在西湖博览会上获金牌；1963年和1979年绍兴酒中的加饭酒被评为我国十八大名酒之一，并获金质奖；1985年又分别获巴黎国际旅游美食金质奖和西班牙马德里酒类质量大赛的景泰蓝奖；1995年在巴拿马万国博览会上获得一等奖；2006年1月，浙江古越龙山绍兴酒股份有限公司生产的十年陈酿半干型绍兴酒首批通过国家酒类质量认证。

(二) 即墨老酒

1. 产地

即墨老酒产于山东省即墨县。

2. 历史

公元前722年，即墨地区(包括崂山)已是一个人口众多、物产丰富的地方。这里土地肥沃，黍米高产(俗称大黄米)，米粒大、光圆，是酿造黄酒的上乘原料。当时，黄酒作为一种祭祀品和助兴饮料，酿造极为盛行。在长期的实践中，"醪酒"风味之雅，营养之高，引起人们的关注。古时地方官员把"醪酒"当作珍品向皇室进贡。相传，春秋时齐国君齐景公朝拜崂山仙境，谓之"仙酒"；战国齐将田单巧摆火牛阵，大破燕军，谓之"牛酒"；秦始皇东赴崂山索取长生不老药，谓之"寿酒"；几代君王开怀畅饮此酒，谓之"珍浆"。唐代中期，"醪酒"又称"骷辘酒"。到了宋代，人们为了把酒史长、酿造好、价值高的"醪酒"同其他地区的黄酒区别开来，以便于开展贸易往来，故又把"醪酒"改名为"即墨老酒"，此名沿用至今。清代道光年间，即墨老酒产销进入极盛时期。

3. 特点

即墨老酒酒液墨褐带红，浓厚挂杯，具有特殊的糜香气。饮用时醇厚爽口，微苦而余香不绝。据化验，即墨老酒含有17种氨基酸、16种人体所需要的微量元素及酶类维生素。每公斤老酒的氨基酸含量比啤酒高10倍，比红葡萄酒高12倍，适量常饮能驱寒活血，舒筋止痛，增强体质，加快人体新陈代谢。

4. 成分

即墨老酒以当地龙眼黍米、麦曲为原料，以崂山"九泉水"为酿造用水。

5. 工艺

即墨老酒在酿造工艺上继承和发扬了"古遗六法"，即"黍米必齐，曲蘖必时、水泉必香、陶器必良、火甚炽必洁、火剂必得"。所谓黍米必齐，即生产所用黍米必须颗粒饱满均匀，无杂质；曲蘗必时，即必须在每年中伏时，选择清洁、通风、透光、恒温的室内制曲，使之产生丰富的糖化发酵酶，陈放一年后，择优选用；水泉必香，即必须采用质好、含有多种矿物质的崂山水；陶器必良，即酿酒的容器必须是质地优良的陶器；火甚炽必洁，即酿酒用的工具必须加热烫洗，严格消毒；火剂必得，即讲究蒸米的火候，必须达到焦而不糊、红棕发亮、恰到好处。

新中国成立前，即墨老酒属作坊型生产，酿造设备为木、石和陶瓷制品，其工艺流程分浸米、烫米、洗米、糊化、降温、加曲保温、糖化、冷却加酵母、入缸发酵、压榨、陈酿、勾兑等。

新中国成立后，即墨县黄酒厂对老酒的酿造设备和工艺进行了革新，逐步实现了工厂化、机械化生产。炒米改用产糜机，榨酒改用了不锈钢机械，仪器检测代替了目测、鼻嗅、手摸、耳听等旧式质量鉴定方法，并先后采用了高温糖化、低温发酵、流水降温等新工艺，运用现代化科学技术手段对老酒的理化指标进行控制。现在生产的即墨老酒酒度不低于11.5%，含糖量不低于10%，酸度在0.5%以下。

6. 荣誉

即墨老酒产品畅销国内外，深受消费者好评，被专家誉为我国黄酒的"北方骄子"和"典型代表"，被视为黄酒之珍品。即墨老酒在1963年和1974年的全国评酒会上先后被评为优质酒，荣获银牌；1984年在全国酒类质量大赛中荣获金杯奖。

(三) 沉缸酒

1. 产地

沉缸酒产于福建省龙岩县。

2. 历史

沉缸酒的酿造始于明末清初，距今已有一百七十多年的历史。传说，在距龙岩县城三十余里的小池村，有位从上杭来的酿酒师傅，名叫五老官。他见这里有江南著名的"新罗第一泉"，便在此地开设酒坊。刚开始时他按照传统酿制方法，以糯米制成酒醅，得酒后入坛，埋藏三年出酒，但酒度低、酒劲小、酒甜、口淡。于是他进行改进，在酒醅中加入低度米烧酒，压榨后得酒，人称"老酒"，但他还是觉得不够醇厚。他又两次加入高度米烧酒，使老酒陈化、增香，这才酿出了如今的"沉缸酒"。

3. 特点

沉缸酒酒液鲜艳透明，呈红褐色，有琥珀光泽，酒味芳香扑鼻，醇厚馥郁，饮后回味绵长。此酒糖度高，无一般甜型黄酒的稠黏感，使人们得糖的清甜、酒的醇香、酸的鲜美、曲的苦味，当酒液触舌时，各味毕现，风味独具。

4. 成分

沉缸酒是以上等糯米以及福建红曲、小曲和米烧酒等经长期陈酿而成。酒内含有碳水化合物、氨基酸等富有营养价值的成分。其糖化发酵剂白曲是由冬虫夏草、当归、肉桂、沉香等三十多种名贵药材特制而成的。

5. 工艺

沉缸酒的酿法集我国黄酒酿造的各项传统精湛技术于一体，用曲多达4种。有当地祖传的药曲，其中加入冬虫夏草、当归、肉桂、沉香等三十多味中药材；有散曲，这是我国最为传统的散曲，通常作为糖化用曲；有白曲，这是南方所特有的米曲；红曲更是酿造龙岩酒的必加之曲。酿造时，先加入药曲、散曲和白曲，酿成甜酒酿，再分别投入著名的古田红曲及特制的米白酒陈酿。在酿制过程中，一不加水，二不加糖，三不加色，四不调香，完全靠自然形成。

6. 荣誉

1959年，沉缸酒被评为福建省名酒；在第二、三、四届全国评酒会上三次被评为国家名酒，并获得国家金质奖章；1984年，在轻工业部酒类质量大赛中，荣获金杯奖。

学习任务四　清酒及其服务

清酒与我国的黄酒是同一类型的低度米酒。

一、清酒的起源

清酒是借鉴中国黄酒的酿造方法发展起来的日本国酒。一千多年来，清酒一直是日本人最常喝的饮料酒。

据中国史料记载，古时候日本只有浊酒。后来有人在浊酒中加入石炭使其沉淀，取其清澈的酒液饮用，于是便有了清酒之名。7世纪时，百济(古朝鲜)与中国交流频繁，中国用"曲种"酿酒的技术也因此由百济传到日本，这使日本的酿酒业得到很大的发展。14世纪，日本的酿酒技术已经成熟，人们已能通过传统的酿造方法生产出上乘清酒。

二、清酒的分类

清酒按制作方法、口味和贮存期等的不同，可分为以下几类。

(一) 按制作方法分类

1. 纯酿造清酒

纯酿造清酒即为纯米酒，不添加食用酒精。此类产品多数外销。

2. 吟酿造清酒

制造吟酿造清酒时，要求所用原料的"精米率"在60%以下。日本酿造清酒很讲究糙米的精白度，以精米率衡量精白度，精白度越高，精米率就越低。精白后的米吸水快，容易蒸熟、糊化，有利于提高酒的质量。"吟酿造"被誉为"清酒之王"。

3. 增酿造酒

增酿造酒是一种浓而甜的清酒，在勾兑时添加食用酒精、糖类、酸类等原料调制而成。

(二) 按口味分类

1. 甜口酒
甜口酒的糖分较多，酸度较低。

2. 辣口酒
辣口酒的酸度高，糖分少。

3. 浓醇酒
浓醇酒的糖分含量较多，口味醇厚。

4. 淡丽酒
淡丽酒的糖分含量少，爽口。

5. 高酸味酒
高酸味酒的酸度高。

6. 原酒
原酒是制作后不加水稀释的清酒。

7. 市售酒
市售酒是原酒加水稀释后装瓶出售的清酒。

(三) 按贮存期分类

1. 新酒
新酒是压滤后未过夏的清酒。

2. 老酒
老酒是贮存过一夏的清酒。

3. 老陈酒
老陈酒是贮存过两个夏季的清酒。

三、清酒的特点

清酒色泽呈淡黄色或无色，清亮透明，具有独特的清酒香，口味酸度小，微苦，绵柔爽口，其酸、甜、苦、辣、涩味协调，酒度在16%左右，含多种氨基酸、维生素，是营养丰富的饮料酒。

四、清酒的生产工艺

清酒以大米为原料，将其浸泡、蒸煮后，拌以米曲进行发酵，制出原酒，然后经过过滤、杀菌、贮存、勾兑等一系列工序酿制而成。

清酒的制作工艺十分考究。精选的大米要经过磨皮，使大米精白，从而使其在浸泡时快速吸水，而且容易蒸熟；发酵分成前后两个阶段；杀菌处理在装瓶前后各进行一次，以确保酒的保质期；勾兑酒液时注重规格和标准。

五、清酒的饮用与服务

(1) 作为佐餐酒或餐后酒。

(2) 使用褐色或紫色玻璃杯，也可用浅平碗或小陶瓷杯。

(3) 清酒在开瓶前应贮存在低温黑暗的地方。

(4) 可常温饮用，以16度左右为宜，如需加温饮用，加温一般至40℃～50℃，温度不可过高，也可以冷藏后饮用或加冰块和柠檬饮用。

(5) 在调制马天尼酒时，清酒可以作为干味美思的替代品。

(6) 清酒陈酿并不能使其品质提高，开瓶后就应该放在冰箱里，并在6周内饮用完。

六、清酒中的名品

日本清酒常见的有月桂冠、大关、白雪、松竹梅和秀兰，最新品种有浊酒等。

(一) 浊酒

浊酒是与清酒相对的。清酒醪经压滤后所得的新酒，静止一周后，抽出上清部分，其留下的白浊部分即为浊酒。浊酒的特点是有生酵母存在，会持续发酵产生二氧化碳，因此应用特殊瓶塞和耐压瓶子盛装。装瓶后加热到65℃灭菌或低温贮存，并尽快饮用。此酒被认为外观珍奇，口味独特。

(二) 红酒

在清酒醪中添加红曲的酒精浸泡液，再加入糖类及谷氨酸钠，调配成具有鲜味且糖度与酒度均较高的红酒。由于红酒易褪色，在选用瓶子及库房时要注意避光，并尽快饮用。

(三) 红色清酒

红色清酒是在清酒醪主发酵结束后，加入60度以上的酒精红曲浸泡而制成的。红曲用量以制曲原料的多少来计算，为总米量的25%以下。

(四) 赤酒

赤酒在第三次投料时，加入总米量2%的麦芽以促进糖化。另外，在压榨前一天加入一定量的石灰，在微碱性条件下，糖与氨基酸结合成氨基糖，呈红褐色，而不使用红曲。

此酒为日本熊本县特产，多在举行婚礼时饮用。

(五) 贵酿酒

贵酿酒与我国黄酒类的善酿酒的加工原理相同。制作时投料水的一部分用清酒代替，使醪的温度达9℃～10℃，以抑制酵母的发酵速度，而糖化生成的浸出物则残留较多，可制成浓醇香甜型的清酒。此酒多以小瓶包装出售。

(六) 高酸味清酒

高酸味清酒是利用白曲霉及葡萄酵母，采用高温糖化酵母，醪发酵最高温度为21℃，发酵9天制成的类似干葡萄酒型的清酒。

(七) 低酒度清酒

低酒度清酒的酒度为10%～13%，适合女士饮用。低酒度清酒在市面上有三种：一是普通清酒(酒度为12%左右)加水；二是纯米酒加水；三是柔和型低度清酒，是在发酵后期追加水与曲，使醪继续糖化和发酵，待最终酒度达12%时压榨制成的。

(八) 长期贮存酒

老酒型的长期贮存酒，为添加少量食用酒精的本酿造酒或纯米清酒。贮存时应尽量避免光线直射和接触空气。贮存期在5年以上的酒称为"秘藏酒"。

(九) 发泡清酒

发泡清酒的制作流程：将清酒醪发酵10天后进行压榨，滤液用糖化液调整至三个波美度，加入新鲜酵母再发酵；将室温从15℃逐渐降到0℃以下，使二氧化碳大量溶解于酒中，再用压滤机过滤，以原曲耐压罐贮存，在低温条件下装瓶，瓶口加软木塞，并用铁丝固定，在60℃的条件下灭菌15分钟。发泡清酒在制法上，兼具啤酒和清酒酿造工艺；在风味上，兼备清酒及发泡性葡萄酒的风味。

(十) 活性清酒

活性清酒为不杀死酵母即出售的清酒。

(十一) 着色清酒

将色米的食用酒精浸泡液加入清酒中，便成着色清酒。中国台湾地区和菲律宾的褐色米、日本的赤褐色米、泰国及印度尼西亚的紫红色米，表皮都含有花色素系的黑紫色或红色素成分，是生产着色清酒的首选色米。

单元小结

本单元以葡萄酒、啤酒、黄酒、清酒为代表，系统讲授了发酵酒及其服务的相关理论知识，以发酵酒的概念、起源、生产工艺、主要产地、名品、饮用服务与贮藏要求为主线构建知识框架，充实理性认识，对提升学生的酒文化素养和培养学生的学习兴趣具有十分重要的意义。

单元测试

1. 白葡萄酒与红葡萄酒的区别有哪些？
2. 简述葡萄酒的保质期、年份识别。
3. 简述葡萄酒的保管和品评。
4. 简述葡萄酒的饮用与服务。
5. 简述香槟酒的品评与服务程序。
6. 简述香槟酒与菜肴的搭配及其最佳饮用温度。
7. 简述如何看啤酒的商标。
8. 简述啤酒质量鉴别。
9. 简述啤酒的品评、病酒识别及啤酒服务。
10. 简述黄酒病酒的识别及黄酒的品评饮用。
11. 简述清酒的饮用与服务。

课外实训

葡萄酒、啤酒、黄酒、清酒的饮用与服务方法。

学习单元三
蒸馏酒及其服务

课前导读

蒸馏酒是将经过发酵的水果或谷物等酿酒原料加以蒸馏、提纯、酿制而成的酒，酒精含量较高。蒸馏酒通常指酒精含量在38%以上的烈性酒，与葡萄酒、啤酒等原汁酒的酿造历史相比，蒸馏酒是一种比较年轻的酒种。蒸馏酒诞生于欧洲中世纪初期，经过近千年的演变，蒸馏酒现已成为世界上十分畅销的酒精饮料。世界上著名的蒸馏酒主要包括白兰地、威士忌、朗姆酒、伏特加酒、金酒、特基拉酒等。中国的白酒也属于此范畴。

本章主要论述蒸馏酒的含义、特点、种类、工艺及名品。论述的主要对象包括白兰地、威士忌、金酒、伏特加酒、朗姆酒、特基拉酒和中国白酒。

学习目标

知识目标：

1. 了解各蒸馏酒的起源及工艺；

2. 熟悉各蒸馏酒的特点及分类；

3. 掌握各蒸馏酒的饮用与服务方法。

能力目标：

通过对本单元的学习，能够准确、熟练地掌握各蒸馏酒的饮用与服务方法。

学习任务一　白兰地酒及其服务

一、白兰地酒的特点

白兰地是英文Brandy的译音，源自荷兰语"Brandewijn"，意思是"燃烧的葡萄酒"。白兰地有两种含义：一种是指以葡萄为原料，经发酵、蒸馏而成，在橡木桶中储藏的烈性酒，酒精度在40%～48%，称为"Brandy"，即我们通常所说的"白兰地"。另一种是指以所有用水果为原料，经发酵、蒸馏而成的酒，这些水果包括葡萄、苹果、樱桃等，它常在白兰地前面加上水果原料的名称。如苹果白兰地"AppleJack"、樱花白兰地

"Cherry Brandy"等，白兰地如图3-1所示。

图3-1 白兰地

白兰地长期在橡木桶中陈酿，上乘的白兰地酒液呈琥珀色，晶莹剔透，香味独特，素有"可喝的香水"之美称。白兰地酒酿造工艺精湛，尤其讲究陈酿的时间和勾兑的技艺。白兰地的最佳酒龄为20～40年，干邑地区厂家贮存在橡木桶中的白兰地，有的长达40～70年之久。在众多的白兰地酒中，法国干邑白兰地品质最佳，被誉为"白兰地之王"。对白兰地的品鉴通常包括"观色、闻香、尝味"三个步骤。

二、白兰地酒的起源

18世纪初，法国的查伦泰河(Charente)的La Rochelle码头因交通方便，成为酒类出口的商埠。由于当时整箱葡萄酒占船的空间很大，在运输途中，葡萄酒由于各种原因又常常会变质。于是法国人便想出了蒸馏的办法，即去掉葡萄酒中的水分，提高葡萄酒的纯度，并注入橡木桶中加以运输。到目的地后再兑水稀释发售。这样不仅解决了葡萄酒容易变质的问题，而且缩小了酒液体积，大大降低了运输成本。由于这种酒的酒度较高，点火会燃烧起来，因此称这种白色葡萄烈酒为"Brandgwijn"，意思是"可以燃烧的葡萄"。白兰地(Brandy)这个词由此演变而来。

三、白兰地酒的生产工艺

白兰地酒以葡萄为生产原料，经过榨汁、发酵、蒸馏，装入橡木桶中熟化，再与新酒勾兑，终成白兰地。经过橡木桶中熟化的白兰地使原来无色透明酒液呈现出诱人的琥珀色，同时具有各葡萄品种的香气和含蓄优雅的橡木香，这也改变了葡萄酒过酸的味道，使其成为具有独特风味的烈性酒。

白兰地通常是由多种不同酒龄和地区的白兰地掺兑而成的，即将不同地区、不同酒龄的白兰地勾兑到一起，使白兰地的色、香、味能更好地融合，其本身也变得更加有价值。

四、白兰地酒的产地及名品

世界上生产白兰地的国家很多，主要有法国、西班牙、意大利、葡萄牙、美国等，绝大多数著名品牌的白兰地都在法国生产，法国著名的白兰地有三种：干邑白兰地(Cognac Brandy)、雅马邑白兰地(Armagnac Brandy)和残渣白兰地(Marc Brandy)，其中以法国南部科涅克地区所出产的干邑白兰地最醇、最好，被人们称之为"白兰地之王"。所有的干邑都是白兰地，但不是所有的白兰地都可称为干邑。法国科涅克地区独有的阳光、温度、气候、土壤极适于酸甜度适中的葡萄生长，用此葡萄蒸馏的白兰地其品质可说是无与伦比。因此，只有科涅克地区的白兰地才有资格被称为干邑并且能够受到该国法律的保护。

(一) 法国白兰地

法国白兰地是全世界最好的白兰地。法国白兰地以干邑(Cognac)和雅马邑(Armagnac)两地区出产的最有名。法国白兰地可以区分为许多等级。

1. 干邑白兰地(Cognac Brandy)

干邑白兰地的品质是世界最佳的。早在公元1909年，法国对于白兰地的生产区域、葡萄品种和蒸馏法就有了严格的规定，只有在夏朗(Charente)河边的干邑(Cognac)城镇所产的白兰地酒，才可冠上Cognac的名称。

2. 雅马邑白兰地(Armagnac Brandy)

雅马邑白兰地的品质仅次于干邑白兰地，与干邑白兰地的最大差别在于蒸馏方式不同，以及该白兰地窖藏时是采用Monlezun森林的黑橡木桶。因此，雅马邑地区所生产的白兰地风味独特，色泽较深。雅马邑白兰地窖藏的时间较干邑白兰地要短。

3. 法国白兰地(French Brandy)

法国除了干邑和雅马邑之外的其他地区所产生的白兰地，皆属于法国白兰地。

4. 残渣白兰地(Marc Brandy)

残渣白兰地是使用制作葡萄酒后剩余的葡萄渣发酵蒸馏而制成的。法国各地皆有出产，以勃根地所产的品质最好。在意大利，此种类型的酒称为Grappa。

5. 苹果白兰地(Calvados Brandy)

苹果白兰地的产地是法国北部诺曼底的一个小镇，是苹果酒的出产中心。法国所生产的苹果白兰地要陈放十年左右才能出售。

法国白兰地名品有轩尼诗、马爹利、人头马和拿破仑等。

(二) 西班牙白兰地

西班牙白兰地的品质仅次于法国，产量也很大。主要产地在拉曼恰(La mancha)，因产品具有雪莉酒的果香，口感偏甜而带土壤味，适合饭后使用。

西班牙白兰地名品有卡洛斯、达副戈顿、方瑞和三得门等。

(三) 美国白兰地

美国白兰地中的一部分产于加州，它是以加州产的葡萄为原料，发酵蒸馏至85度，储存在白色橡木桶中至少两年，有的加焦糖调色。另外，美国还生产一种以苹果为原料的苹果白兰地，以苹果白兰地(Apple Jack)白兰地最为著名。

美国白兰地名品有教友白兰地、果渣白兰地、伍德梅和保尔门生等。

(四) 意大利白兰地

意大利白兰地的生产年代较早，最初是生产酒渣白兰地(Grapp)，后来正式出产白兰地。意大利白兰地口味比较浓重，饮用时最好加冰或加水冲调。

意大利白兰地名品有布顿、斯多克和贝佳罗等。

五、白兰地酒的饮用服务

白兰地的饮用方法多种多样，白兰地酒常作为开胃酒和餐后酒饮用。除了整瓶销售，白兰地通常以杯为单位销售，每杯的标准容量为28ml(一盎司)。

白兰地酒虽属高酒度酒，但与其他烈酒相比，其饮用服务方式非常讲究，对载杯、分量、方法等都有严格的要求。人们很早就认识到，人们对白兰地的钟爱除了乐品其味之外，更重要的是乐闻其香。因此，有人发明了一种白兰地球型杯，此杯口小肚大，专门用来配合饮用白兰地。口小的作用是杯中留香时间长，肚大的作用方便人们是用体温来温酒。与平时饮用不同，鉴赏白兰地是用高身的郁金香杯，此杯可使白兰地的香气缓缓上升，欣赏者可以慢慢品味其层次多变的独特酒香。

白兰地的饮用方法主要有以下三种。

(一) 净饮

白兰地主要作为餐后用酒，享用白兰地的最好方法是不加任何东西净饮，特别高档的白兰地更要如此，这样才能品尝出白兰地的醇香。倒在杯子里的白兰地以一盎司为宜，饮用时，人们往往用手托住白兰地球型杯，逆时针方向转动，这样通过体温和转动，使白兰地温度增高，加速香气的扩散。服务方式是将大肚杯横放于桌上，以白兰地不溢出为准。

根据客人选择的品种，用量杯量出28ml(一盎司)的白兰地，倒入白兰地杯中，送到客人面前，放在客人的右手边。

(二) 加冰、加水饮用

上好的白兰地净饮为最佳，如果加入水或冰，会破坏其特有的香气，失去其原有的味道。但普通白兰地若直接饮用会有酒精刺喉的感觉，加冰掺水能使酒精得到稀释，减轻刺激，保持白兰地的风味。

具体做法是：将冰块或矿泉水放入杯中，然后根据客人选用的白兰地酒，用量杯量出28ml(一盎司)倒入杯中，送至客人面前。或另外用水杯配一杯冰水，客人每喝完一口白兰地，就喝一口冰水。

(三) 混合饮用

因白兰地有浓郁的香味，它还常被用作鸡尾酒的基酒，常和各种利口酒一起调制成鸡尾酒。另外也与果汁、碳酸饮料、奶、矿泉水等一起调制成混合饮料。

以白兰地为基酒调制的常饮鸡尾酒有以下几种。

1. 醉汉

(1) 材料：42ml白兰地，21ml白薄荷香甜酒。

(2) 调制方法：摇和法。

(3) 载杯：鸡尾酒杯。

2. 侧车

(1) 材料：42ml白兰地，14ml白柑橘香甜酒。

(2) 调制方法：摇和法。

(3) 载杯：鸡尾酒杯。

3. 蛋酒

(1) 材料：56ml白兰地，适量姜汁汽水。

(2) 调制方法：直接注入法。

(3) 载杯：高球杯。

4. B对B

(1) 材料：14ml白兰地，14ml班尼狄克丁香甜酒。

(2) 调制方法：漂浮法。

(3) 载杯：利口酒杯。

5. 白兰地亚历山大

(1) 材料：28ml白兰地，28ml深色可可香甜酒。

(2) 调制方法：摇和法。

(3) 载杯：鸡尾酒杯。

学习任务二 威士忌酒及其服务

一、威士忌酒的特点

威士忌酒是英语"Whisky"的音译，源于爱尔兰语的"Uisge Beatha"，意为"生命之水"。经过多年衍变才逐渐演变成 Whiskey。不同国家对威士忌的写法也有差异，Whiskey是指爱尔兰威士忌和美国威士忌，而苏格兰威士忌和加拿大威士忌则用 Whisky。威士忌是以大麦、黑麦、燕麦、小麦、玉米等谷物为原料，经发酵、蒸馏后放入橡木桶中醇化而酿成的高酒度饮料酒。

威士忌酒精成分大约在40%～60%之间，大多呈棕红色，清澈透亮，气味焦香，清香优雅，口感醇厚绵柔。威士忌贮存越久，颜色会越深，口感也越香醇。

图3-2 威士忌

由于威士忌在生产过程中所用的原料、水质、蒸馏的方式、贮存年限等的不同，因此，它所具有的风味特点也不尽相同。威士忌如图3-2所示。

二、威士忌酒的起源

中世纪初的人们在炼金时偶然发现，在炼金用的柑祸中放入某种发酵液，会产生酒精度强烈的液体，这便是人类初次获得的蒸馏酒。人们把这种酒用拉丁语称作Aquavitae(生命之水)，后来，这种酒的制法也越过海洋传到爱尔兰。爱尔兰人把当地生产的麦酒蒸馏后，生产出烈性的酒精饮料，并把Aquavitae直接译为Visge-beatha，这样威士忌(Whisky)便诞生了。后来爱尔兰人将威士忌的生产技术带到苏格兰。此后，威士忌酒的酿造技术在苏格兰被发扬光大。

三、威士忌酒的生产工艺

威士忌的制造过程一般是将上等的大麦浸于水中，使其发芽，生成麦芽后，送入窑炉中，用泥炭烘烤，将麦芽烘干，再将其加工磨碎后成为麦芽糊，然后，将其发酵制成麦汁，发酵完成后放入蒸馏器中蒸馏数次，后装入橡木桶中贮藏熟化，使其成熟，最后进行勾兑。

四、威士忌酒的产地及名品

威士忌的产地很多，主要生产国大多是英语国家，如，英国的苏格兰，爱尔兰以及美国和加拿大。其中以苏格兰威士忌最具代表性。当地人选用了一种特有的泥煤进行烧烤，烘焙麦子，使苏格兰威士忌具有独特的泥土芳香和烟熏味道。

(一) 苏格兰威士忌

苏格兰威士忌是最负盛名的世界名酒，在苏格兰有著名的四大产区，即高地(Highland)、低地(Lowland)、康贝尔镇(Campbel Town)和艾莱岛(Islay)。苏格兰威士忌与其他国家威士忌相比，具有独特的风格，品尝美酒能使人感受到浓厚的苏格兰乡土气息，口感甘洌、醇厚、圆正、绵柔。苏格兰威士忌有上千个品种，按照原料和酿造方法的不同，分为纯麦威士忌、谷类威士忌和兑合威士忌三种。

苏格兰威士忌的名品有皇家礼炮21年、百龄、珍宝、高地女王等。

(二) 爱尔兰威士忌

爱尔兰威士忌的风格和苏格兰威士忌比较接近。其中最大的差别在于，爱尔兰威士忌在烘干麦芽时，没有使用泥煤，所以没有最明显的烟熏焦香味，口味比较绵柔长润。爱尔兰威士忌比较适合制作混合酒和与其他饮料掺兑共饮。除此之外，爱尔兰威士忌是世界上唯一需经三次蒸馏而成的威士忌，酒质更为清爽。

爱尔兰威士忌的名品有詹姆士、布什米尔、吉姆逊父子和莫菲等。

(三) 美国威士忌

美国是世界上最大的威士忌生产国和消费国。美国制造威士忌的方式与苏格兰制造谷物威士忌的方式大致相似，用的原料却有所不同，蒸出的酒精纯度也较低。美国威士忌的主要生产地在美国肯塔基州的波旁地区，所以美国威士忌也被称为波旁威士忌。

美国威士忌的酒液棕红色微带黄，清澈透亮，酒香优雅，口感醇厚、绵柔，回味悠长，酒体强健壮实。

美国威士忌的名品有波旁豪华、乔治·华盛顿、四玫瑰和古安逊特等。

(四) 加拿大威士忌

加拿大威士忌属于调配威士忌，是由玉米与少量的裸麦、小麦及大麦麦芽酿制而成的。其著名产品是裸麦威士忌酒和混合威士忌酒。加拿大威士忌酒液呈棕黄色，酒香芬芳，口感清爽。这种独特的风味，是因为较冷气候以及水质对谷物产生了影响，加上一蒸馏完马上调配促成的。

加拿大法律规定，威士忌要贮存于木桶内至少两年才能装瓶，上市的酒要陈6年以上。

加拿大威士忌的名品有加拿大俱乐部、皇冠、亚伯达和古董等。

五、威士忌酒的饮用服务

威士忌酒常作为餐酒或餐后酒饮用，除了整瓶销售，威士忌通常以杯为单位销售，每杯的标准容量为28ml(一盎司)。

由于客人通常习惯使用三种方法饮用威士忌，因此，在为客人威士忌服务时，应事先询问客人的饮用方法。

威士忌的饮用方法主要有以下三种。

(一) 净饮

高年份的威士忌宜净饮，才不失其香醇。净饮时所用载杯宜使用利口杯或古典杯。在酒吧中，常用"Straight"或"↑"标号来表示威士忌的净饮。

根据客人选择的品种，用量杯量出28ml(一盎司)的威士忌，倒入古典杯中，送到客人面前，放在客人的右手边。

(二) 加冰饮用

威士忌只有在加冰后才能散发出它特有的香味，其中包括焦炭、烟熏、麦香和泥土的芳香。加冰饮时所用载杯宜使用古典杯。在酒吧中，常用"Whisky on the rock"标号来表示威士忌加冰。

将数块冰放在古典杯中，然后根据客人选用的威士忌酒，用量杯量出28ml(一盎司)倒入古典杯中，送至客人面前。

(三) 混合饮用

威士忌可与果汁或碳酸饮料混合饮用。混合饮用时，宜使用柯林杯。用作基酒配制鸡尾酒，常选用口味温和的威士忌的品种。

以威士忌为基酒调制的常饮鸡尾酒有以下几种。

1. 教父
(1) 材料：42ml波本威士忌，适量姜汁汽水。
(2) 调制方法：直接注入法。
(3) 载杯：高球杯。

2. 马颈
(1) 材料：56ml苏格兰威士忌，14ml杏仁香甜酒。
(2) 调制方法：直接注入法。
(3) 载杯：高球杯。

3. 纽约
(1) 材料：42ml波本威士忌，14ml莱姆汁，7ml红石榴糖浆。
(2) 调制方法：摇和法。
(3) 载杯：鸡尾酒杯。

4. 威士忌酸酒
(1) 材料：42ml波本威士忌，21ml柠檬汁，21ml糖水。
(2) 调制方法：摇和法。
(3) 载杯：酸酒杯。

5. 曼哈顿
(1) 材料：42ml波本威士忌，21ml甜苦艾酒，1滴安格式苦精。
(2) 调制方法：搅拌法。
(3) 载杯：鸡尾酒杯。

学习任务三 　金酒及其服务

一、金酒的特点

金酒是一种以谷物为主要原料，加入杜松子等香料酿造而成的蒸馏酒，所以又称杜松子酒。在我国港台地区，人们又称它为"琴酒"。它是一种色泽透明清亮、有浓郁的松子香和麦芽香味的烈酒，其酒度为35%～55%。一般金酒酒度越高，酒质就越好。

金酒分为两大类，一类是荷式金酒，其口味甜浓，口感厚重，杜松子香味浓郁；另一类是英式金酒，英式金酒又称伦敦干金酒，其口味干爽略带杜松子的芳香。

二、金酒的起源

金酒是在1660年，由荷兰的莱顿大学(University of Leyden)一名叫西尔维斯(Sylvius)的教授研制成功的。最初西尔维斯发现杜松子中含有一种成分可以解热，于是将其加入到酒精中一起蒸馏，产生的液体作为利尿、解热的药品在药店销售，来帮助在东印度地域活动的荷兰商人、海员和移民预防热带疟疾。后来威廉三世统治英国时，英国海军从荷兰运回大批金酒，于是金酒随之传入英国。以后这种用杜松子果浸于酒精中制成的杜松子酒逐渐被人们接受，成为一种新的饮料。金酒如图3-3所示。

图3-3　金酒

金酒虽然起源于荷兰，但却是英国人在其原料及酿造技术上进行不断的改良才使其被推广到世界各地的。

三、金酒的生产工艺

(一) 荷式金酒

荷式金酒以大麦芽为主要原料，以杜松子和其他香料为调香材料，发酵后，蒸馏三次获得谷物蒸馏原酒，然后加入杜松子香料再蒸馏，最后去掉酒头酒尾，酿成独特的荷式金酒。

(二) 英式金酒

英式金酒的生产过程比荷兰金酒简单。英式金酒主要是以玉米为主要原料，经过糖化、发酵、蒸馏得高度酒精后，加入杜松子、柠檬皮、肉桂等原料，再进行第二次蒸馏，即获得英式金酒。

四、金酒的产地及名品

金酒最著名的生产国是荷兰、英国、加拿大、美国、巴西等。其中以荷式金酒和英式金酒最为著名。

(一) 荷式金酒

荷兰金酒产于荷兰，主要产区集中在阿姆斯特丹和斯希丹，荷兰金酒是荷兰人的国酒。荷式金酒主要生产国有荷兰、比利时和德国。

荷式金酒的名品有波尔斯、波克马、亨克斯和哈瑟坎坡等。

(二) 英式金酒

英式金酒的生产主要集中于伦敦。英式金酒主要生产国有英国、美国和印度。

英式金酒的名品有哥顿、比发达、老汤姆和老妇人等。

五、金酒的饮用服务

金酒常作为餐前酒或餐后酒被饮用，在酒吧，通常以杯为销售单位，每杯的标准容量为28ml(一盎司)。金酒饮用方法通常有以下三种。

(一) 净饮

荷式金酒口味过于甜浓，可以盖过任何饮料，所以只适于净饮，不宜作调制鸡尾酒的基酒，否则会破坏配料的平衡香味。净饮时常用利口酒杯或古典杯。

一般先将金酒放入冰箱冷藏，或在冰桶中冰镇几分钟，然后用量杯量出冰镇过的金酒，倒入利口酒杯或古典杯中，送至客人右手边。

(二) 加冰饮用

荷式金酒也可按客人要求在古典杯中放入数块冰块，然后用量杯量出28ml金酒，倒入加冰块的古典杯中，再放入一片柠檬，送至客人右手边。

(三) 混合饮用

英式金酒口味干爽，一般不作为纯酒饮用，通常与汤力水、果汁、汽水等混合饮用，或用作调制鸡尾酒的基酒。英式金酒素有"鸡尾酒的核心酒"的美称，是调制鸡尾酒应用最多的基酒。兑饮时常用直身平底杯。

以金酒为基酒调制的常饮鸡尾酒有以下几种。

1. 红粉佳人

(1) 材料：28ml金酒，14ml蛋清，14ml柠檬汁，7ml红石榴糖浆。

(2) 调制方法：摇和法。

(3) 载杯：鸡尾酒杯。

2. 蓝鸟

(1) 材料：42ml金酒，14ml白柑橘香甜酒，7ml蓝柑橘糖浆，1滴安格式苦精。

(2) 调制方法：搅拌法。

(3) 载杯：鸡尾酒杯。

3. 新加坡司令

(1) 材料：28ml金酒，28ml柠檬汁，14ml红石榴糖浆，14ml樱桃白兰地酒，适量苏打水。

(2) 调制方法：摇和法。

(3) 载杯：柯林杯。

4. 金奎宁

(1) 材料：56ml金酒，适量奎宁水。

(2) 调制方法：直接注入法。

(3) 载杯：高飞球杯。

5. 夏威夷酷乐

(1) 材料：28ml金酒，14ml白柑橘香甜酒，14ml柠檬汁，适量苏打水。

(2) 调制方法：直接注入法。

(3) 载杯：高飞球杯。

学习任务四 伏特加酒及其服务

一、伏特加酒的特点

伏特加的名字源于俄语中的"Boska"一词，意为"水酒"。其英语名字为Vodka，即俄得克，所以伏特加又被称作为俄得克酒。它是以马铃薯、玉米等为原料，经发酵、蒸馏、过滤后制成的高纯度烈性酒。伏特加酒无色、无味、无嗅、不甜、不酸、不涩，而有一些伏特加酒配以药草、干果仁、浆果香料等，增加了其味道和颜色。伏特加如图3-4所示。

图3-4 伏特加

二、伏特加酒的起源

最早的伏特加酒生产于11世纪、莫斯科附近的小城，直到13世纪，伏特加的生产技术才流传至整个俄国，后又传至波兰、芬兰等地。18世纪中末期沙皇御用的化学师发明了使用木炭净化伏特加酒的方法。40年后，莫斯科建立了第一个伏特加酒厂。

19世纪伏特加的技术被带到美国，随着伏特加在鸡尾酒中被广泛运用，其在美国也逐渐盛行。伏特加成为西欧国家流行的饮品。

三、伏特加酒的生产工艺

伏特加是俄罗斯最具代表性的烈性酒，其酿造工艺与众不同。伏特加开始用小麦、黑麦、大麦等原料酿制而成，到18世纪以后，就开始采用土豆和玉米等原料酿制。

伏特加的生产过程：首先将谷物原料经过粉碎、蒸煮、发酵、连续蒸馏的方式获得90%的高纯度烈酒，再用木炭精或石英砂过滤，去除所有残渣，然后放入不锈钢或玻璃容器中熟化，最后勾兑成理想酒度的伏特加酒。

四、伏特加酒的产地及名品

世界上有很多国家生产伏特加酒，如美国、波兰、丹麦等，但以俄罗斯生产的伏特加质量最好。

(一) 俄罗斯伏特加

俄罗斯是伏特加最著名的生产国，伏特加的种类齐全，名品极多。最初的用料是大麦，以后逐渐改用含淀粉的玉米、土豆。俄罗斯伏特加酒液无色，清亮透明如晶体，口味凶烈，劲大冲鼻。

俄罗斯伏特加酒的名品有莫斯科绿牌、首都红牌、波士伏特加、俄罗卡亚等。

(二) 波兰伏特加

波兰伏特加在世界上颇有名气，它的酿造工艺与前苏联伏特加相似，区别是波兰人在酿造过程中，加入许多花卉、植物、果实等调香原料，使得波兰伏特加与俄罗斯伏特加相比更富韵味。

波兰伏特加酒的名品有维波罗瓦、兰野牛、朱波罗卡、哥萨尔佳等。

(三) 其他国家伏特加

美国有斯米尔诺夫、西尔弗拉多、沙莫瓦等。

英国有夫拉地法特、哥萨克、皇室伏特加等。

芬兰有芬兰地亚等。

五、伏特加酒的饮用服务

伏特加通常作为佐餐酒或餐后酒饮用，通常以杯为销售单位，每杯的标准容量为28ml(一盎司)。伏特加酒的饮用方法通常有以下三种。

(一) 净饮

净饮是伏特加酒的主要饮用方式，饮时备一杯凉水，以常温服侍。净饮用利口酒杯盛饮。由于伏特加酒不像别的烈酒那样有着刺鼻的气味，所以，人们常常快饮(干杯)。

(二) 加冰饮用

伏特加还可以加冰饮用，方法是按客人要求在古典杯中放入数块冰块，然后用量杯量出28毫升金酒，倒入加冰块的古典杯中，再放入一片柠檬，送至客人右手边。

(三) 混合饮用

由于伏特加无嗅无味，因此非常适宜兑苏打水或果汁饮料饮用。方法是先把冰块放在杯内，再倒酒，最后加水或其他软饮料。兑苏打水或果汁饮料需用海波杯盛载。

在各种调制鸡尾酒的基酒中，伏特加酒可以说是最具有灵活性、适应性和变通性的一种酒。

以伏特加为基酒调制的常饮鸡尾酒有如下几种。

1. 螺丝钻

(1) 材料：56ml伏特加，适量柳橙汁。

(2) 调制方法：直接注入法。

(3) 载杯：高飞球杯。

2. 顿河

(1) 材料：28ml伏特加，14ml白柑橘香甜酒，14ml莱姆汁。

(2) 调制方法：摇和法。

(3) 载杯：古典杯。

3. 咸狗

(1) 材料：56ml金酒，适量葡萄柚汁。

(2) 调制方法：直接注入法。

(3) 载杯：高飞球杯。

4. 血玛丽

(1) 材料：28ml伏特加，14ml柠檬汁，1滴辣酱油，1滴酸辣油，胡椒、盐少许，适量番茄汁。

(2) 调制方法：直接注入法。

(3) 载杯：高飞球杯。

5. 黑色俄罗斯

(1) 材料：42ml伏特加，28ml咖啡香甜酒。

(2) 调制方法：直接注入法。

(3) 载杯：古典杯。

学习任务五 朗姆酒及其服务

一、朗姆酒的特点

朗姆酒是Rum的音译，Rum一词来自古英文Rumbullion，有"兴奋、骚动"之意。朗姆酒是一种带有浪漫色彩的酒，具有冒险精神的人都喜欢用朗姆酒作为他们的饮料，加勒比海盗曾把朗姆酒当作不可缺少的壮威剂，所以朗姆酒有"海盗之酒"的雅号。

朗姆酒是用甘蔗、甘蔗糖浆、糖蜜、糖用甜菜或其他甘蔗的副产品，经发酵、蒸馏制成的烈性酒，其酒度为42%～50%。朗姆酒是蒸馏酒中最具香味的酒，在制作过程中，可以对酒液进行调香，制成系列香

图3-5 朗姆酒

味的成品酒：清淡型、芳香型、浓烈型等。朗姆酒的颜色多种多样：无色、棕色、琥珀色等。朗姆酒如图3-5所示。

二、朗姆酒的起源

朗姆酒发源于西印度群岛，17世纪初，西印度群岛的欧洲移民开始以甘蔗为原料制造一种廉价的烈性酒，主要给种植园的奴隶饮用以缓解他们的疲劳。这种酒就是现在的朗姆酒的雏形。到了18世纪，随着世界航海技术的进步以及欧洲各国殖民地政府对这种酒的大力推广，朗姆酒开始在世界各地生产并流行。

三、朗姆酒的生产工艺

朗姆酒是以甘蔗为原料，经煮沸、压榨得到浓缩的糖，澄清后得到稠糖蜜，经过除糖、发酵、蒸馏后得到无色酒液，再放入木桶中陈酿后形成的烈性酒。

四、朗姆酒的产地及名品

朗姆酒是世界上消费量最大的酒品之一，朗姆酒产于盛产甘蔗及蔗糖的地区，目前有许多国家和地方生产朗姆酒，如波多黎各、牙买加、古巴、夏威夷、墨西哥、圭亚那等，其中以波多黎各和牙买加最具代表性。

(一) 波多黎各

波多黎各生产的朗姆酒以清淡著称，它是让蜜糖充分发酵，采用连续蒸馏的方法制成，置于玻璃或不锈钢容器中陈酿，酒液无色清澈，蔗糖香味清新。

波多黎各朗姆酒的名品有百家得、尤里格、唐Q等。

(二) 牙买加

牙买加朗姆酒以浓醇著称，它是将蒸馏后的酒液放入橡木桶内陈年，酒液呈浓褐色，味浓醇厚，甘蔗香味突出。

牙买加朗姆酒的名品有美雅士、古老牙买加、摩根船长等。

五、朗姆酒的饮用服务

朗姆酒通常作为餐前或餐后酒饮用，通常以杯为销售单位，每杯的标准容量为28ml(一盎司)。朗姆酒的饮用方法通常有以下三种。

(一) 净饮

朗姆酒的独特风味只有在直接饮用时才能品味到，所以，生产朗姆酒的国家的人们，多将它直接饮用，而不加以调制。净饮时用利口酒杯或古典杯盛载。如果是白朗姆酒，还要在杯中放入一片柠檬。

(二) 加冰饮用

朗姆酒还可以加冰或加水饮用。用古典杯盛载。方法是按客人要求在古典杯中放入数块冰块，然后用量杯量出28ml朗姆酒，倒入加冰块的古典杯中，再放入一片柠檬，送至客人右手边。

(三) 混合饮用

朗姆酒也可与汽水、果汁等一起调制成混合饮料。在美国，大多数的朗姆酒都用来调制鸡尾酒。

以朗姆酒为基酒调制的常饮鸡尾酒有以下几种。

1. 自由古巴

(1) 材料：56ml深色朗姆酒，14ml柠檬汁，适量可乐。

(2) 调制方法：直接注入法。

(3) 载杯：高飞球杯。

2. 迈泰

(1) 材料：28ml朗姆酒，14ml深色朗姆酒，84ml凤梨汁，28ml柳橙汁，14ml糖水，9ml红石榴糖浆。

(2) 调制方法：摇和法。

(3) 载杯：古典杯。

3. 加州宾治

(1) 材料：28ml白朗姆酒，84ml柳橙汁，适量苏打水。

(2) 调制方法：直接注入法。

(3) 载杯：高飞球杯。

4. 高潮

(1) 材料：200ml朗姆酒，100ml莱姆汁，100ml香蕉酒，1滴酸辣油，胡椒、盐少许，适量番茄汁。

(2) 调制方法：搅和法。

(3) 载杯：鸡尾酒杯。

5. 天蝎座

(1) 材料：28ml白朗姆酒，14ml白兰地酒，56ml柳橙汁，56ml凤梨汁，28ml糖水。

(2) 调制方法：搅拌法。

(3) 载杯：柯林杯。

学习任务六 特基拉酒及其服务

一、特基拉酒的特点

特基拉酒是墨西哥的特产，它产于墨西哥的第二大城市格达拉哈拉附近的小镇—特基拉，并以此命名，它是以墨西哥珍贵的植物龙舌兰的根茎为原料，经过发酵、蒸馏制成，因此又称龙舌兰酒。特基拉酒的酒度为38%～44%，口味浓烈，带有龙舌兰的芳香。由于陈酿的时间不同，使得特基拉酒的颜色差异很大，未经橡木桶陈酿的特基拉酒呈无色透明状，在橡木桶中陈酿一定年份的特基拉酒呈橡木色。特基拉酒如图3-6所示。

图3-6 特基拉酒

二、特基拉酒的起源

据传说，18世纪中叶，墨西哥的中部的哈里斯科州(Jalisco)的阿奇塔略的火山爆发。大火过后，地面上到处是烧焦的龙舌兰，而在空气中则充满了一种怡人的香草香味，于是当地村民就将烧焦的龙舌兰砸烂，发现里面竟流出一股巧克力色泽的汁液来，放入口中品尝后，才知道龙舌兰带有极好的甜味。于是墨西哥早期的西班牙移民就将龙舌兰通过压榨出汁，然后将汁液发酵、蒸馏制造出无色透明的烈性酒，随后，酿造厂为了寻求上等的龙舌兰原料而来到特基拉镇(Tequila)，从此以后特基拉镇成了龙舌兰酒最主要的产地。因此，龙舌兰酒也被称为特基拉酒。

三、特基拉酒的生产工艺

特基拉酒的制造工艺：把龙舌兰植物外层的叶子砍下，取其中心部位的果实，然后再把它放入炉中蒸煮，蒸煮过的果实再送到另一机器挤压成汁发酵，后在单式蒸馏器中蒸馏两次，将蒸馏获得的酒液放入橡木桶中陈酿。

四、特基拉酒的产地及名品

特基拉酒是墨西哥的国酒，被称为墨西哥的灵魂。墨西哥法律规定，只有在正式批准的地区—特基拉镇周围的产区，以及特帕蒂特兰周围的附属区生产的达标的酒，才可以称为特基拉酒，除此之外，只能叫"麦日科"或其他名称。

特基拉酒的名品有库瓦、欧雷、马利亚吉、金快活等。

五、特基拉酒的饮用服务

特基拉酒以其独特的饮用方法和刺激的味道,风靡全世界。特基拉酒的饮用方法通常有以下三种。

(一) 净饮

特基拉酒的口味凶烈,香气很独特。它是墨西哥的国酒,因此,墨西哥人对此酒情有独钟。此酒的饮用方式也很特别:客人在左手虎口处撒上一些细盐,用右手挤新鲜的柠檬汁滴入口中,然后用舌头舔盐入口,后迅速举杯将特基拉酒一饮而尽。酸味、咸味伴着烈酒,冲破喉咙直入肚中,酣畅淋漓。

(二) 加冰饮用

特基拉酒作为餐后酒可兑入冰块饮用。用古典杯盛载。方法是按客人要求在古典杯中放入数块冰块,然后用量杯量出28ml特基拉酒,倒入加冰块的古典杯中,再放入一片柠檬,送至客人右手边。

(三) 混合饮用

特基拉酒还可与碳酸饮料、果汁等一起调制成混合饮料。用古典杯盛载。饮用时,客人用右手将盖在杯口的杯垫按住,同时紧握杯子,将杯子举起使杯底用力砸在下面的杯垫上,再用左手迅速撤下杯口的杯垫,在泡沫涌起的刹那间将酒一饮而尽。此种饮法俗称特基拉炸弹。因特基拉酒特有的风味,使其更适合调制各种鸡尾酒。

以特基拉酒为基酒调制的常饮鸡尾酒有以下几种。

1. 特基拉日出

(1) 材料:56ml特基拉酒,7ml红石榴糖浆,适量柳橙汁。

(2) 调制方法:直接注入法。

(3) 载杯:高飞球杯。

2. 玛格丽特

(1) 材料:42ml特基拉酒,14ml白柑橘香甜酒,14ml升莱姆汁。

(2) 调制方法:摇和法。

(3) 载杯:鸡尾酒杯。

3. 埃尔迪亚博洛

(1) 材料:50ml特基拉酒,20ml黑栗利口酒,适量柠檬汁,适量啤酒。

(2) 调制方法:直接注入法。

(3) 载杯:海波杯。

4. 斗牛士

(1) 材料:30ml特基拉酒,15ml莱姆汁,45ml菠萝汁。

(2) 调制方法:摇和法。

(3) 载杯：古典杯。

5. 墨西哥

(1) 材料：28ml特基拉酒，28ml柠檬汁，7.5ml红石榴糖浆。

(2) 调制方法：调和法。

(3) 载杯：鸡尾酒杯。

学习任务七 中国白酒及其服务

一、中国白酒的特点

白酒又称"白干"或"烧酒"，是以谷物和红薯为原料，经发酵、蒸馏制成的。因酒液无色透明而得名白酒。酒度为38%～65%。"白酒"就是无色的意思，"白干"就是不掺水的意思，"烧酒"就是将经过发酵的原料入甑加热蒸馏出的酒。

中国白酒是世界六大蒸馏酒之外最著名的烈性酒。其特点：洁白晶莹，无色透明；馥郁纯净，余香不尽；醇厚柔绵，甘润清冽；酒体协调，变化无穷。

二、中国白酒的起源

中国白酒由黄酒演化而来，有数千年的酿造历史。早在商代，人们就用麦曲酿酒。自宋代以后，开始制作白酒。中国的酿酒技术不断提高，白酒的品种也日益增多并且向着低酒度方向发展。

三、中国白酒的生产工艺

中国白酒有多种生产工艺，不同风味白酒的制作方法不尽相同。由于各种白酒的制曲方法不同，发酵、蒸馏的次数不同，勾兑技术不同，从而形成了不同风格的白酒。通常，中国白酒以高粱、玉米、大麦、小麦、红薯等为原料，经过发酵、制曲、多次蒸馏、长期贮存制成酒度较高的酒体。

四、中国白酒的香型及名品

白酒的香型主要取决于生产白酒的工艺和设备，目前，中国白酒的香型主要有酱香型、浓香型、清香型、米香型和复香型。

(一) 酱香型

酱香型又称茅香型，以茅台为代表，属于大曲酒类。酱香型白酒具有香而不艳、低而不淡、醇香优雅、回味悠长等特点。主要名品有贵州茅台(如图3-7所示)、四川郎酒(如图3-8所示)、遵义珍酒等。

(二) 浓香型

浓香型又称泸香型，以四川泸州老窖、五粮液为代表，属于大曲酒类。浓香型白酒具有香、醇、浓、绵、甜、净等特点。主要名品有四川泸州老窖、四川宜宾五粮液、安徽古井贡酒、河南杜康酒等。

图3-7 贵州茅台

图3-8 四川郎酒

(三) 清香型

清香型又称汾香型，以山西汾酒为代表，属于大曲酒类。清香型白酒具有清、正、甜、净、长等特点。主要名品有山西汾阳汾酒、河南宝丰酒、山西祁县六曲香酒等。

(四) 米香型

米香型又称蜜香型，以桂林三花酒为代表，属于小曲酒类。米香型白酒具有蜜香清雅、入口柔绵、落口甘冽、回味怡畅等特点。主要名品有桂林三花酒、广东五华县的长乐烧、湖南浏阳河小曲等。

(五) 复香型

复香型又称兼香型，以董酒与西凤酒为代表，属于大曲。具有绵柔、醇香、味正、余味悠长的特点。主要名品有贵州董酒、陕西西凤酒、湖南长沙白沙液等。

五、中国白酒的饮用服务

白酒是中华民族的传统饮品，常作为佐餐酒饮用。载杯一般为利口酒杯或高脚酒杯，传统为小型陶瓷酒杯。

(一) 净饮

一般常温饮用。但在北方一些地区，冬季要加以温烫后才饮用；南方一些地区习惯冰镇后加柠檬片饮用。

(二) 混合饮用

中国白酒除可直接饮用外，也可用中国白酒作为基酒调制中式鸡尾酒，调制后的酒别有一番风味。

1. 海南岛

材料：30ml白酒，10ml椰汁。

调制方法：摇和法。

载杯：鸡尾酒杯。

2. 夜上海

材料：30ml白酒，10ml柠檬汁，120ml可乐。

调制方法：搅和法。

载杯：平底高杯。

3. 林荫道

材料：10ml竹叶青，10ml糖浆，40ml白葡萄酒。

调制方法：调和法。

载杯：高脚杯。

🔲 单元小结

本单元系统地介绍了各种蒸馏酒的特点、起源、生产工艺、名品及饮用与服务方法。

蒸馏酒是将经过发酵的水果或谷物等酿酒原料加以蒸馏、提纯酿制而成的，酒精含量较高。蒸馏酒通常指酒精含量在38%以上的烈性酒。蒸馏酒诞生于欧洲中世纪初期，经过近千年的演变，已成为世界上十分畅销的酒精饮料。世界上著名的蒸馏酒主要包括白兰地、威士忌、金酒、伏特加酒、朗姆酒、特基拉酒等。中国的白酒也属于此范畴。

🔲 单元测试

1. 简述白兰地酒的特点、起源、生产工艺、名品及饮用与服务方法。
2. 简述威士忌酒的特点、起源、生产工艺、名品及饮用与服务方法。
3. 简述金酒的特点、起源、生产工艺、名品及饮用与服务方法。
4. 简述伏特加酒的特点、起源、生产工艺、名品及饮用与服务方法。
5. 简述朗姆酒的特点、起源、生产工艺、名品及饮用与服务方法。
6. 简述特基拉酒的特点、起源、生产工艺、名品及饮用与服务方法。
7. 简述中国白酒的特点、起源、生产工艺、名品及饮用与服务方法。

🔲 课外实训

简述白兰地酒、威士忌酒、金酒、伏特加酒、朗姆酒、特基拉酒及中国白酒的饮用与服务方法。

学习单元四
配制酒及其服务

课前导读

配制酒,又称调制酒,是酒类里一个特殊的品种,不专属于哪种酒,是混合的酒品。

配制酒是一个比较复杂的酒品系列,它的诞生晚于其他单一酒品,但其发展却很快。配制酒主要有两种配制工艺,一种是在酒和酒之间进行勾兑配制,另一种是以酒与非酒精物质(包括液体、固体和气体)进行勾调配制。

配制酒(Assembled Alcoholic Drinks)是以各种酿造酒、蒸馏酒或食用酒精作为基酒与酒精或非酒精物质(包括液体、固体、气体)进行勾兑、浸泡、混合调制而成的酒。配制酒的种类繁多,风格各异,酒精度也有高有低,在欧洲,以法国、意大利和荷兰产的配制酒最为著名。

配制酒的品种繁多,风格各有不同,划分类别比较困难,较流行的分类法是将配制酒分为五大类:开胃酒(Aperitif)、甜点酒(Dessert Wine)、利口酒(Liqueur)、露酒、药酒。

学习目标

知识目标:

通过对配制酒知识的阐释,使学生系统地了解配制酒的基本内涵和与之相对应的基础理论。

能力目标:

掌握各类配制酒的概念、起源、生产工艺、主要产地及名品等知识和相关服务技巧。

学习任务一 开胃酒及其服务

开胃酒(Aperitifs),顾名思义,在餐前饮用能增加食欲,能开胃的酒有许多,如威士忌、俄得克、金酒、香槟酒,某些葡萄原汁酒和果酒也都是比较好的开胃酒精饮料。开胃酒的概念是比较含糊的,随着饮酒习惯的演变,开胃酒逐渐被专指为以葡萄酒或蒸馏酒为基酒,加入植物的根、茎、叶、药材、香料等配制而成,在餐前饮用,能增加食欲的酒精饮料,分为味美思(Vermouth)、比特酒(Bitter)、茴香酒(Anise)三类。开胃酒有两种定义。

前者泛指在餐前饮用能增加食欲的所有酒精饮料，后者专指以葡萄酒基或蒸馏酒基为主的有开胃功能的酒精饮料。

一、味美思

(一) 概念

味美思，是意大利文Vermouth的音译，是"苦艾酒"的意思。它是以葡萄酒为酒基，用芳香植物的浸液调制而成的加香葡萄酒。它因非凡的植物芳香而"味美"，因"味美"而被人们"思念"。味美思按品味可分为干味美思(Secco)、白味美思(Biauco)、红味美思(Rosso Sweet)、都灵味美思(Trofino)。

味美思还有一大功用，就是调配鸡尾酒。因为味美思除了具有加香的特点，还具有加浓的特点，它含糖量高(15度)，所含固形物较多，比重大，酒体醇浓，是调配鸡尾酒不可缺少的酒种。味美思如图4-1所示。

图4-1　味美思

(二) 起源

味美思有悠久的历史。据说古希腊王公贵族为滋补健身，长生不老，用各种芳香植物调配开胃酒，饮后食欲大振。到了欧洲文艺复兴时期，意大利的都灵等地渐渐形成以"苦艾"为主要原料的加香葡萄酒，叫做"苦艾酒"，即味美思。希腊名医希波克拉底是第一个将芳香植物在葡萄酒中浸渍的人。到了17世纪，法国人和意大利人将味美思的生产工序进行了改良，并将它推向了世界。至今世界各国所生产的"味美思"都是以"苦艾"为主要原料的。所以，人们普遍认为，味美思起源于意大利，而且至今仍然是意大利生产的"味美思"最负盛名。

我国正式生产国际流行的"味美思"是从1892年烟台张裕葡萄酿酒公司的创办开始的。张裕公司是我国生产"味美思"最早的厂家。味美思的生产工艺，要比一般的红、白葡萄酒复杂。它首先要生产出干白葡萄酒作原料。优质、高档的味美思，要选用酒体醇厚、口味浓郁的陈年干白葡萄酒作为原料。然后选取二十多种芳香植物或者把这些芳香植物直接放到干白葡萄酒中浸泡，或者把这些芳香植物的浸液调配到干白葡萄酒中去，再经过多次过滤和热处理、冷处理，经过半年左右的贮存，才能生产出质量优良的味美思。

(三) 生产工艺

味美思是以个性不太突出(属中性、干型)的白葡萄酒作为基酒，加入多种配制香料、草药，经过搅匀、浸泡、冷澄过滤、装瓶等工序制作而成的。

(四) 主要产地及名品

意大利、法国、瑞士、委内瑞拉是味美思酒的主要生产国。以意大利甜型味美思、法国干型味美思最为有名。如马天尼(Martini)(干、白、红)、仙山露(Cinzano)(干、白、红)、卡帕诺(Carpano)(都灵)、香白丽(Chambery)等最为著名。

(五) 鉴别

味美思的主要成分有白葡萄酒(只用于生产白味美思和红味美思)、酒精(酒精含量为96%的烈酒或"Mistelle")、药草(龙胆、甘菊、苦橙、香草、大黄、薄荷、茉沃刺那、胡荽、牛膝草、鸢尾草植物、百里香等)、香料(桂皮、丁香、肉豆蔻、番红花、生姜等)、焦糖(用蔗糖或热糖制成,目的是用它的琥珀色来着色)。

干味美思含糖量不超过4%,酒精含量在18度左右。意大利产味美思呈淡白、淡黄色,法国产味美思呈棕黄色。

白味美思含糖量在10%～15%,酒精含量在18度左右,色泽金黄,香气柔美,口味鲜嫩。

红味美思含糖量为15%,酒精含量在18度左右,呈琥珀黄,香气浓郁,口味独特。

都灵味美思酒精含量在15.5～16度,调香用量较大,香气浓郁扑鼻。

(六) 饮用与服务

味美思的饮用方法在我国不拘泥于统一形式,在国外习惯上要加冰块或杜松子酒。

(七) 贮藏要求

避免阳光直射,于5～35℃干燥通风处卧放,有少量沉淀不影响饮用。

二、比特酒

(一) 概念

比特酒酒精含量一般在16%～40%,也有少数品种超出这个范围。比特酒有滋补、助消化和使人兴奋的作用。

(二) 起源

比特酒从古药酒演变而来,有滋补的效用。比特酒种类繁多,有清香型,也有浓香型;有淡色,也有深色。但无论是哪种比特酒,苦味和药味是它们的共同特征。用于配制比特酒的调料主要是带苦味的草卉和植物的茎根与表皮,如阿尔卑斯草、龙胆皮、苦桔皮、柠檬皮等。法国人头马马天尼如图4-2所示。

图4-2　马天尼

(三) 生产工艺

比特酒配制的基酒是葡萄酒和食用酒精。现在越来越多的比特酒生产采用食用酒精直接与草药精掺兑的工艺。

(四) 产地

世界上较有名气的比特酒主要产自意大利、法国、特立尼达和多巴哥、荷兰、英国、德国、美国、匈牙利等国。

(五) 名品及鉴别

比较著名的比特酒有以下几种。

(1) 金巴利或康巴丽(Campari)，产于意大利米兰，是由桔皮和其他草药配制而成，酒液呈棕红色，药味浓郁，口感微苦，苦味来自于金鸡纳霜，酒度26度。

(2) 西娜尔(Cynar)，产自意大利，是由蓟和其他草药浸泡于酒内配制而成的。蓟味浓，微苦，酒度17度。

(3) 菲奈特·布郎卡(Fernet Branca)，产于意大利米兰，是意大利最有名的比特酒。是由多种草木、根茎植物为原料调配而成的，味很苦，号称苦酒之王，但药用功效显著，尤其适用于醒酒和健胃。酒度40度。

(4) 艾玛·皮孔或苦彼功(Amer Picon)，产于法国，它的配制原料主要有金鸡纳霜、桔皮和其他多种草药。酒液酷似糖浆，以苦著称，饮用时只用少许，再掺着其他饮料共进，酒度21度。

(5) 苏滋(Suze)，产于法国，它的配制原料是龙胆草的根块。酒液呈桔黄色，口味微苦、甘润，糖分20%，酒度16度。

(6) 杜本那或杜宝内(Dubonnet)，产于法国巴黎，它主要采用金鸡纳皮，浸于白葡萄酒，再配以其他草药。酒色深红，药香突出，苦中带甜，风格独特。有红、黄、干三种类型，以红杜宝内最出名，酒度16度。

(7) 安哥斯杜拉(Angostura)，产于特立尼达，以郎姆酒为酒基，以龙胆草为主要调制原料。酒液呈褐红色，药香悦人，口味微苦，但十分爽适，在拉美国家深受人们喜爱，酒度44度。

(六) 贮藏要求

温度维持在18℃以下，酒瓶平放，湿度是70%～75%，避光、静止、环境清新。

三、茴香酒

(一) 概念

茴香酒实际上是用茴香油和蒸馏酒配制而成的酒。茴香油中含有大量的苦艾素。45度酒精可以溶解茴香油。茴香油一般从八角茴香和青茴香中提炼取得，八角茴香油多用于开胃酒的制作，青茴香油多用于利口酒制作，茴香酒如图4-3所示。

(二) 起源

1915年，"苦艾酒"成为"禁酒运动"的替罪羊的时候，其被打上了"万恶之源"的标记。几乎是在禁止"苦艾酒"命令下达后，不久，"茴香酒"便问世了。"茴香酒"成为了"苦艾酒"的替代品。在众多酿制蒸馏师中，有位名叫Paul Ricard的蒸馏师，他把他的试验品带到了各种酒吧内并要求酒吧内的酒客们免费品尝，他的调试成果也因此更加完美。1932年，Paul Ricard开始商业化生产"Ricard"——真正的法国马赛茴香酒(le vrai pastis de Marseille)。至今"茴香酒"已经成为法国最受欢迎的开胃酒之一。"茴香酒"经常与鱼、贝壳类、猪肉和鸡肉等菜肴搭配饮用。此外，添加色素和焦糖，可以加强其口感，但是该饮品中的主要特性仍然是"茴芹的口感"。如今在法国，茴香酒仍然是消耗量最大的开胃酒。

图4-3　茴香酒

(三) 生产工艺

茴香酒是用茴香油与食用酒精或蒸馏酒配制而成的酒品。茴香油一般从八角茴香和青茴香中提炼取得，含有大量的苦艾素。八角茴香油多用于开胃酒的制作，青茴香油多用于利口酒的制作。

(四) 主要产地及名品

茴香酒以法国产的最为有名。比较著名的茴香酒有培诺(Pernod)、巴斯的斯(Pastis)、白羊倌(Berger Blanc)等。

(五) 鉴别

茴香酒有无色和染色两种，酒液视品种不同而呈现出不同色泽。茴香酒茴香味浓，香气馥郁，味重而有刺激，酒精含量一般在25%左右。

(六) 饮用与服务

饮用时需加冰或兑水。

学习任务二　甜点酒及其服务

甜点酒是佐助西餐中的最后一道菜——甜食和水果时所饮用的酒品，口味较甜，常以葡萄酒基为主体进行配制。但与利口酒有明显区别，后者虽然也是甜酒，但其主要酒基一般是蒸馏酒。甜点酒的主要生产国及地区有葡萄牙、西班牙、意大利、希腊、匈牙利、法国南部等。

下面介绍几种著名的甜点酒。

一、波特酒

(一) 概念

波特酒的原名波尔图酒(Porto)，产于葡萄牙杜罗河一带，但与英国有着千丝万缕的联系，因而人们常用英文Port Wine来对其加以称呼。波特酒属于酒精加强型葡萄酒，在发酵没有结束前加入葡萄蒸馏酒精，使酵母在高酒精(超过15度)条件下被杀死，将酒度控制在17%～22%。由于葡萄汁没有发酵完毕，所以波特酒保留了甜味。

波特酒分白、红两种。白波特酒是葡萄牙和法国人喜欢的开胃酒品；红波特酒作为甜食酒在世界享有很高的声誉，有甜、微甜、干三个类型。波特酒如图4-4所示。

图4-4　波特酒

(二) 起源

17世纪末、18世纪初，葡萄酒酿造出来通常是运往英国，而当时并没有发明玻璃酒瓶和橡木塞，于是用橡木桶作为容器运输。由于路途遥远，葡萄酒很容易变质。后来酒商就在葡萄酒里加入了中性的酒精(葡萄蒸馏酒精)，这样就使酒不容易腐败，保证了葡萄酒的品质，这就是最早的波特酒。

根据葡萄牙政府的政策，如果酿酒商想在自己的产品上写"波特"(Port)，必须满足三个条件。

(1) 用杜罗河上游的奥特·斗罗地域所种植的葡萄为原料酿造。为了提高产品的酒度，所用来兑和的白兰地也必须使用这个地区的葡萄酿造。

(2) 必须在杜罗河口的维拉·诺瓦·盖亚酒库(Vila Nova Gaia)内陈化和贮存，并从对岸的波特港口运出。

(3) 产品的酒度在16.5度以上。

如不符合三个条件中的任何一条，即使是在葡萄牙出产的葡萄酒，都不能被冠以"波特"字样。

(三) 生产工艺

波特酒的制作方法是先将葡萄捣烂，发酵，等糖分在10%左右时，添加白兰地酒中止发酵，但保持酒的甜度。经过二次剔除渣滓的工序后运到维拉·诺瓦·盖亚酒库里陈化、贮存，一般的陈化要2～10年时间。最后按配方混合调出不同类型的波特酒。

(四) 主要产地及名品

波特酒产自葡萄牙北部的杜罗(DOURO)河地区。杜罗河历来有"黄金河谷"的美誉，是葡萄牙的母亲河、葡萄牙人诞生的摇篮。杜罗河两岸的山坡和峭壁上，葡萄牙人在片岩中开垦出一片片梯田葡萄园，每当金秋葡萄收获季节，杜罗河两岸黄红色的葡萄林美景如画。

比较著名的波特酒有道斯(Dow's)、泰勒(Taylors)、西法(Silva)、方斯卡(Fonseca)等。

(五) 鉴别

波特酒酒味浓郁芬芳，窖香和果香兼有，其中红波特酒的香气很有特色，浓郁芬芳，果香和酒香相宜；口味醇厚、鲜美、圆正。

(六) 饮用与服务

波特酒的酒精含量和含糖量高，最好是在天气比较凉爽或比较冷的时候饮用。在打开一瓶陈酿的波特酒之前，应让瓶子直立3～5天，以使葡萄酒的沉淀物沉到瓶底。开瓶后至少要放置1～2个小时才可以饮用，以释放任何"变质"的气味或在塞子下可能产生的气体。波特酒无需冷藏，最好是在地窖的温度下贮藏。

与普通的认知相反，波特酒开瓶后寿命很短，必须在数周内饮用完。陈酿波特酒在开瓶后8～24小时之内就会变质。

(七) 贮藏要求

温度维持在18℃以下，酒瓶平放，湿度是70%～75%，要避光、静止、环境清新。

二、雪利酒

(一) 概念

雪利酒(Sherry)产于西班牙的加迪斯(Cadiz)，英国人称其为Sherry，法国人则称其为Xérés。英国人嗜好雪利酒胜过西班牙人，人们遂以英名相称此酒。雪利是英文Sherry的译音，也有译成谐丽、谢利等，这种酒在西班牙称为及雷茨酒，因英国人特别喜爱它，故以其近似的英文译音Sherry(王子)称呼。当前，世界上许多国家都已出产了仿制的雪利酒。雪利酒以加迪斯所产的葡萄酒为酒基，勾兑当地的葡萄蒸馏酒，逐年换桶陈酿，陈酿15～20年时，质量最好，风格也达极致。雪利酒分为两大类：Fino(菲奴)和Oloroso(奥罗路索)，其他品种均为这两类的变型。雪利酒如图4-5所示。

图4-5 雪利酒

(二) 起源

雪利酒堪称"世界上最古老的上等葡萄酒"。大约基督纪元前1100年，腓尼基商人在西班牙的西海岸建立了加迪斯港，往内陆延伸又建立了一个名为赫雷斯的城市(即今天的雪利市)，并在雪利地区的山丘上种植了葡萄树。据记载，当时酿造的葡萄酒口味强烈，在炎热的气候条件下也不易变质。这种葡萄酒(雪利酒)成为当时地中海和北非地区交易量最大的商品之一。绝大多数的雪利酒在西班牙酿造成熟后被装运到英国装瓶出售。1967年，英国法庭颁布法令，只有在西班牙赫雷斯区生产的葡萄酒才有权称为雪利(Sherry)，所有其他风格类似并且带有雪利字样的葡萄酒，必须说明其原产地。

(三) 生产工艺

雪利酒以加迪斯所产的葡萄酒为酒基，以当地的葡萄蒸馏酒l加以勾兑，采用十分特殊的方法陈酿，逐年换桶，这就是著名的"烧乐脂法"(Solera)。雪利酒陈酿10～20年时质地最好。

(四) 名品

比较著名的雪利酒有布里斯特(干)、布里斯特(甜)、沙克(干、中甜)、柯夫巴罗米诺等。

(五) 鉴别

雪利酒酒液浅黄或深褐色，也有的呈琥珀色(如阿蒙提那多酒)，清澈透明，口味复杂柔和，香气芬芳浓郁，是世界著名的强化葡萄酒。雪利酒含酒精量高，为15%～20%；酒的糖分是人为添加的。甜型雪利酒的含糖量高达20%～25%，干型雪利酒的糖分为0.15克/100毫升(发酵后残存的)。总酸0.44克/100毫升。

(六) 饮用、服务与贮存

雪利酒是葡萄酒，适合葡萄酒的储存条件都适用于雪利酒。许多雪利酒存放于顶端带螺丝的桶或可以拧紧盖口的桶，这样能竖直储存，不需延长雪利酒的保存时间。装于瓶中的雪利酒适合随时饮用。Fino或amontillado雪利酒开瓶后应冷藏并在三周内饮完。Oloroso和Cream应在温室下饮用，按照传统，它们适合于餐后饮用。

西班牙人饮用雪利酒采用独特的"郁金香"玻璃杯。可装6盎司的玻璃杯叫Copa，而能装4盎司的玻璃杯叫Copita。这两种玻璃杯给雪利酒提供了足够的空间去散发自身的芳香。

三、马德拉酒

(一) 概念

马德拉(Madeira)酒跟波特酒和雪利酒一样，属于酒精加强型葡萄酒。马德拉酒的出产地位于大西洋的马德拉岛(Madeira)。马德拉酒是强化酒精的酒，其性质有别于一般葡萄酒，由于其酒度高，不容易变质，而且会随着时间推移而变醇。马德拉酒如图4-6所示。

(二) 起源

根据历史记载，1419年，葡萄牙水手吉奥·康克午·扎考发现马德拉岛。15世纪马德拉岛广泛种植甘蔗和葡萄。17世纪马德拉酒开始销往国外。1913年，马德拉葡萄酒公司成立，由威尔士与山华公司(Welsh&Cunha)和享利克斯与凯马拉公司(Henriques&Camara)组建。

图4-6　马德拉酒

经过数年的发展，又有数家酿酒公司加入。后来规模不断扩大，成立了马德拉酒酿酒协会。28年后，该协会更名为马德拉酿酒公司(Madeira Wine Company Lda，MWC)。1989年该公司采取了控股联营经营策略，投入大量资金，改进葡萄酒包装和扩大销售网络，使马德拉葡萄酒成为著名品牌。马德拉公司多年来进行了大量的投资，提高了葡萄酒的质量标准，并在2000年完成了制酒设备的革新，从而为优质马德拉酒的生产和熟化提供了先进的硬件支撑。

(三) 生产工艺

马德拉酒的酿造方法是，在发酵后的葡萄汁上添加烈酒，然后放在50℃的高温室(Estufa)内贮存数月，这时马德拉酒会呈现出淡黄、暗褐色，并散发出马德拉酒特有的香味。

(四) 主要产地及名品

马德拉酒产于葡萄牙领地马德拉岛。其名品包括如下几种。

1. 弗得罗酒(Verdello)

弗得罗酒以海拔400～600米葡萄园的葡萄为原料。酒液呈淡黄色，芳香，口味醇厚，半干略甜。

2. 玛尔姆塞酒(Malmsey)

玛尔姆塞酒以玛尔维西亚葡萄为原料。酒液呈棕黄色，甜型，香气悦人，口味醇厚，被称为世界上最佳的葡萄酒之一，是吃甜点时理想的饮用酒。

3. 舍希尔酒(Sercial)

舍希尔酒以海拔800米葡萄园葡萄为原料，熟化期较短，干型。酒液是淡黄色，味芳香，口味醇厚。

4. 伯亚尔酒(Bual)

伯亚尔酒以海拔400米以下葡萄园的白葡萄为原料。酒液是棕黄色，半干型，气味芳香，口味醇厚，是吃甜点时的理想饮用酒。

(五) 特点

马德拉酒酒色金黄，酒味香浓、醇厚、甘润，是一种优质的甜食酒。

(六) 饮用、服务与贮藏

马德拉酒是一种强化葡萄酒，比一般餐酒的可保存时间长。在饮用之前将马德拉酒瓶直立起来放置几天，直到所有沉淀物沉到瓶底才可慢慢倒出。开瓶之后，马德拉酒有6周的保存时间，但不可存放于高温或潮湿的地方。饮用马德拉酒不加冰，应将其放在冰箱中冷藏之后饮用。Verdello和Rainwater应在冷藏之后作为开胃酒饮用。

学习任务三　利口酒及其服务

一、利口酒的概念

利口酒(Liqueur)是一种以食用酒精和其他蒸馏酒为酒基，配以各种调香物质，并经过甜化处理的酒精饮料。利口酒也称为烈性甜酒，酒度比较高，一般为20%~45%。利口酒有多种风味，主要包括水果利口酒、植物利口酒、鸡蛋利口酒、奶油利口酒和薄荷利口酒。利口酒的调香物质有果类、草类和植物种子类等。利口酒如图4-7所示。

图4-7　利口酒

利口酒具有三个显著特征：①调香物只采用浸制或兑制的方法加入酒基内，不作任何蒸馏处理；②甜化剂是食糖或糖浆；③利口酒大多在餐后饮用。

二、利口酒的起源

利口酒的原词"Liqueur"属于拉丁语，其真正的含义是"溶解或使之柔和"，同时也可以解释为"液体"。

早在公元前4世纪时，在希腊科斯岛上，有着"医学之父"美称的霍克拉特斯(Hppkrates)就已经开始尝试着在蒸馏酒中溶入各种药草来酿制一种具有医疗价值的药用酒。这便是利口酒的雏形。此后，这种药用酒传入欧洲，修士们对其进行了一系列改进，不仅没削弱它的药用性，同时提高了它作为一种健康饮品的饮用性能，以至于当时的西同教堂出品的这种酒已经极有名气。

进入航海时代，由于新大陆的发现，以及整个欧洲对亚洲生长的植物的逐步引进，用以酿制利口酒的原料也逐渐多样。18世纪以后，当时的人们变得更加重视水果的营养价值，这也要求利口酒的酿造工艺从所选原料到成品口味必须要适应时代的需求而不断地加以改进。

随着苹果、草莓、薄荷等水果和植物原料的引进更新，以及利口酒本身助消化这一功能的改进和提高，利口酒，终于名正言顺地成了欧洲人不可或缺的一种餐后酒。不仅如此，又因为水果利口酒所拥有的浓郁香味和艳丽色彩，也引起了当时身处欧洲上流社会中的贵妇们的极大关注，甚至还曾出现刻意追求服装及佩带珠宝的颜色都要与杯中利口酒的色彩相搭配的流行风潮。这种在社会地位和影响范围上的空前提高和扩大，不仅最终为利口酒赢得了"液体宝石"这一美称，也促使越来越多的生产厂家以更大的热情和精力投入到利口酒的研制上，他们争先恐后地想要利用各种水果配制出色彩更趋艳丽的利口酒。

三、利口酒的生产工艺

利口酒味道香醇，色彩艳丽，但配方保密，基本酿造方法有蒸馏、浸泡、渗入等几种。

(一) 蒸馏法

利口酒的蒸馏有两种方法，一种是将原料浸泡在烈酒中，然后一起蒸馏；另一种是将原料浸泡后取出，仅用浸泡过的汁液蒸馏。蒸馏出来的酒液再添加糖和色素。蒸馏法适用于以香草类、柑橘类的干皮为原料制作的甜酒。

(二) 浸泡法

浸泡法是将原料浸泡在烈酒或加了糖的烈酒中，然后过滤出酒。此种方法适用于一些不能加热，或者加热后会变质的原料酿的酒。

(三) 渗入法

渗入法是将天然的或合成的香料、香精加入烈酒中，以增加酒的甜味和色泽。

四、利口酒的主要产地及名品

利口酒的种类较多，主要有以下几类：柑橘类利口酒、樱桃类利口酒、桃子类利口酒、奶油类利口酒、香草类利口酒、咖啡类利口酒。除此以外，还有其他几种独具特色的利口酒。

(一) 爱德维克(Advocaat)

荷兰蛋黄酒。荷兰蛋黄酒产于荷兰和德国，主要用鸡蛋黄、杜松子和白兰地制成。用玉米粉和酒精生产的仿制品在某些国家也仍有销售。产地，荷兰。香气独特，口味鲜美。酒度为15%～20%。

(二) 阿姆瑞托(Amaretto)

意大利杏仁酒，第一次生产是在16世纪Como湖附近的Saronno。其中，以阿姆瑞托(Amaretto DiSaronno)最为杰出。产地，法国。

(三) 茴香利口酒(Anisette)

茴香利口酒起源于荷兰的阿姆斯特丹(Amsterdam)，为地中海诸国最流行的利口酒之一。法国、意大利、西班牙、希腊、土耳其等国均生产茴香利口酒。其中，以法国和意大利出产的最为有名。

先用茴香和酒精制成香精，再兑以蒸馏酒基和糖液，搅拌、冷处理、澄清而成，酒度在30%左右。茴香利口酒中最出名的叫Marie Brizard(玛丽·布利查)，是十八世纪一位法国女郎的名字，该酒又称作Anisettes de Bordeaux(波尔多茴香酒)，产于法国。带有茴香和橙子味道的巴士帝型利口酒(Pastis)，意大利生产，以白兰地酒为主要原料，酒度为25%。

(四) 班尼迪克丁(Benedictine DOM)

班尼迪克丁又称泵酒、当酒，是世界上最有名望的利口酒，产地，法国。1534年，该酒受到宫廷贵族的喜爱，一时名气大噪，泵酒以白兰地为酒基，用27种香料配制，经两次蒸馏，两年陈酿而成。在其形状独特的酒瓶上标有大写字母DOM(Deo Optimo Maximo)，中文意思是献给至高无上的皇帝。饮用泵酒的流行做法是配上上等的白兰地，这就是"B&B"。

(五) 沙特勒兹(Chartreuse)

沙特勒兹是修道院酒。修道院酒与泵酒是两种最有名的餐后甜酒。它以修道院名称命名。该酒以白兰地酒为主要原料配以一百多种植物香料制成，有黄色和绿色两种。黄色酒味较甜，酒度为40%。绿色酒度较高，约在50%以上，较干，辛辣，比黄色酒更芳香。

五、利口酒的鉴别

与其他酒相比，利口酒有几个显著的特征：利口酒以食糖和糖浆作为添加剂，餐后饮用；利口酒颜色娇美，气味芬芳，酒味甜蜜，不仅是极好的餐后酒，也是调制鸡尾酒最常用的辅助酒。

六、利口酒的饮用与服务

纯饮利口酒可用利口酒杯；加冰块可用古典杯或葡萄酒杯；加苏打水或果汁饮料时，用果汁杯或高身杯。利口酒主要在餐后饮用，能够起到帮助消化的作用。利口酒一般要求冰镇，香味越甜、甜度越大的酒品越适合在低温下饮用，少部分利口酒可在常温下饮用或加冰块饮用。

利口酒的标准用量为30ml。

七、利口酒的贮藏要求

利口酒开瓶后仍可继续存放，但长时间贮藏有损品质。利口酒酒瓶应竖立放置，常温或低温下避光保存。

学习任务四 露酒及其服务

一、露酒的概念

露酒是以蒸馏酒、发酵酒或食用酒精为酒基，以食用动植物、食品添加剂作为呈香、呈味、呈色物质，按一定生产工艺加工而成，改变了其原酒基风格的饮料酒。它具有营养丰富、品种繁多、风格各异的特点。露酒酒种多样，包括花果型露酒、动植物芳香型、滋补营养酒等酒种。露酒改变了原有的酒基风格，其营养补益功能非常符合现代消费者的健康需求。露酒原辅料可供选择的品种较多，近年来随着应用科技的发展，其应用范围不断扩大，野生资源类有红景天、刺梨等；花卉类中有梨花、玫瑰、茉莉、菊花、桂花等，这为露酒产品拓展功能、扩大市场份额提供了广阔的空间。

二、露酒的鉴别方法

露酒应具有正常的色泽，澄清发亮。如果出现混浊沉淀或杂质，则为不合格产品，大多是受到外界污染或由于粗制滥造所致。不同的露酒具有不同的香气和口味特征，原则上应无异味，口感醇厚爽口。出现异味的原因一般是由于酒基质量低劣，香料或中药材变质，配制不合理等。

目前市场上有不少伪劣露酒，经理化检验，发现多是用酒精、香精、糖精和食用色素加水兑制而成的。这种劣质露酒口味淡薄，而且涩口。甚至有不法分子用染料代替食用色素兑制劣质露酒。这些染料属于偶氮染料，是致癌物。我国"食品添加剂使用卫生标准"规定，只许使用相对较安全的五种食用合成色素，并规定最大用量和使用范围，还对食用色素质量、纯度都做了严格规定，可见，饮用滥用食用色素和合成染料制成的露酒对人体十分有害。

食用色素及染料的简易鉴别方法如下：把一片白纸浸入酒中，数分钟后捞起，用清水清洗，冲洗后所染颜色基本不变说明此染料是非食用色素。但需注意，若颜色基本洗净，也不一定就是食用色素，因为酸性染料都具备这一特点。

三、露酒的主要产地及名品

(一) 竹叶青酒

1. 概念

竹叶青酒作为中国的一大名酒，其历史可追溯到南北朝。

它以优质汾酒为基酒，配以十余种名贵药材，采用独特生产工艺加工而成。其清醇甜美的口感和显著的养生保健功效从唐、宋时期就为人们所肯定，是我国传统的保健名酒。而今，通过国家卫生监督检验所运用先进的检测手段，经过严格的动物和人体试食实验得出的科学数据，进一步证明，竹叶青酒具有促进肠道双歧杆菌增殖，改善肠道菌群，润肠通便，增强人体免疫力等保健功能。竹叶青牌竹叶青酒与汾酒属同一产地，属于汾酒的再制品。它以汾酒为原料，另以冰糖、白糖、竹叶、陈皮等12种中药材为辅料。竹叶青酒颜色金黄透亮，有晶体感，酒度不大，饮后

图4-8　竹叶青酒

使人心舒神旷，且有润肝健体的功效。经科学鉴定，竹叶青酒具有和胃、除烦、消食的功能。药随酒力穿筋入骨，对心脏病、高血压、冠心病和关节炎都有一定的疗效。竹叶青酒如图4-8所示。

竹叶青酒所获得的主要荣誉如下所述。

1979年，在第三届全国评酒会议上被评为名酒；1987年，获中国出口名特产品金奖，法国酒展特别品尝酒质金质奖第一名，外国出品品质奖第一名；1989年，获首届国际博览会金奖；1991年，竹叶青牌竹叶青酒获第二届国际博览会金奖；1998年被中华人民共和国卫生部批准为保健酒，是中国名酒中唯一的保健酒；2004年汾酒集团重点科技攻关项目"竹叶青酒稳定性研究及应用"荣获国家科学技术进步奖。2006年1月竹叶青露酒首批通过国家酒类质量认证。

2. 起源

竹叶青酒是汾酒的再制品，它与汾酒一样具有古老的历史。

传说很早以前，山西酒行每年要举行一次酒会。逢酒会这天，大小酒坊的老板都把自己作坊里当年酿造的新酒抬一坛到会上，由酒会会长主持，让众人品尝，从中排列出名次来。

南梁简文帝萧纲有诗云："兰羞荐俎，竹酒澄芳。"该诗说的是竹叶青酒的香型和品质。北周文学家庾信在《春日离合二首》诗中说："田家足闲暇，士友暂流连。三春竹叶酒，一曲鸥鸡弦。"这优美的诗句，描写了田家农舍的安适清闲，也记载了三春陈酿的竹叶青酒。由此可见，杏花村竹叶青酒早在一千四百多年前就已是酒中珍品了。

另有诗云，"古今未见服仙丹长生不老；中外已闻饮竹叶青(酒)益寿延年。""赏不尽杏园春色酒都秀，品方喜汾酒清纯竹叶香。""一杯老白汾提神添寿，三杯竹叶青返老还童。"可见，竹叶青酒的保健功能早已为人们所熟知了。

3. 生产工艺

最古老的竹叶青酒只是单纯地加入竹叶浸泡，因其色青味美，故名"竹叶青"。而今的竹叶青酒是以汾酒为基酒，配以广木香、公丁香、竹叶、陈皮、砂仁、当归、零陵香、紫檀香等十多种名贵药材及冰糖、白砂糖浸泡配制而成。杏花村汾酒厂专门设有竹叶青酒配制车间。竹叶青酒的配制方法：将药材放入小坛，在70度的汾酒里浸泡数天，取出药液放进陶瓷缸里65度的汾酒里。再将糖液加热取出液面杂质，过滤冷却，倒入已加药液的酒缸中，搅拌均匀，封闭缸口，澄清数日，取清液过滤入库。再经陈贮、勾兑、品评、检验、装瓶、包装等128道工序制成成品出厂。

4. 主要产地

山西汾阳杏花村汾酒股份有限公司。

5. 鉴别

竹叶青酒色泽金黄兼翠绿，酒液清澈透明，芳香浓郁，酒香药香谐调均匀，入口香甜，柔和爽口，口味绵长。酒度为45%，糖分为10%。

6. 饮用与服务

经专家鉴定，竹叶青酒具有养血、舒气、和胃、益脾、除烦和消食的功能。有的医学家认为，竹叶青酒对于心脏病、高血压、冠心病和关节炎等疾病也有明显的医疗效果，少饮久饮，有益身体健康。竹叶青酒适合成年人饮用，尤其适合中老年人及女性。下列人员不宜饮用：未成年人、(妊娠期、哺乳期、月经期)的妇女、酒精过敏者、脏器功能不全者。

竹叶青酒的饮用方法：竹叶青酒不宜空腹饮用，夏加冰及汽水或矿泉水饮用效果更佳。饮用竹叶青酒以每日100～150ml为宜。

7. 贮藏要求

密封、避光，存放在温湿度适宜处。

(二) 五加皮酒

1. 概念

五加皮酒，又称五加皮药酒、致中和五加皮酒，是具有悠久历史的浙江名酒。五加皮酒是由多种中药材配制而成的。五加皮酒如图4-9所示。

2. 起源

关于它的配制有一段优美的传说。传说，东海龙王的五公主佳婢下凡到人间，与凡人致中和相爱。因生活艰难，五公主提出要酿造一种既健身又治病的酒，以补贴家用。五公主让致中和按她的方法酿造，并按一定的比例投放中药。在投放中药时，五公主唱出一首歌："一味当归补心血，去瘀化湿用姜黄。甘松醒脾能除恶，散滞和胃广木香。薄荷性凉清头目，木瓜舒络精神爽。独活山楂镇湿邪，风寒顽痹屈能张。五加树皮有奇香，滋补肝肾筋骨

图4-9 五加皮酒

壮。调和诸药添甘草，桂枝玉竹不能忘。凑足地支十二数，增增减减皆妙方。"原来这歌中含有12种中药，这首歌中道出的便是五加皮酒的配方。五公主将酒取名"致中和五加皮酒"。此酒问世后，黎民百姓、达官贵人纷至沓来，捧碗品尝，酒香飘逸扑鼻，生意越做越好。

3. 生产工艺

五加皮酒选用五加皮、砂仁、玉竹、当归、桂枝等二十多味名贵中药材，用糯米陈白酒浸泡，再加精白糖和本地特产蜜酒制成。

4. 主要产地

五加皮酒，又称五加皮药酒，产于浙江省建德县梅城镇，是具有悠久历史的浙江名酒。

5. 鉴别

五加皮酒能舒筋活血、祛风湿，长期服用可延年益寿。

五加皮酒酒度40%，含糖6%，呈褐红色，清澈透明，具有多种药材综合的芳香，入口酒味浓郁，调和醇滑，风味独特。

6. 饮用与服务

五加皮酒于18世纪末在新加坡国际商品展览会上获取金奖；在1963年、1979年全国评酒会上获国家名酒称号。周恩来总理曾把五加皮酒当作国礼赠送给外国友人，不少国家还把它作为国宴上不可缺少的珍贵饮品。

五加皮酒的饮用方法：口服、温服。每次10～20ml，一日2次。

7. 贮藏要求

密封、避光，存放在温湿度适宜的地方。

(三) 莲花白酒

1. 概念

莲花白酒采用新工艺，以陈酿高粱酒辅以当归、何首乌、肉豆蔻等二十余种有健身、乌发功效的名贵中药材，取西峡名泉——五莲池泉水酿制而成。

莲花白酒于1924年全国铁路展览会上获得特等奖；1979年和1985年，在第三届、第四届全国评酒会上，均被评为国家优质酒；1984年，在轻工业部酒类质量大赛中，荣获金杯奖。

2. 起源

莲花白酒是北京地区历史最悠久的著名佳酿之一，该酒始于明朝万历年间。据徐珂编《清稗类钞》中记载："瀛台种荷万柄，青盘翠盖，一望无涯。孝钦后每令小阉采其蕊，加药料，制为佳酿，名莲花白。注于瓷器，上盖黄云缎袱，以赏亲信之臣。其味清醇，玉液琼浆，不能过也。"到了清代，莲花白酒的酿造则采用万寿山昆明湖所产白莲花，用它的蕊入酒，酿成名副其实的"莲花白酒"，其配制方法也成为封建王朝的御用秘方。1790年，京都商人获此秘方，经京西海淀镇"仁和酒店"精心配制，首次供应民间饮用。1959年，北京葡萄酒厂搜集到失传多年的莲花白酒御制秘方，按照古老工艺，精心酿制，终于成功。

3. 生产工艺

莲花白酒以纯正的陈年高粱酒为原料，加入黄芪、砂仁、五加皮、广木香、丁香等二十余种药材，入坛密封陈酿而成。

4. 主要产地

北京葡萄酒厂

5. 鉴别

莲花白酒酒度50%，含糖8%，无色透明，药香酒香协调，芳香宜人，滋味醇厚，甘甜柔和，回味悠长。

莲花白酒具有滋阴补肾、和胃健脾、舒筋活血、祛风除湿等功能。

6. 饮用与服务

慢饮、温饮、不杂饮，忌空腹饮。

7. 贮藏要求

莲花白酒应在阴暗、清凉、平稳的地方存放。温度要稳定，避免阳光或强烈灯光直接照射。

学习任务五　药酒及其服务

酒，在中医传统理论中素有"百药之长"之称。将强身健体的中药与酒"溶"于一体的药酒，不仅配制起来方便、药性稳定、安全有效，而且因为酒精是一种良好的半极性有机溶剂，中药的各种有效成分都易溶于其中，药借酒力、酒助药势而充分发挥其效力，提高了酒的疗效。从古传至今的著名药酒有御酒堂，现在新兴的药酒有龟寿酒、劲酒等。

中医理论认为，患病日久必将导致正气亏虚、脉络瘀阻。因此，各种慢性虚损疾病的病人，其自身也常常存在不同程度的气血不畅、经脉滞涩的问题。药酒中具有补血益气、滋阴温阳的滋补强身之品，同时酒本身又有辛散温通的功效，因此，药酒疗法可广泛应用于各种慢性虚损性疾患的防治，并能抗衰老、延年益寿。

药酒制作中常用的溶剂是白酒或黄酒，制酒过程中应注意把握几个适度：适度地粉碎药物，有利于增加扩散，但过细又会使细胞被破坏，酒体混浊。传统的做法是，粉碎成末的药材用纱布裹好，这样既便于药效发挥，又不至于酒体浑浊；适度地延长浸出时间，但过长会使杂质溶出，有效成分被破坏，遇到这种情况，御酒堂的做法是，采用地泡。另外，还可以适度提高浸出温度，但过热会使某些成分挥发。

一、药酒的概念

药酒，即中国配制酒，又称混成酒，药酒是用白酒、葡萄酒或黄酒作为基酒，再配以中药材、香料等制成的酒精饮料。酒度一般为20%～40%，对补益健康和防治疾病具有良好的效果。

药酒有以下两种。

(一) 药性药酒

配用的中药材大多具有防治某种疾病的特殊功效，药性药酒主要是借用酒精提取这些药材中的有效成分，以提高药物的疗效。我国著名药性药酒：人参酒、延寿酒、参茸虎骨酒、鸿茅药酒等。

(二) 补性药酒

补性药酒配制时所使用的中药材大多属于滋补性的。此类药酒不作为饮料酒日常饮用，但对人体健康有益，特别具有某种滋补作用。如花粉蜂蜜酒、大蒜保健酒、雪哈大补酒等。

二、药酒的起源

药酒可应用于疾病防治。药酒在我国医药史上已处于重要的地位，成为历史悠久的传统剂型之一，至今在国内外医疗保健事业中享有较高的声誉。

药酒是选配适当中药，经过必要的加工，用度数适宜的白酒或黄酒为溶媒，浸出其有效成分而制成的澄明液体。在传统中，也有在酿酒过程里，加入适宜的中药酿制而成的。实质上，药酒即是一种加入中药的酒。

药酒的起源与酒是分不开的，中国是人工酿酒最早的国家，早在新石器时代晚期的龙山文化遗址中，就曾发现过很多陶制酒器，关于造酒，最早的文字记载见于《战国策·魏策二》："昔者帝女令仪狄作酒而美，进之禹，禹饮而甘之。"此外，《世本》亦讲道："少康作秫酒。"少康即杜康，是夏朝第五代国君。这些记载说明，在四千多年前的夏代，酿酒业已发展到一定水平，所以后世有"仪狄造酒"及"何以解忧？唯有杜康"(出自曹操《短歌行》)之说。这里杜康已成了酒的代名词。

商殷时代，酿酒业更进一步发展。当时已掌握了曲蘗酿酒的技术，如《尚书·说命篇》中有商王武丁所说"若作酒醴，尔维曲蘗"的论述。在殷墟河南安阳小屯村出土了商朝武丁时期(公元前1200多年前)的墓葬，在近二百件青铜礼器中，各种酒器约占70%。出土文物中就有大量的饮酒用具和盛酒容器，可见当时饮酒之风盛行。从甲骨文的记载可以看出，商朝对酒极为珍重，把酒作为重要的祭祀品。值得注意的是，在罗振玉考证的《殷墟书契前论》甲骨文中有"鬯其酒"的记载，对照汉代班固《白虎通义·考黜》曾释"鬯者，以百草之香，郁金合而酿之成为鬯"，这表明在商代已有药酒出现。

周代，饮酒越来越普遍，已设有专门管理酿酒的官员，称"酒正"，酿酒的技术已日臻完善。《周礼》记载着酿酒的六要诀：秫稻必齐(原料要精选)，曲蘗必时(发酵要限时)，湛炽必洁(淘洗蒸煮要洁净)，水泉必香(水质要甘醇)，陶器必良(用以发酵的窖池、瓷缸要精良)，火齐必得(酿酒时蒸烤的火候要得当)，这里把酿酒应注意的点都说到了。西周时期，已有较好的医学分科和医事制度，设"食医中士二人，掌和王之六食、六饮、六膳……之齐(剂)"。其中，食医即掌管饮食营养的医生。六饮，即水、浆、醴(酒)、凉、酱、酏。由此可见，周朝已把酒列入医疗保健范畴内进行管理。《周礼》有"医酒"，汉代许慎在《说文解字》中，更明确提出："酒，所以治病也。"这说明药酒在周、汉代被用来治病的现象相当普遍。

我国最古的药酒酿制方法记载在1973年马王堆出土的帛书《养生方》和《杂疗方》中。从《养生方》的现存文字中，可以辨识的药酒方共有六个。①用麦冬(即颠棘)配合秫米等酿制的药酒(原题："以颠棘为浆方"治"老不起")。②用黍米、稻米等制成的药酒("为醴方"治"老不起")。③用美酒和麦×(不详何药)等制成的药酒。④用石膏、藁本、牛膝等药酿制的药酒。⑤用漆和乌喙(乌头)等药物酿制的药酒。⑥用漆、节(玉竹)、黍、稻、乌喙等酿制的药酒。《杂疗方》中酿制的药酒只有一方，即用智×(不详何物)和薛荔根等药放入甑内制成醴酒。其中大多数资料已不齐，比较完整的是《养生方》"醪利中"的第二方。该方记叙了整个药酒的制作过程、服用方法、功能主治等内容，是有关酿制药酒工艺的最早的完整记载，也是我国药学史上的重要史料。

先秦时期，中医的发展到一定程度，这一时期的医学代表著作《黄帝内经》，对酒在医学上的作用，做过专题论述。在《素问·汤液醪醴论》中，首先讲述醪醴的制作"必以稻米、炊之稻薪、稻米者完、稻薪者坚"。即用完整的稻米作原料，坚劲的稻秆作燃料酿造而成的，醪是浊酒，醴是甜酒。"自古圣人之作汤液醪醴者，以为备耳……中古之世，道德稍衰，邪气时至，服之万全"，说明古人对用酒类治病是非常重视的。《史记·扁鹊仓公列传》中"其在肠胃，酒醪之所及也"，记载了扁鹊认为可用酒醪治疗肠胃疾病的看法。

汉代，随着中药方剂的发展，药酒便渐渐成为其中的一个部分，其表现是临床应用的针对性大大增强，其疗效也进一步得到提高，如《史记·扁鹊仓公列传》收载了西汉名医淳于意的二十五个医案，这是我国目前所见最早的医案记载，其中列举了两例以药酒治病的医案；一个是济北王患"风蹶胸满"病，服了淳于意配的三石药酒，得到治愈。另一个是菑川有个王美人患难产，淳于意用莨菪酒治愈，并产下一婴孩。东汉·张仲景《伤寒杂病论》中，则载有"妇人六十二种风，腹中血气刺痛，红兰花酒主之"。红兰花有行血活血的功效，用酒煎更能加强药效，使气血通畅，则腹痛自止。此外，瓜蒌薤白白酒汤等，也是药酒的一种剂型，借酒气轻扬，能引药上行，达到通阳散结、豁痰逐饮的目的，以治疗胸痹。至于他在书中记载以酒煎药或服药的方例，则更为普遍。

隋唐时期，是药酒使用较为广泛的时期，记载药方最丰富的当数孙思邈的《千金方》，共有药酒方80余首，涉及补益强身，内、外、妇科等几个方面。《千金要方·风毒脚气》中专有"酒醴"一节，共载酒方16首，《千金翼方·诸酒》载酒方20首，是我国现存医著中，最早对药酒加以叙述的专题综述。

此外，《千金方》中对酒及酒剂的毒副作用，已有一定认识，认为"酒性酷热，物无以加，积久饮酒，酣兴不解，遂使三焦猛热，五脏干燥"，"未有不成消渴"。因此，书中针对当时一些嗜酒纵欲所致的种种病状，研制了不少相应的解酒方剂，如治饮酒头痛方，治饮酒中毒方，治酒醉不醒方等。

宋元时期，由于科学技术的发展，制酒业也有所发展，朱翼中在政和年间撰著了《酒经》，又名《北山酒经》，它是继北魏《齐民要术》后一部关于制曲和酿酒的专著。该书上卷论酒，中卷论曲，下卷论酿酒之法，由此书可看到，当时对制曲原料的处理和操作技术都有了进一步的发展。"煮酒"一节谈到的加热杀菌以存酒液的方法，比欧洲要早数百年，为我国首创。

三、药酒的生产工艺

药酒配制方法一般有浸泡法、蒸馏法、精炼法三种。浸泡法是指将药材、香料等原料浸没于成品酒中陈酿而制成配制酒的方法；蒸馏法是指将药材、香料等原料放入成品酒中进行蒸馏而制成配制酒的方法；精炼法是指将药材、香料等原料提炼成香精加入成品酒中而制成配制酒的方法。

四、药酒的主要产地及名品

(一) 人参酒

人参酒如图4-10所示。

【处方】人参30g，白酒1200ml。

【制法】

(1) 用纱布缝一个与人参大小相当的袋子，将人参装入，缝口；

(2) 放入酒中浸泡数日；

(3) 之后倒入砂锅内，在微火上煮，将酒煮至500～700ml时，将酒倒入瓶内；

(4) 将其密封，冷却，存放备用。

图4-10　人参酒

【功能与主治】补益中气，温通血脉。

【用法与用量】每次10～30ml，每日1次(上午服用为佳)。

【备注】人参：味甘微苦；生者性平，熟者偏温。功在补五脏，益六腑，安精神，健脾补肺，益气生津，大补人体之元气，能增强大脑皮质兴奋过程的强度和灵活性，能强身健体，使身体对多种致病因子的抗病力增强，改善食欲和睡眠，增强性功能，并能降低血糖，抗毒，抗癌，提高人体对缺氧的耐受能力等作用。

【摘录】《本草纲目》

(二) 八珍酒

八珍酒如图4-11所示。

【处方】全当归26g，炒白芍18g，生地黄15g，云茯苓20g，炙甘草20g，五加皮25g，肥红枣36g，胡桃肉36g，白术26g，川芎10g，人参15g，白酒1500ml。

【制法】

(1) 将所有的药用水洗净后研成粗末；

(2) 装进用三层纱布缝制的袋中，将口系紧；

(3) 浸泡在白酒坛中，封口，在火上煮1小时；

(4) 药冷却后，埋入净土中，五天后取出来；

(5) 再过三至七天，开启，去掉药渣包将酒装入瓶中备用。

【功能与主治】滋补气血，调理脾胃，悦颜色。用以治疗因气血亏损而引起的面黄肌瘦，心悸怔忡，精神萎靡，脾虚食欲不振，气短懒言，劳累倦怠，头晕目眩等症。

图4-11　八珍酒

【用法与用量】每次10～30ml，每日服3次，饭前将酒温热服用。

【备注】方中人参、白术、茯苓、甘草：补脾益气。当归、白芍、地黄、川芎：滋养心肝，补血而理气。川芎：可使地黄、当归补而不腻。五加皮：祛除风湿，强壮筋骨。胡桃肉：润肺补肾，乌须发，强记忆。大枣：健脾而调和诸药。此酒可以起到气血双补的功效，用以治疗因气血亏损而引起的面黄肌瘦，心悸怔忡，精神萎靡，脾虚食欲不振，气短懒言，劳累倦怠，头晕目眩等症。

【摘录】《万病回春》

(三) 延寿酒

延寿酒如图4-12所示。

【菜名】延寿酒

【所属菜系】全部

【特点】补虚强身，延年益寿。

【原料】

黄精30g，天冬30g，松叶15g，枸杞20g，苍术12g，白酒1000ml。

图4-12　延寿酒

【制作过程】

将黄精、天冬、苍术切成小块，松叶切成碎末，同枸杞一起装入瓶中。再将白酒注入瓶内，摇匀，静置浸泡10～12天即可饮用。

【用法】早晚各服1次，每次10～15克。

【配方】黄精、天门冬各30g，松叶15g，枸杞子20g，苍术12g，白酒1000ml。

【制法】将黄精、天门冬、苍术切成约0.8cm的小块，松节切成半节，同枸杞子一起于置容器中，加入白酒，摇匀，密封，浸泡15天后，即可取用。

【功用】滋养肺肾、补精填髓、强身益寿。

【主治】体虚食少、乏力、脚软、眩晕、视物昏花、须发早白、风湿痹证、四肢麻木等症。无病少量服用，有强身益寿之功。

【用法】口服。每次服10～20ml，日服2～3次。

【摘录】《中国药膳学》

(四) 回春酒

回春酒如图4-13所示。

【配方】人参30g，荔枝肉800g，白酒2.5kg。

【制作方法】将人参切薄片，荔枝切碎，一同装入纱布袋内，扎紧口，放入酒坛中，倒入白酒，密封浸泡15天，隔日摇动1次。取上清酒液饮服。

【功效与主治】大补元气，养血安神，健身益寿。适用于年老体弱，病后体虚，体质虚弱，未老先衰，神经衰弱，精神不振，心悸怔忡，失眠健忘，以及性机能减退者。

图4-13　回春酒

【服法】每日2次，每次空腹温服20ml。

【说明】本酒方选自《同寿录》，为古人养生保健方。阳盛、阴虚火旺者忌服。

(五) 参茸虎骨酒

参茸虎骨酒如图4-14所示。

【处方】虎胫骨4两，麻黄3两，防风2两，红人参1两，贯筋5两，桂枝3两，怀牛膝2两，白花蛇4两，炙马钱2两，防己4两，陈皮3两，杜仲2两，当归2两，木瓜4两，没药2两，灵仙3两，秦艽2两，肉桂4两，鹿茸1两，乳香2两，川断1两，补骨脂1两，龟版胶1两，羌活2两，血竭花3两。

【制法】诸药纳入疏布袋内，放坛中入白酒100斤，将口封固，放沸水锅中煮6小时，取袋滤去滓，加冰糖6斤，血竭和冰糖后入。

图4-14　参茸虎骨酒

【功能主治】舒筋活血，止痛散风。主治筋骨疼痛，麻木不仁，半身不遂，胃腹寒胀，腰酸腿痛，痿疭拘挛，瘫痪痿痹，一切风寒湿病。

【用法用量】每早晚各温服1杯(约2钱)。

【注意】孕妇忌服。

【摘录】《全国中药成药处方集》(沈阳方)

(六) 鸿茅药酒

鸿茅药酒如图4-15所示。

【处方】

制何首乌15g，地黄15g，白芷15g，山药(炒)15g，五倍子

图4-15　鸿茅药酒

15g，广藿香15g，人参30g，桑白皮15g，海桐皮15g，甘松15g，独活15g，苍术(炒)15g，川芎15g，菟丝子(盐炒)15g，茯神15g，青皮(炒)15g，草果15g，山茱萸(去核)15g。

附子(制)15g，厚朴30g，陈皮15g，五味子15g，牛膝15g，枳实(炒)30g，高良姜15g，山柰15g，款冬花15g。

小茴香(盐炒)240g，桔梗60g，熟地黄30g，九节菖蒲30g，白术(炒)45g，槟榔45g，甘草30g，当归90g，秦艽15g。

红花60g，莪术15g，莲子(去心)15g，木瓜15g，麦冬(去心)15g，羌活15g，香附(炒)15g，肉苁蓉15g，黄芪15g。

天冬15g，桃仁15g，栀子(炒)15g，泽泻15g，乌药15g，半夏(制)15g，天南星(制)15g，苦杏仁(去皮、尖)15g，茯苓30g。

远志15g，淫羊藿(炒)15g，三棱(醋制)15g，茜草15g，砂仁60g，肉桂120g，白豆蔻60g，红豆蔻30g，荜茇60g。

沉香30g，豹骨15g，麝香1g，红曲900g。

【制法】 以上六十七味，除红曲外，麝香研细，豹骨加五倍量水煎煮10小时，至胶尽，将煎液滤过，滤液浓缩至稠膏状，放冷，备用；砂仁、肉桂、白豆蔻、荜茇、沉香粉碎成粗粉，其余制何首乌等五十八味另粉碎成粗粉。另取白酒157 500g、红糖22 680g、冰糖7440g及红曲共置罐中，加入上述药粉，隔水加热，炖至酒沸，倾入缸内，冷却后密封，静置两个月以上，取上清液，将残渣压榨，榨出液澄清后，加入麝香细粉，搅匀，密封静置，与上清液合并，得187 000g酒液，滤过，即得。

【性状】 本品为深红棕色的液体；味微甜、微苦。

【功能与主治】 祛风除湿，补气通络，舒筋活血，健脾温肾。用于风寒湿痹，筋骨疼痛，脾胃虚寒，肾亏腰酸以及妇女气虚血亏等症。

【用法与用量】 口服，一次15ml，一日2次。

【注意】 阴虚阳亢患者及孕妇慎用。

【规格】 每瓶装250ml或500ml。

【贮藏】 密封，置于阴凉处。

五、药酒的鉴别

在用感官鉴别药酒的真伪与优劣时，应主要着重对酒的色泽、气味与滋味的测定与评价。对瓶装酒还应注意鉴别其外包装和注册商标。在目测酒类色泽时，应先对光观察其透明度和颜色。药酒不应该有异味，诸如焦糊味、腐臭味、泥土味、糖味、酒糟味等不良气味。以醇厚无异味，无强烈刺激性为上品。凭口感鉴别药酒的滋味时，饮入口中的药酒，应于舌头及喉部细细品尝，以识别酒味的醇厚程度和其滋味的优劣。

六、药酒的饮用与服务

药酒必须对症使用，不能盲目滥用。服用期间，如果病情变化，应及时请医生调整剂量或改用其他剂型。口服补益类药酒期间，须忌食蒜、葱、萝卜；服有解毒作用的药酒须忌生、冷、酸食；服调理脾胃的药酒须忌油腻、腥膻、生冷等不易消化的食物。

药酒不宜与西药同服，以免影响药效或出现副作用。口服药酒后一般不宜顶风冒寒，不宜立即针灸，不宜进行房事。

患有肝肾疾病、高血压、心脏病、酒精过敏、维生素缺乏症(尤其是维生素B缺乏)的人，以及儿童、孕妇、经期或哺乳期妇女不宜饮服药酒。

中医辨证属湿热阳盛体质的人忌用药酒，特别是壮阳之类的药酒。饮用药酒时间较长，可能影响机体的新陈代谢，造成蛋白质损失过多，故应适当补充蛋类、瘦肉等蛋白质食物。

可根据个人对酒的耐受力，来确定药酒的服用剂量，通常每人每次服30～50ml。不善饮酒者，可将药酒兑在葡萄酒、黄酒或冷开水中，按量饮用。药酒中虽含有酒精，但浓度不高，服用量又小，一般不会产生副作用，少量饮用还会使唾液、胃液的分泌增加，有助于胃肠的消化和吸收。

肝肾疾病、高血压、过敏性疾病、皮肤病者，最好不要饮用药酒，需要饮用时，也应多兑一些水，放在锅里煮一下，除去大部分酒精后再饮用。

七、药酒的贮藏要求

制酒容器应以陶瓷制品或玻璃制品为宜，而不宜使用铝合金、锡合金或铁器等金属制品。使用的酒器应有盖，以防止酒的挥发和灰尘等的污染。陶瓷容器具有防潮、防燥、避光、保气，以及不易与药物发生化学反应等优点，而且外形古朴美观，具有文化特色。但在防渗透方面要比玻璃制品差。玻璃酒器经济价廉，容易获得，是家庭自制药酒常用的容器。但玻璃有吸收热的特点，且透明透光，容易造成药酒中有效成分的不稳定，影响贮藏。一般应选用深色玻璃酒器。药酒制作完成后，应及时装瓶或盛坛，酒器上口要密封，勿使酒气外泄，防止空气与药酒接触，以免药物被氧化和被污染。封好瓶口的药酒应放置在阴凉干燥和避光的地方。服用时，随饮随倒，倒后立即将瓶口或坛口封闭。

小资料

中餐与西餐斟酒的特殊要求与服务

一、中餐斟酒的特殊要求与服务

中餐酒席宴会一般选用三种酒：一种是乙醇含量较高的烈性酒，如茅台、西凤、五粮液、汾酒及各种大曲酒；另一种是乙醇含量较低的果酒，如中国红葡萄酒、干白葡萄酒等；除白酒、果酒外，大部分配饮啤酒。随着低度酒的开发，目前有些宴会也喜欢选用乙醇含量较低的白酒；根据宾客的习惯不同，除了选用以上酒品外，还可选蜜酒或黄酒及各种果汁、矿泉水。

二、斟酒要求

斟酒前一定要请客人自己选酒，客人选定的酒品在开封前一定请客人确认，确认无误后方可开封斟用。

三、斟酒特点

中餐饮酒的杯具可一次性地同时摆放于餐台上，摆放的位置自始至终不变。常规的斟酒时间掌握在宴会开始前5分钟左右内，先斟果酒，再斟白酒，以便宾主入席即可举杯祝酒。待宾客落座后，根据宾客的不同需要，再斟啤酒或其他饮料。

四、斟酒的特殊要求与服务

中餐中，(烈性酒、黄酒)由于客人的口味不同，所以，他们在各种酒水的饮用方法上也有不同的要求。有些顾客喜欢饮用加温的白酒或黄酒，服务员就应提供特殊的服务，即用准备好的温酒器具，按加温白酒或黄酒的方法和适宜温度予以加温，以满足顾客的特殊需求。

五、西餐斟酒的特殊要求与服务

西餐饮用的酒品种类一般依菜肴的品种而定，即吃什么菜饮什么酒，饮什么酒配什么杯，都有严格的规定。西餐较高级的酒席宴会，一般要用七种以上的酒，也就是说，每道菜都配饮一种酒。

六、斟酒要求

西餐斟酒的顺序要以上菜的顺序为准。

上开胃盘时应上开胃酒，配专用的开胃酒杯。

上汤时要上雪利酒(葡萄酒类)，配用雪利酒杯。

上鱼时，上酒度较低的白葡萄酒，用白葡萄酒杯并配用冰桶。

上副菜时上红葡萄酒，用红葡萄酒杯，冬天饮这种酒，有的客人喜欢用热水烫热(宴会用酒不烫)。陈年质优的红葡萄酒往往沉淀物较多，应在斟用前将酒过滤。

上主菜时上香槟酒，配用香槟杯。香槟酒是主酒，除主菜跟香槟酒外，上其他菜、点心或讲话、祝酒时，也可跟上香槟酒。斟用香槟酒前，应做好冰酒、开酒、清洁、包酒等各项准备工作。

上甜点时跟上餐后酒，用相应酒杯。

上咖啡时跟上立口酒或白兰地，配用立口杯或白兰地杯。

七、斟酒特点

在斟倒葡萄酒时，首先应将酒注入主人酒杯内1/5量，请主人品评酒质，待主人确认后再按顺序进行酒水的斟倒服务。进餐当中每斟一种新酒时，则将上道酒挪后一位(即将上道酒杯调位到外档右侧)，便于宾客举杯取用。如果有国家元首(男宾)参加，饮宴则应先斟男主宾位，后斟女主宾位。一般宴会斟酒服务，则是先斟女主宾位，后斟男主宾位，再斟主人位，对其他宾客，则按座位顺时针方向依次斟酒。酒液斟入杯中的满度，根据酒的种类而定。

八、斟酒的特殊要求与服务

西餐用酒品种较为繁多，有些酒水饮用时需加冰块或兑入苏打水、冰水等，针对不同特点的酒水，在服务中应根据不同的需求，提供相应服务。如为冷饮的酒备好冰酒桶、包酒布，斟酒前备好冰块、苏打水，同时准备好充足的冷水及斟酒时用的酒篮、酒架。

单元小结

本单元主要学习配制酒及其服务的理论知识，按照开胃酒、甜点酒、利口酒、露酒、药酒的格局搭建知识结构，遵循概念、起源、生产工艺、主要产地及名品、鉴别、饮用与服务、贮藏要求等形成知识主线，完善了相关理论认识。

单元测试

开胃酒、甜点酒、利口酒、露酒、药酒的生产工艺是什么？

开胃酒、甜点酒、利口酒、露酒、药酒的主要产地及名品是什么？

开胃酒、甜点酒、利口酒、露酒、药酒的鉴别方法是什么？

开胃酒、甜点酒、利口酒、露酒、药酒的饮用与服务中应注意哪些事项？

课外实训

常见的几种配制酒应如何对其加以鉴别？

学习单元五
鸡尾酒及其服务

课前导读

　　鸡尾酒是以一种或几种烈性酒作为基酒，与其他配料一起，用一定方法调制而成的混合饮料。一杯好的鸡尾酒应色、香、味、形俱佳，故鸡尾酒又被称为艺术酒。鸡尾酒以其多变的口味、华丽的色泽、美妙的名称，满足了现代人对浪漫世界的遐想。

　　本单元主要论述鸡尾酒的特点、分类、命名方法及鸡尾酒的调制方法。

学习目标

知识目标：

1. 了解鸡尾酒的含义与特点；

2. 了解鸡尾酒的分类与命名；

3. 了解鸡尾酒的调制器具；

4. 掌握鸡尾酒的调制技法与原则。

能力目标：

通过本单元的学习，能够准确、熟练地调制各种鸡尾酒。

学习任务一 ▶ 鸡尾酒的含义与特点

一、鸡尾酒的含义

(一) 鸡尾酒的起源

　　关于鸡尾酒的起源有很多传说，至今众说纷纭。最早的有关鸡尾酒的文字记载，出现在1806年的美国一本名为《平衡》的杂志中，它记载了鸡尾酒是用酒精、糖、水(冰)或苦味酒混合而成的饮料。随着时代的发展，鸡尾酒已成为所有混合饮料的通称。鸡尾酒如图5-1所示。

图5-1 鸡尾酒

1. 传说之一

传说在19世纪，有一位美国老人克里福德在美国哈德逊河边经营一家酒店。他有三件引以为傲的事情，人称克氏三绝：一是他有一只威风凛凛、气宇轩昂的大公鸡，是斗鸡场上的好手；二是他的酒窖拥有世界上最优良的美酒；三是他的女儿艾恩米莉，是全镇有名的绝色佳人。镇里有个叫阿普鲁恩的年轻船员，经常来酒店闲坐，日久天长，他和艾恩米莉坠入爱河。老人也打心眼里喜欢他，但老是作弄他说："小伙子，你想吃天鹅肉？给你个条件吧，赶快努力当个船长！"小伙子很有恒心。几年后，果真当上了船长并如愿与艾恩米莉举行了婚礼。老人比谁都快乐。他从酒窖里把最好的陈年佳酿全部拿出来，调成绝世美酒，在杯边饰以雄鸡尾，美艳之极。然后为他的女儿和女婿干杯："鸡尾万岁！"从此，鸡尾酒大行其道。

2. 传说之二

传说很久以前，英国船只开进了墨西哥的尤卡里半岛的坎佩切港，经过长期海上颠簸的水手们找到了一间酒吧喝酒、休息以解除海上颠簸的疲劳。酒吧台中，一位少年酒保正用一根漂亮的鸡尾形无皮树枝调搅着一种混合饮料。水手们好奇地问酒保混合饮料的名字，酒保误以为对方是在问他树枝的名称，于是答道，"考拉德·嘎窖"。这在西班牙语中是公鸡尾的意思。这样一来，"公鸡尾"就成了混合饮料的总称。

3. 传说之三

传说大约在1519年，在墨西哥高原地带或新墨西哥、中美等地统治墨西哥人的阿兹特尔克族中，有位曾经拥有过统治权的阿兹特尔克贵族，他让爱女Xochitl将亲自配制的珍贵混合酒奉送给当时的国王，国王品尝后倍加赞赏。于是，将此酒以那位贵族女儿的名字命名为Xochitl，这种酒也在以后逐渐演变成为今天的Cocktail。

4. 传说之四

传说美国独立战争末期，有一个移民美国的爱尔兰少女名叫蓓丝，在约克镇附近开了一家客栈，还兼营酒吧生意，1779年，美法联军官兵到客栈集会，他们品尝蓓丝发明的一种名唤"臂章"的饮料，发现饮后可以提神解乏，养精蓄锐，鼓舞士气，这种酒也因此深受士兵们的欢迎。只不过，蓓丝的邻居，是一个专擅养鸡的保守派人士，敌视美法联军。尽管他所饲养的鸡肥美无比，却不受爱国人士青睐。军士们还嘲笑蓓丝与其为邻、讥谑她是"最美丽的小母鸡"。蓓丝对此耿耿于怀，趁夜黑风高之际，将邻居饲养的鸡全宰了，烹制成"全鸡大餐"招待那些军士们。不仅如此，蓓丝还将拔掉的鸡毛用来装饰供饮的"臂章",更使得军士们兴奋无比,一位法国军官激动地举杯高喊,"鸡尾万岁!"从此,凡是蓓丝调制的酒,都被称为鸡尾酒。于是鸡尾酒从此声名鹊起,风行不衰。

5. 传说之五

传说18世纪末,一名厨师为了不让主人察觉自己偷喝酒,就把每一种酒都偷一点,再将各种酒混起来喝掉。不料这样的酒别有风味,从此这种饮酒法便流行起来。因为这位厨师的屁股特别翘,犹如鸡尾巴一样,所以大家就称他喝的酒为"鸡尾酒"。

6. 传说之六

传说美国独立战争结束不久,当时斗鸡活动很盛行。在肯塔基州的一个酒厂里,有个好吹牛的酒匠。一天,在观看斗鸡之际,由于他一心只在唾沫四溅地讲斗鸡如何如何了不起,不知不觉中将放在手边的很多种酒,混倒在同一个杯子里喝。看着这个喝得心满意足的吹牛大王,众人不禁起哄道:"喂!再来点斗鸡的话——(Cock's Tale)。"由此谐音,后人便称数种酒混合而成的酒为鸡尾酒。

(二) 鸡尾酒的含义

鸡尾酒由英语Cocktail翻译而成,是以各种蒸馏酒、利口酒和葡萄酒为基本原料,再配以其他材料,如柠檬汁、苏打水、汽水、奎宁水、矿泉水、糖浆、香料、牛奶、鸡蛋、咖啡等混合而成,并以一定的装饰物作为点缀的酒精饮料。调制鸡尾酒的目的实际上是使高酒度的酒转化为低酒度的饮料。

(三) 鸡尾酒的成分构成

一杯好的鸡尾酒应色、香、味、形俱佳。因此,鸡尾酒的成分通常是由基酒、辅料、配料和装饰物三部分构成的。

1. 基酒

基酒又称酒基,是调制鸡尾酒使用的最基本的酒,它决定该鸡尾酒的性质和品种。基酒主要以烈酒为主,常用的基酒有金酒、威士忌、白兰地、朗姆酒、伏特加、特基拉等;也有些鸡尾酒用开胃酒、葡萄酒、餐后甜酒等作基酒;也有个别的鸡尾酒不含酒精成分,纯用软饮料配制而成。

2. 辅料

辅料又称调和料,是指用于冲淡、调和基酒的原料。辅料与基酒混合后,不仅能降低基酒的酒精含量,调缓其特殊的刺激性,而且能还能使基酒加色加味,调制成色、香、味俱佳的鸡尾酒。辅料的种类远比基酒多,常用的辅料有: 碳酸类饮料(如雪碧、可乐、苏打水、汤力水、干姜水等);果蔬汁(如橙汁、柠檬汁、青柠汁、西瓜汁、番茄汁、胡萝卜汁等);提香增味材料(如各类利口酒、水果酒、糖浆、苦精、蜂蜜等)。

3. 配料

配料又称附加料,是指用于增加鸡尾酒颜色和风味的一些材料。通常用量较少。常用的配料有盐、糖、胡椒粉、辣椒汁、番茄汁、豆蔻粉、生鸡蛋等。

4.装饰物

装饰物具有装饰和调味的双重作用。常用的装饰材料有：水果类(如樱桃、柠檬、青柠、菠萝、苹果、香蕉等)；蔬果类(如西芹、黄瓜、胡萝卜等)；果皮叶类(如西瓜皮、橙皮、柠檬皮、黄瓜皮、薄荷叶、月季叶、菠萝叶等)；人工装饰物类(如各类吸管、搅棒、酒签等)；载杯类(如各种形状的载杯与杯垫等)；其他类(如杯口糖粉、杯口盐霜等)。

5.冰

冰主要起冰镇和稀释作用。常用的冰的类型有：冰砖、方冰、球冰、冰霜、碎冰、刨冰等。

二、鸡尾酒的特点

(一) 混合酒型

鸡尾酒实际上是混合酒，或者说是含有酒的混合饮料。它是由两种或两种以上的酒水混合配制而成的，并用一定装饰物加以点缀。

(二) 种类繁多

用于调制鸡尾酒的原料、配料种类繁多，而且在调制时各配料在分量上也会因地域、时间、客人口味的不同而有较大变化，因此，调制的鸡尾酒可以说是种类繁多。

(三) 色彩丰富

鸡尾酒具有细致、优雅、匀称、均一的色调。鸡尾酒的色彩主要来源于调制酒品的基酒和辅料的色泽。不同色彩的鸡尾酒会给人带来不同的心理感受。

(四) 香气和谐

鸡尾酒在调制过程中，除了具有各种基酒不同的香氛和香型特征外，还吸收了辅料的一些香气，使自身达到了和谐统一的香味风格。

(五) 口味多变

鸡尾酒在调制过程中，使用了诸多味道不同的酒基与辅料，因此，其口味酸甜苦辣咸五味俱全。它可以满足人们对不同口味的需求。

(六) 盛载考究

鸡尾酒由式样新颖大方、颜色协调得体、容积大小适当的各种酒杯盛载。每一种酒杯都有特定的造型，盛装相应的鸡尾酒后，再配以协调的装饰物，如此装饰可使鸡尾酒锦上添花。

(七) 观赏价值

一份好的鸡尾酒在色、香、味、形等方面都应有其独到之处，其亮丽的色彩、个性化的味道、考究的酒杯、漂亮的装饰物、协调的整体造型，非常讲究艺术性，具有较好的观赏性。

学习任务二 鸡尾酒的分类与命名

一、鸡尾酒的分类

鸡尾酒种类繁多，目前就有上千种，因此其分类方法也多种多样，鸡尾酒可依据饮用温度、时间、饮用场合、基酒等的不同，划分为不同的类型。

(一) 按饮用温度划分

1. 冷饮鸡尾酒

鸡尾酒以冷饮居多，一般温度在6～8℃，最能展现鸡尾酒的风味。在调制时多放有冰块，或将配制鸡尾酒的辅料提前加以冷藏，如Cuba Libre。

2. 热饮鸡尾酒

以烈性酒为主要原料，使用热牛奶、热咖啡等调制而成。用于热饮的鸡尾酒并不多，热饮的温度一般在80～90℃风味最佳，如Hot Whisky Toddy。

(二) 按饮用容量划分

1. 短饮鸡尾酒

短饮鸡尾酒通常酒精含量较高，基酒量大，味道突出，大部分酒度在30%左右。容量一般约80ml左右，且在调好后10～20分钟内饮用完为佳。因为这种酒具有刺激性，所以经常将其作为餐前开胃酒或在餐后饮用以促进消化，如Dry Martini。

2. 长饮鸡尾酒

长饮鸡尾酒大都含有碳酸饮料和新鲜水果汁，酒精浓度较低，通常在10%左右。而且每杯容量较大，容量常在180ml以上，可供客人长时间饮用且无太浓醉意。一般30分钟左右饮用完为佳。它适合餐时或餐后饮用，如Gin Tonic。

(三) 按饮用目的划分

1. 餐前鸡尾酒

餐前鸡尾酒又称为餐前开胃鸡尾酒，主要在开胃菜上桌前饮用，起开胃作用。这类鸡尾酒通常酒精含量较低，含糖分较少，口味或酸或干烈，如Martini、Manhattan等。

2. 餐后鸡尾酒

餐后鸡尾酒是餐后佐助甜品、帮助消化的鸡尾酒，有消食健胃的功能，一般口味较甜，对酒精含量无要求，如B&B、Black Russian等。

3. 晚餐鸡尾酒

晚餐鸡尾酒是夜宵时佐餐用的鸡尾酒。晚餐鸡尾酒酒精含量较高，口味较辣，酒品色泽鲜艳，非常注重酒品与菜肴口味的搭配，如Night Cup Cocktail、Side Car等。

4. 酒会鸡尾酒

酒会鸡尾酒是在一些聚会场合饮用的鸡尾酒品，其酒精含量一般较低，且注重口味和色彩搭配，所搭配的餐食主要以点心、饼干为主，长饮、短饮都较常见，如Champagne Manhattan、Americano等。

(四) 按基酒划分

(1) 以金酒为基酒调制的鸡尾酒，如Dry Martini、Pink Lady等。

(2) 以朗姆酒为基酒调制的鸡尾酒，如Cuba Libre、Bacardi等。

(3) 以白兰地为基酒调制的鸡尾酒，如Alexander、B&B等。

(4) 以威士忌为基酒调制的鸡尾酒，如Whisky Sour、Dry Manhattan等。

(5) 以伏特加酒为基酒调制的鸡尾酒，如Salty Dog、Bloody Mary等。

(6) 以香槟酒为基酒调制的鸡尾酒，如Classic Champagne、Americano等。

(7) 以利口酒为基酒调制的鸡尾酒，如Posse Cafe、America-no等。

(8) 以葡萄酒为基酒调制的鸡尾酒，如Claret Punch、Cha-blis Cup等。

(五) 按调制风格划分

1. 欧洲式

欧洲式鸡尾酒以英式鸡尾酒为主，以短饮为多，酒精含量较高。

2. 美国式

美国式鸡尾酒以长饮为主，酒精含量较少。

3. 中国式

中国式鸡尾酒以国产酒作为基酒。

(六) 按配制特点划分

1. 亚历山大类

亚历山大类鸡尾酒，以鲜牛奶、咖啡利口酒或可可利口酒加烈酒配置而成，属于短饮类鸡尾酒。一般用三角鸡尾酒杯盛装，如Gin Alex-ander等。

2. 考林斯类

考林斯类鸡尾酒，又称作"哥连士"，以烈性酒为主要原料，再加柠檬汁、苏打水和糖等调配而成，属于长饮类鸡尾酒。一般用高杯盛装，名品有John Collins等。

3. 蛋诺类

蛋诺类鸡尾酒，以烈性酒为原料，加鸡蛋、牛奶、糖粉和豆蔻粉调配而成，一般用葡萄酒杯或海波杯盛装，如Run Egg Nog等。

4. 提神类

提神类鸡尾酒，以烈性酒为基本原料，加橙味利口酒或茴香酒、薄荷酒、味美思酒等提神开胃酒，加入果汁、苏打水等配制而成。一般用三角形鸡尾酒杯盛装，如Orange Wake up等。

5. 漂漂类

漂漂类鸡尾酒，又称多色鸡尾酒或彩虹鸡尾酒，是根据酒水的密度不同调制而成的，密度较大的酒水放在杯的下部，密度较小的酒水放在密度较大的酒水的上面，依次进行，调制出颜色层次分明的鸡尾酒。漂漂类鸡尾酒一般用利口酒杯或彩虹酒杯盛装，如French Café等。

二、鸡尾酒的命名

鸡尾酒的命名五花八门，可以根据原料、颜色、颜色、味道、装饰、人名、风景、典故等来为鸡尾酒命名。常用的命名方式有以下几种。

(一) 根据鸡尾酒的原料名称命名

鸡尾酒的名称包括饮品主要原料。如金汤尼(Gin Tonic)，因该鸡尾酒是由"金酒"(Gin)和"汤力水"(Tonic)两种原料配制而成的。

(二) 根据鸡尾酒的基酒的名称和鸡尾酒的种类命名

鸡尾酒的名称以其选用的基酒名称和鸡尾酒所属的种类名称连在一起命名。如白兰地亚历山大(Brandy Alexander)，白兰地是调制Brandy Alexander的基酒，亚历山大是短饮类鸡尾酒的一个种类。

(三) 根据鸡尾酒的颜色命名

鸡尾酒的名称以调制好的饮品的颜色命名，如红粉佳人(Pink Lady)，因其调成后的鸡尾酒颜色呈粉红色。

(四) 根据鸡尾酒的味道命名

鸡尾酒的名称以其主要味道命名，如威士忌酸酒(Whiskey Sour)是用威士忌基酒加入柠檬汁调制而成的，体现了柠檬汁的"酸"。

(五) 根据鸡尾酒的装饰特点命名

鸡尾酒的名称以其装饰特点命名，很多饮料因装饰物的改变而改变名称。如马颈

(Horse Neck)，其装饰物是用柠檬皮旋成螺旋状，一端挂在海波杯的杯边上，其余部分垂入杯内像一匹骏马美丽而细长的脖颈。

(六) 根据鸡尾酒的典故命名

很多鸡尾酒具有特定的典故，其名称也就以典故命名，如血玛丽(Bloody Mary)。

(七) 根据著名人物或职务名称命名

鸡尾酒有时根据著名的人或一定的职务来命名。如戴安娜(Diana)就是以希腊神话中的女神人来命名的。

(八) 根据著名的地点或风景名称命名

鸡尾酒有时根据著名的地点和风景的名称来命名鸡尾酒。如蓝色夏威夷(Blue Hawiian)，因此款鸡尾酒其蓝色的酒液、雪白的冰块、浅黄色的菠萝角、红色的樱桃的和谐组配，像极了夏威夷的的热带风光图。

(九) 根据鸡尾酒的形象命名

鸡尾酒有时根据事物的形象来命名鸡尾酒。如特基拉日出(Tequial Sunrise)，此款鸡尾酒通过酒液的层次，形象地展现出一幅一轮红日喷薄而出的景象。

学习任务三 鸡尾酒的调制技法与原则

一、鸡尾酒的调制技法

鸡尾酒的调制有两种方法：英式调酒和美式调酒(又称花式调酒)。

(一) 英式调酒

1. 调和法

调和法又称搅拌法，又分为两种方法：调和滤冰法和单纯调和法。具体方法是先把冰块加入调酒杯中，然后将所需基酒及辅料按先辅料后基酒的顺序倒入调酒杯内，右手拿调酒匙在杯内侧顺时针方向迅速旋转搅动约10～15转。当另一只紧握调酒杯的手感到冰冷时，即表示已达到冷却温度，便可以通过滤酒器倒入所需的载杯中，此方法称为调和滤冰法。有些酒不需要滤冰，则称为单纯调和法。调和法一般用于主配料较易混合且较清澈的鸡尾酒的调制。如曼哈顿、马天尼等就是使用调和法调制的鸡尾酒。

2. 摇和法

摇和法又称摇晃法，是将基酒及配料、冰块等放入调酒壶，用力来回摇晃，使其充分混合，通常摇到调酒壶表面结有冰霜即可。摇和法能去除酒的辛辣，让较难混合的材料快速融合在一起，使酒温和，且入口顺畅。摇和法一般用于某些成分(糖、奶、鸡蛋、果汁等)不能与基酒稳定混合时的鸡尾酒的调制。调制时可使用普通调酒壶，也可使用波士顿调酒壶。如青蚱蜢、红粉佳人等就是使用摇和法调制的鸡尾酒。摇和法有单手摇和双手摇两种动作。

单手摇和法是将调酒壶盖好，用右手按住调酒壶的壶盖，大拇指抵住滤冰网兼盖子与壶体的结合处，其余三指夹住壶体，不停地上下摇动或左右摇动。此种摇法比较适用于中小型的调酒壶。

双手摇和法是右手的拇指按住调酒壶的壶盖，用无名指及小指夹住壶身，中指及食指并拢撑住壶身，左手的中指及无名指置于壶体底部，拇指按住滤网，食指及小指夹住壶体，不停地上下摇动。摇动时，手中的调酒壶要放在肩部与胸部之间，并呈横线水平状，前后做有规律的活塞式运动。

3. 兑和法

兑和法是将配方中的酒液按照分量依次直接倒入酒杯中，使各种材料混合均匀。如螺丝钻、七彩虹就是使用兑和法调制的鸡尾酒。兑和法又分漂浮法和直接注入法。

漂浮法是将材料依照比重顺序，优先加入比重较重的材料，利用吧匙背面，沿着杯缘缓缓加入第二种、第三种材料，达到分层效果。

直接注入法是在杯中放入冰块约3~4块或适量碎冰，依配方顺序将材料倒入杯中，以吧匙轻轻搅拌6~7圈，并上下拉动使材料混合均匀。

4. 搅和法

搅和法是把酒水与碎冰按配方要求放入电动搅拌机中，启动10秒钟后倒入酒杯中。搅和法一般用于调制的酒品中含有水果或固体食物时的鸡尾酒的调制，特别适合配制冰冷型或雪泥形状的鸡尾酒。这种方法需要使用碎冰块，且需最后放入搅拌机中。如草莓龙舌兰、椰子黄芪等就是使用搅和法调制的鸡尾酒。

(二) 美式调酒

美式调酒又称花式调酒，它是当今世界上非常流行的调酒方式，调酒师在调酒的过程中融入了个性，可运用酒瓶、调酒壶、酒杯等调酒用具表演令人赏心悦目的调酒动作，从而达到吸引客人、促销酒水的目的。基本技法有以下几种。

1. 直调法

直调法就是将酒液直接倒入杯中混合。

2. 漂浮添加法

漂浮添加法就是将一种酒液加到已混合的酒液上，产生向上渗透的效果。

3. 果汁机搅拌法

果汁机搅拌法就是把所需酒液连同碎冰一起加入搅拌机中，按配方要求的速度搅拌。

4. 摇动和过滤法

摇动和过滤法就是将所需酒液连同冰块放入波士顿摇酒壶中，快速摇动后滤入酒杯。

在英式调酒中摇动和过滤法被称为摇和法。

5. 混合法

混合法就是把酒液按比例倒入波士顿摇酒壶，可根据配方加入冰块，把摇酒壶放在搅拌轴下，打开开关，搅拌8～10秒，再把混合好的饮料倒入酒杯。

6. 搅动和过滤法

搅动和过滤法就是将所需酒液连同冰块放入波士顿摇酒壶，搅动后滤入酒杯。

7. 捣棒挤压法

捣棒挤压法就是在杯中用捣棒将水果粒通过挤压的方式压成糊状，然后将摇妥或搅拌好的酒液倒入其中。

8. 层加法

层加法就是按照各种酒品糖分比重的不同，按配方顺序将其依次倒入杯中，使其层次分明。每种酒液都是直接倒在另一种酒液上，不加以搅动。

二、鸡尾酒的调制原则

(1) 应严格按照配方中原料的种类、商标、规格、年限和数量标准来配制鸡尾酒，严禁使用替代品或劣质的原料。按配方调制的酒的外观与口味应该是标准的。

(2) 使用正确的调酒工具，调酒壶、酒杯、调酒杯不可混用、代用。

(3) 酒杯、调酒器等必须保持干净、清洁、透明、光亮，以便随时取用而不影响连续操作。同时，在调酒时，手只能接触杯的下部，切忌用手拿杯口。

(4) 调酒时，必须用量杯计量主要基酒、调味酒和果汁的需要量，不要随意把原料倒入杯中。

(5) 使用调酒壶调制鸡尾酒时动作要快、要用力，摇至调酒壶表面起霜后，立即将酒滤入酒杯中。同时，手心不要接触调酒壶，以防温度升高使冰块过分融化，冲淡鸡尾酒的味道。

(6) 加料的程序要遵循先辅料、后基料的原则，即加料时先放入冰块或碎冰，再加苦精、糖浆、果汁等辅料，最后加入基酒。

(7) 酒杯装载混合酒不能太满或太少，杯口留的空隙以1/8为宜。

(8) 调制鸡尾酒时使用的材料要新鲜，并要使用当天切配好的新鲜水果做装饰物或配料。

(9) 绝大多数的鸡尾酒需要现喝现调，调完后不可放置太长时间，同时，调酒壶里如有剩余的酒，应将冰块取出，不可长时间地在调酒壶中放置，应尽快滤入干净的酒杯中，以防失去其应有的味道。

(10) 起泡的配料不能放入调酒壶、电动搅拌器或榨汁机中，如配方中有起泡的原料且需用摇和法或搅和法调制时，则应先加入其他材料摇晃，最后加入起泡配料。

(11) 在使用玻璃调酒杯时，如果当时室温较高，使用前应先将冷水倒入杯中，然后加入冰块，滤出水，再加入调酒材料进行调制，以防直接加入冰块时骤冷而炸杯。

(12) 为了使各种材料完全混合，应尽量多采用糖浆、糖水，尽量少用糖块、砂糖等难溶于酒和果汁的材料。

(13) 不要用手接触酒水、冰块、杯边和装饰物,以保持酒水的卫生和质量。

(14) 一定要养成调配制作完毕后将瓶子盖紧并复位的好习惯。开瓶时用拇指旋开盖,倒完酒后,应用食指盖上盖,客人走后将瓶盖拧紧。

(15) 调酒人员必须保持一双手的洁净,因为在许多情况下是需要用手直接操作的。如柠檬汁有时直接用手挤压。

(16) 酒瓶快空时,应开启一瓶新酒,不要在客人面前显示出一只空瓶,更不要用两个瓶里的同一酒品来为客人调制同一份鸡尾酒。

(17) 冰块的使用要遵照配方。冰块、碎冰、冰霜不可混淆。调酒壶装冰时不宜装得过满。使用电动搅拌机时,一定要使用碎冰块。

(18) 为使鸡尾酒保持清爽的口味,所使用的酒杯一般在冷藏柜中降温,或埋于碎冰中。

学习任务四 鸡尾酒的调制器具与杯具

一、鸡尾酒的调制器具

鸡尾酒的调制器具如图5-2所示。

图5-2 鸡尾酒的调制器具

(一) 调酒壶(Cocktail Shaker)

调酒壶由壶盖、滤网及壶体组成,是用来摇匀投放壶中的调酒材料和冰块的,并使酒迅速冷却。调酒壶如图5-3所示。

(二) 调酒杯(Mixing Glass)

调酒杯一般是一种比较厚的玻璃杯,杯壁上刻有刻度,供投料时作参考。主要用于搅匀鸡尾酒的材料。

图5-3 调酒壶

(三) 调酒匙(Bar Spoon)

调酒匙又称酒吧长匙，它的柄很长，柄中间呈螺旋状，一般用不锈钢制成，用于搅拌鸡尾酒。

(四) 滤冰器(Strainer)

滤冰器通常用不锈钢制成。用调酒杯调酒时，用它过滤冰块。

(五) 冰桶(Ice Bucket)

冰桶用来盛放冰块。有不锈钢和玻璃两种。

(六) 冰夹(Ice Tongs)

冰夹是夹取冰块的工具。

(七) 冰铲(Ice Container)

冰铲是取冰块时使用的工具。

(八) 碎冰器(Crushed Ice Machine)

碎冰器是把大冰块碎成小冰块的工具。

(九) 榨汁器(Squeezer)

榨汁器是榨柠檬等水果汁用的小型机器。

(十) 量酒杯(Jigger)

量酒杯是称量酒量的用具，通常为不锈钢制品，两用量衡杯，一端盛30ml酒，另一端盛45ml酒。盎司盅如图5-4所示。

图5-4　盎司盅

(十一) 开瓶器(Bottle Opener)

开瓶器是用于开啤酒、汽水瓶盖的工具。

(十二) 开瓶钻(Cork Screw)

开瓶钻是用于开软木塞瓶盖的工具。

(十三) 切刀和砧板(Knife＆Cutting Board)

切刀和砧板主要用于切水果和制作装饰品的工具。

(十四) 特色牙签(Tooch Picks)

特色牙签用塑料制成的，用于穿插各种水果点缀品。

(十五) 吸管(Absorb Pipe)

吸管用于吸食饮料。

(十六) 搅拌机(Blender)

搅拌机是用于搅拌分量多或固体材料的电动器具。

二、鸡尾酒的调制杯具

(一) 海波杯(Highball Glass)

海波杯由玻璃制成且无色透明，平底、直身、圆柱形，常用于盛放软饮料、果汁、鸡尾酒、矿泉水，是酒吧中使用频率最高、必备的杯具。

(二) 柯林杯(Collins Glass)

柯林杯由玻璃制成且无色透明，外形与海波杯大致相同，杯身略高于海波杯，多用于盛放混合饮料、长饮饮料、鸡尾酒及奶昔等。

(三) 烈酒杯(Shot Glass)

烈酒杯由玻璃制成且无色透明，容量为1～2盎司，盛放净饮的烈性酒和鸡尾酒。

(四) 鸡尾酒杯(Cocktail Glass)

鸡尾酒杯由玻璃制成且无色透明，形状呈倒三角阔口型，用于盛放鸡尾酒。

(五) 古典杯(Old Fashioned Glass)

古典杯由玻璃制成且无色透明，厚底，多用于盛放烈酒、加冰饮用的烈酒。

(六) 白兰地杯(Brandy Glass)

白兰地杯由玻璃制成且无色透明，矮脚、大肚、球型杯，只适用于盛放白兰地酒。

(七) 香槟杯(Champagne Glass)

香槟杯由玻璃制成且无色透明，其中的碟形香槟杯为高脚、浅身、阔口，主要用于酒会码放香槟塔；其中的郁金香型香槟杯为高脚、杯身瘦长，主要用于饮用香槟酒。

(八) 利口杯(Liqueur Glass)

利口杯由玻璃制成且无色透明，形状小，盛放净饮餐后利口酒。

(九) 葡萄酒杯(Wine Glass)

葡萄酒杯由玻璃制成且无色透明，高脚、大肚，其中红葡萄酒杯比白葡萄酒杯略大。

(十) 玛格丽特杯(Margarita Glass)

玛格丽特杯由玻璃制成且无色透明，高脚、阔口、浅身、碟身，专用于盛放玛格丽特鸡尾酒。

(十一) 果汁杯(Juice Glass)

果汁杯由玻璃制成且无色透明，与古典杯形状相同，略小，用于盛放果汁。

(十二) 雪利酒杯(Sherry)

雪利酒杯由玻璃制成且无色透明，矮脚、小容量，专用于盛放雪利酒。

(十三) 波特酒杯(Port Glass)

波特酒杯由玻璃制成且无色透明，形状与雪利酒杯相同，专用于盛放波特酒。

(十四) 酸酒酒杯(Sour Glass)

酸酒酒杯由玻璃制成且无色透明，与鸡尾酒杯形状相同，容量略大。

单元小结

本单元系统地介绍了鸡尾酒的含义、特点、分类、命名、调制方法、调制原则以及调酒时需要应用的器具。

鸡尾酒是以各种蒸馏酒、利口酒和葡萄酒为基本原料，再配以其他材料混合而成并以一定的装饰物作为点缀的酒精饮料；鸡尾酒有多种分类方法，可以根据它的原料、种类、颜色、口味等进行分类；鸡尾酒有多种命名方法，常以原料名称、口味特点、著名风景和著名典故等命名；鸡尾酒的调制方法有调和法、摇和法、兑和法和搅和法；调制鸡尾酒要遵循一定的原则，并应用一定的器具。

单元测试

1. 鸡尾酒的含义是什么？
2. 鸡尾酒的特点是什么？
3. 鸡尾酒的分类有哪些？
4. 鸡尾酒的命名方法有哪些？
5. 鸡尾酒的调制技法有哪些？
6. 鸡尾酒的调制原则有哪些？
7. 鸡尾酒的构成要素有哪些？

课外实训

鸡尾酒的四种调制技法训练。

1. 调和法
2. 摇和法
3. 兑和法
4. 搅和法

学习单元六
非酒精饮料及其服务

课前导读

在旅游餐饮行业中，酒水中的酒是含有乙醇的饮料；酒水中的水是非酒精饮料，又称软饮料。非酒精饮料(Soft Drink)是酒精含量低于0.5%(质量比)的天然的或人工配制的提神解渴的饮料，是液体在稀释之后或不经稀释而出售的，又称清凉饮料、无醇饮料。所含酒精限指溶解香精、香料、色素等用的乙醇溶剂或乳酸饮料生产过程的副产物。非酒精饮料的主要原料是饮用水或矿泉水，果汁、蔬菜汁或植物的根、茎、叶、花和果实的抽提液。有的含甜味剂、酸味剂、香精、香料、食用色素、乳化剂、起泡剂、稳定剂和防腐剂等食品添加剂。其基本化学成分是水、碳水化合物和风味物质，有些非酒精饮料还含维生素和矿物质。

非酒精饮料的品种很多。按原料和加工工艺分为茶、咖啡、可可、果汁、碳酸饮料、乳品等，世界各国通常采用这种分类方法。但在美国、英国等国家，非酒精饮料不包括果汁和蔬菜汁。

学习目标

知识目标：

了解各类非酒精饮料的概念、起源、生产工艺、主要产地及名品。

能力目标：

识记各类非酒精饮料的鉴别方法、饮用与服务、贮藏要求。

学习任务一　茶及其服务

一、茶的概念

茶被公认为世界三大饮品之一，不仅在我国人民的日常生活中不可缺少，而且在世界各国也越来越受欢迎。

茶以茶树新梢上的芽叶嫩梢(称鲜叶)为原料加工制成，又称"茗"。中国茶叶种类齐全，人们通过长期的实践，创造并采用了不同的加工制作工艺，发展了从不发酵、半发酵到全发酵的一系列不同的茶，逐步形成了六大茶类——绿茶、红茶、乌龙茶、白茶、黄茶和黑茶。

(一) 茶与茶树

茶树多生长在温暖、潮湿的亚热带气候区和热带的高纬度地区，主要分布在印度、中国、日本、印尼、斯里兰卡、土耳其、阿根廷以及肯尼亚等国家。

"茶园中的茶树通常被栽培成树丛的形状以利采收，但野生茶树可长至约3米高。当茶树的初叶及芽苞形成时，就可将新叶摘取进行加工制作；虽说一年四季都有新叶长成，可供采收，但最理想的采收季节应该是4~5月。

(二) 茶叶的种类

按加工制作方法和品质特色不同，通常可将茶叶分为7类。

1. 绿茶

绿茶是不发酵的茶叶，鲜茶叶通过高温杀青可以保持鲜叶原有的鲜绿色，冲泡后茶色碧绿清澈，香气清新芬芳，品味清香鲜醇。著名品种有西湖龙井、太湖碧螺春、黄山玉峰、庐山云雾等。

2. 红茶

红茶是一种全发酵茶，经过萎凋、揉捻、发酵、干燥等工艺处理加工出的红茶，色泽乌黑，水色叶底红亮，有浓郁的水果香气和醇厚的滋味。它既可单独冲饮，也可加牛奶、糖等调饮。名贵红茶品种有祁红、滇红、英红、川红、苏红等。

3. 乌龙茶

乌龙茶是半发酵茶叶，又称青茶。乌龙茶的制作方法介于绿茶和红茶之间，制茶时，经轻度萎凋和局部发酵，然后采用绿茶的制作方法进行高温杀青，使茶叶形成七分绿，三分红，既保持了绿茶的清香，又有红茶的醇厚。叶片的中心为绿色，边缘为红色，故又称"绿叶红镶边"。乌龙茶以福建武夷岩茶为珍品，其次是铁观音、水仙。

4. 白茶

白茶是不发酵的茶叶，在加工过程中不揉捻，仅经过萎凋便将茶叶直接干燥。白茶茸毛多，色白如银，汤色素雅，初泡无色，毫香明显。著名品种有白毫银针、君山银针、白牡丹等。

5. 黄茶

黄茶的品质特点是"黄叶黄汤"。这种黄色是制茶过程中进行闷堆渥黄的结果。黄茶的制法有点像绿茶，不过中间需要闷黄三天，著名的君山银针茶就属于黄茶。

6. 黑茶

黑茶属于后发酵茶，是我国特有的茶类，生产历史悠久，在加工过程中，鲜叶经渥堆发酵变黑，故称黑茶。黑茶既可直接冲泡饮用，也可以压制成紧压茶(如各种砖茶)。主要产于湖南、湖北、四川、云南和广西等省、自治区。因以销往边疆地区为主，故以黑茶制成的紧压茶又称边销茶。主要品种有湖南黑茶、湖北佬扁茶、四川边茶、广西六堡散茶、云南普洱茶等。其中云南普洱茶在古今中外久负盛名，是云南特有的地方名茶。普洱茶具有降脂、减肥和降血压的功效，在东南亚和日本很受欢迎。学者将优质普洱茶的滋味特点概括为：甘、醇、顺、滑、活、厚、浆。普洱茶因产地环境、陈化年限不同，香气也会各异。

7. 再加工茶

以基本茶类—绿茶、红茶、乌龙茶、白茶、黄茶、黑茶的原料经再加工而成的产品称为再加工茶。它包括花茶、紧压茶、速溶茶、袋泡茶和药用保健茶等，分别具有不同的品味和功效。

(1) 花茶。花茶又名片香，是以茉莉、珠兰、桂花、菊花等鲜花经干燥处理后，与不同种类的茶胚拌和窨制而成的再生茶。花茶使鲜花与嫩茶融在一起，相得益彰，香气扑鼻，回味无穷。

(2) 紧压茶。紧压茶是用绿茶、红茶等作为原料，蒸软后压制成各种不同形状的再加工茶，如沱茶、砖茶、方茶、饼茶、圆茶、普洱茶等。

二、茶的起源

茶起源于我国古代，距今已有五千多年的历史，后传播于世界，中国是茶的故乡。我国第一部诗歌总集《诗经》中已有关于"茶"的记载"采茶薪樗，食我农夫""谁谓茶苦，其甘如荠"。从晏子《春秋》等古籍考知，"茶""木贾""茗"都指茶。唐代陆羽所著《茶经》为世界上第一部有关茶叶的专著，陆羽因此被人们推崇为研究茶叶的始祖。我国的茶叶产区辽阔，目前主要产区有浙江、安徽、湖南、四川、云南、福建、湖北、江西、贵州、广东、广西、江苏、陕西、河南、台湾等十多个省(自治区)。世界上主要的产茶国除我国以外还有印度、斯里兰卡、印度尼西亚、巴基斯坦、日本等。它们引种的茶树、茶树栽培的方法、茶叶加工的工艺和人们饮茶的习惯都是直接或间接地由我国传播过去的。茶是中华民族的骄傲。

三、茶的生产工艺

(一) 不发酵茶

不发酵茶就是人们通常所说的绿茶。此类茶叶的生产，以保持大自然绿叶的鲜味为原则，自然、清香、鲜醇而不带苦涩味。不发酵茶的生产比较简单，品质也较易控制，其生产过程大致分三个阶段。

1. 杀青

将刚采下的新鲜茶叶，放进杀青机内高温炒热，以破坏茶里的酵素活动，中止茶叶的发酵。

2. 揉捻

杀青后送入揉捻机加压搓揉，使茶叶成型，破坏茶叶的细胞组织，以便泡茶时容易出味。

3. 干燥

以回旋方式用热风吹拂，反复翻转，使水分逐渐减少，直至茶叶完全干燥成为茶干。

(二) 半发酵茶

半发酵茶的生产方法最繁复、最细腻，所生产出来的茶叶也最高级。

半发酵茶依其原料及发酵程度不同，有许多的变化。半发酵茶在杀青之前，加入萎凋过程，使其进行发酵，待发酵至一定程度后再行杀青，而后再经干燥、焙火等工艺流程才能完成。

(三) 全发酵茶

全发酵茶的代表性茶种为红茶，制造时将鲜茶叶直接放在温室槽架上进行氧化，不经过杀青，直接揉捻、发酵、干燥。经过制作，茶叶中有苦涩味的儿茶素已被氧化了90%左右，使红茶的滋味柔润而适口，极易配成加味茶，广受欧美人士欢迎。

四、茶的主要产地及名品

(一) 西湖龙井

1. 产地

西湖龙井，简称龙井。因"淡妆浓抹总相宜"的西子湖和"龙泓井"圣水而得名，是我国著名绿茶之一。龙井茶产于浙江省杭州市西湖西南龙井村四周的山区。茶园西北有白云山和天竺山为屏障，阻挡冬季寒风的侵袭，东南有九溪十八河，河谷深广。在春茶吐芽时节，这一地区常细雨蒙蒙，云雾缭绕，山坡溪间之间的茶园，常以云雾为伴，独享雨露滋润。《四时幽赏录》有"西湖之泉，以虎跑为最，两山之茶，以龙井为佳"的记载。历史上因产地和炒制技术的不同有狮(狮峰)、龙(龙井)、云(五云山)、虎(虎跑)、梅(梅家坞)等字号之别，其中以"狮峰龙井"为最佳。西湖龙井如图6-1所示。

图6-1　西湖龙井

2. 工艺

西湖龙井以细嫩的一芽一二叶为原料，经摊放、青锅、摊凉和辉锅制成。炒制手法有抖、带、挤、甩、拓、扣、压、磨八种，在操作过程中各手法不断变化。龙井茶的外形扁平光滑，色泽翠绿，汤色碧绿明亮、清香、滋味甘醇，有"四绝"之美誉：一色翠，色泽翠绿；二香郁，香气浓郁；三味甘，甘醇爽口；四形美，形如雀舌。龙井茶现在分为11

级，即特级、1至10级，春茶在4月初至5月中旬采摘，全年中以春茶品质最好，特级和1级龙井茶多为春茶期采制，产量约占全年产量的50%。

3. 特点

龙井茶的品质特点为色绿光润、形似碗钉、藏锋不露、匀直扁平、香高隽永、味爽鲜醇、汤澄碧翠、芽叶柔嫩。产品中，因产地之别，品质风格略有不同。狮峰所产色较黄绿，如糙米色，香高持久，味醇厚；梅家坞所产，形似碗钉，色泽较绿润，味鲜爽口。龙井茶的维生素C、氨基酸等成分含量多，营养丰富，有生津止渴、提神醒脑、消食化腻、消炎解毒的功效。

4. 荣誉

西湖种茶历史悠久，从宋代起龙井茶就为贡茶。清朝乾隆下江南巡查杭州时，曾在龙井泉赋诗，到狮峰山胡公庙饮龙井茶，并将庙前18棵休树封为"御茶树"。

(二) 信阳毛尖

1. 产地

信阳毛尖是我国著名的绿茶之一，亦称"豫毛峰"，产于河南信阳西南山一带。历史上信阳毛尖以五云(车云、集云、云雾、天云、连云)、一寨(何家寨)、一寺(灵山寺)等名山头的茶叶最为驰名。信阳县古称为义阳，产茶历史悠久，唐代陆羽《茶经》中，把信阳划归淮南茶区。唐《地理志》载："义阳上贡品有茶。"北宋苏东坡赞道："淮南茶，信阳第一。"信阳毛尖在清代已被列为贡茶。信阳毛尖如图6-2所示。

图6-2 信阳毛尖

2. 工艺

采摘细嫩的一芽一二叶，经摊青、生锅、熟锅、初烘、摊凉、复烘制成。分特级、一至五级共12等。谷雨前的称"雪芽"，谷雨后的称"翠峰"，再往后的称"翠绿"。

3. 特点

信阳毛尖外形细、圆、紧、直，多白毫，内质清香，汤绿味浓，色绿光润。

4. 荣誉

信阳毛尖历史悠久，1915年在巴拿马万国博览会上，信阳毛尖荣获一等奖和金质奖章；1959年被列为全国十大名茶之一；1985年全国优质食品评比获国家银质奖。

(三) 黄山毛峰

1. 产地

黄山毛峰，属绿茶类，产于素以奇峰、劲松、云海、怪石四绝而闻名于世的安徽黄山市黄山风景区和毗邻的汤口、充川、岗村、芳村、杨村、长潭一带。

图6-3 黄山毛峰

这里气候温和，雨量充沛，山高谷深，丛林密布，云雾迷漫，湿度大。茶树多生长在高山坡上的山坞深谷之中，四周树林遮阳，溪涧纵横滋润，土层深厚，质地疏松，透水性好，保水力强，含有丰富的有机物，适宜茶树生长。黄山毛峰如图6-3所示。

2. 工艺

黄山毛峰经杀青、揉捻、烘焙制成。分特级、一至三级。特级黄山毛峰又分为上、中、下三等。特级黄山毛峰堪称中国毛峰茶之极品，形似雀舌，匀齐壮实，峰显毫露。其中"鱼叶金黄"和"色如象芽"是特级黄山毛峰外形与其他毛峰不同的两大显性特征。

3. 特点

黄山毛峰以香清高、味鲜醇、芽叶细嫩多毫、色泽黄绿光润、汤色明澈为特质。冲泡细嫩的毛峰茶，芽叶竖直悬浮汤中，继之徐徐下沉，芽挺叶嫩、黄绿鲜艳，颇具观赏之趣。

4. 荣誉

黄山毛峰早在建国初期就被列为全国十大名茶之一，在1982年、1986年、1990年的全国名茶评比会上，连续三届被评为全国名茶。

(四) 碧螺春

1. 产地

碧螺春为绿茶中的珍品。它历史悠久，清代康熙年间，即已成为宫廷贡茶。

碧螺春产于江苏省太湖附近，茶区气候温和，土质疏松肥沃。茶树与枇杷、杨梅、柑橘等果树相间种植。果树既可为茶树挡风雨，遮骄阳，又能使茶树、果树根脉相连，枝叶相袭，茶吸果香，花熏茶味，因此而形成了碧螺春独特的风味。碧螺春如图6-4所示。

图6-4　碧螺春

2. 工艺

碧螺春茶在春分、谷雨时节，一芽一叶初展，此时叶的背面密生茸毛，肉眼可见，所采的鲜叶越幼嫩，制成干茶后白毫越多，品质越佳。碧螺春经摊青、杀青、炒揉、搓团、焙干制成。制茶工序全部由手工操作。一斤干茶约有6万余片嫩叶。

3. 特点

碧螺春茶极其细嫩，一公斤茶有茶芽13万个左右。"铜丝条、螺旋形、浑身毛、花香果味、鲜爽生津"是碧螺春茶的真实写照。

碧螺春冲泡时，要先将沸水倒入杯中，稍后再投茶叶，让茶叶徐徐下沉，饮茶者可在瞬息之间，领略杯中雪花飞舞，芽叶舒展，清香袭人的奇观神韵，真是赏心悦目，妙不可言。

4. 荣誉

碧螺春茶于1982年、1986年、1990年的全国名茶评比会上连续三届被评为全国优质名茶。

(五) 祁门红茶

1. 产地：

祁门红茶，是红茶中的佼佼者，产于黄山西南的安徽省祁门、东至、贵池、石台等地。产品以祁门的利口、闪里、平里一带最优，故统称"祁红"。茶园多分布于山坡与丘陵地带，那里峰峦起伏，山势陡峻，林木丰茂，气候温和，无酷暑严寒，空气湿润，雨量充沛，土质肥厚，结构疏松、透水透气及保水性强，酸度适中，特别是春夏季节，雨雾弥漫，光照适度，非常适合茶树生长。祁门红茶如图6-5所示。

图6-5　祁门红茶

2. 工艺

采摘一芽一二叶至一芽二三叶，经萎凋、揉捻、发酵、烘焙、精制、毛筛、抖筛、分筛、紧门、撩筛、切断、风选、连剔、补火、清风、拼和制成。祁门红茶分一至七级。

3. 特点

条索紧细苗条，香气清新持久，滋味浓醇鲜爽。浓郁的玫瑰香是祁红特有的品质风格，被誉为"祁门香"。祁门红茶加入牛奶、糖调饮也非常可口，汤茶呈粉红色，香味不减，含有多种营养成分。

4. 荣誉

祁门红茶自从1875年面世以来，为我国传统出口珍品，久已享誉国际市场。祁门红茶1915年获巴拿马万国博览会金质奖章；1980年、1985年、1990年连续三届获国家优质食品金质奖；1982年获中国旅游新产品"天马金奖"；1993年被国家旅游局评定为国家级指定产品。祁门红茶已出口英、北欧、德、美、加拿大，东南亚等五十多个国家和地区。

(六) 安溪铁观音

1. 产地

安溪铁观音，属青茶(乌龙茶)之极品，有两百余年历史，产于福建省安溪县。茶区群山环抱，峰峦绵延，常年云雾弥漫，属亚热带季风气候，土壤大部分为酸性红壤，土层深厚，有机化合物含量丰富。安溪铁观音如图6-6所示。

图6-6　安溪铁观音

2. 工艺

采摘无性系铁观音品种新芽二三叶，经晾青、晒青、做青、炒青、揉捻、初焙，包揉、复焙、复包揉、低温慢烤、簸拣、烘焙、摊凉制成。

3. 特点

铁观音茶香馥郁持久，味醇韵厚爽口，齿颊留香回甘，具有独特的香味。茶叶质厚坚实，有"沉重似铁"之喻。干茶外形枝叶连理，圆结成球状，色泽"沙绿翠润"，有"青蒂绿腹、红镶边、三节色"之称。汤色金黄澄鲜，以小壶泡饮功夫茶，香高味厚，耐泡。

4. 荣誉

铁观音茶驰名中外，饮誉世界，屡获名优称号，1950年在泰国获得特等奖金；1981年荣获国家优质产品金质奖；1990年再次获得全国优质产品金质奖；1995年在新加坡获一等金牌奖。

(七) 白毫银针

1. 产地

白毫银针简称白毫，又称银针，因单芽遍披白毫，色如白银，纤细如银针，所以得此高雅之名。白毫银针产于福建省福鼎市，地处中亚热带，境内丘陵起伏，常年气候温和湿润，土质肥沃。

2. 工艺

清嘉庆元年(1796年)福鼎县首用当地有性群体茶树——菜茶壮芽创制。1885年改用选育的"福鼎大白茶"品种。1889年政和县开始选育"政和大自茶"品种壮芽制银针，以春茶头一二轮顶芽为原料，取嫩梢一芽一叶，将真叶与鱼叶轻轻剥离，将茶芽匀摊水筛上晒晾至八九成干，再以焙笼文火焙干，筛拣去杂制成，趁热装箱。

3. 特点

福鼎银针色白，富光泽，汤色浅杏黄，味清鲜爽口。政和银针汤味醇厚香气清芬。

4. 荣誉

白毫银针在1982年全国名茶评比会上被评为全国名茶；1986年又被商业部评为全国名茶。

(八) 君山银针

1. 产地

君山银针，为黄茶类珍品，产于湖南省岳阳市洞庭湖君山岛。君山位于西洞庭湖中，如一块晶莹的绿宝石，镶嵌在波光潋滟的碧湖之中。古往今来，洞庭君山就是一处令人神往的地方，许多名人雅士慕胜登临。古老而富有神奇色彩的君山物产丰富，最为人们所乐道的就是君山银针。从古至今，君山银针以其色、香、味、奇称绝，闻名遐迩，饮誉中外。总面积不到一平方公里的君山岛，土质肥沃，气候温和，温度适宜。茶树遍布楼台亭阁之间。君山产茶历史悠久，古时君山茶年产仅1千克多，"君不可一日无茶"的乾隆下江南时，品尝君山茶后，即下旨年贡9千克。君山银针，现在年产也只有300千克。

2. 工艺

君山银针每年清明前三四天开采鲜叶，用春茶的首摘单一茶尖制作。制1千克银针茶约需5万个茶芽。君山银针制作工艺精湛，对外形则不作修饰，以保持其原状，只从色、香、味三个方面下工夫。

3. 特点

香气清高，味醇甘爽，汤黄澄亮，芽壮多毫，条直匀齐，着淡黄色茸毫。

君山银针用玻璃杯冲泡，则有一番奇美景象。冲泡时，芽头开始冲向水面，悬空挂立，徐徐下降于杯底如金枪林立，又似群笋出土，中间或有芽头又从杯底升至水面，有起有落，十分悦目。有的芽头包芽之叶略有张口，其间夹有一晶莹气泡，恰似"雀舌含珠"。茶形与汤色交相辉映，茶香四溢，丽影飘然。饮者目视杯中奇观，品尝银针鲜香，赏心悦目，心旷神怡。

4. 荣誉

君山银针以其高超品质、奇异风韵，赢得中外茶学界的高度赞誉。1956年参加莱比锡博览会时获金质奖章；1982年被商业部评为全国优质名茶；1983年获外贸部颁发的优质产品证书。

五、茶的鉴别

(一) 茶叶内质特征

色、香、味、形是茶叶品质的综合反映。其中，色、香、味是以多种化学物质为基础而形成的，体现茶的内质特征。

1. 色

茶叶的色泽包括干茶颜色与茶汤颜色两部分。此外，在专业评审时，还包括泡茶后叶底的色泽。

绿茶的绿色主要是由叶绿素决定的。鲜叶经过热处理后，其所含的活性物质被破坏，抑制了各种化学成分的催化作用，使叶绿素固定下来，形成绿茶的绿色。

绿茶的干茶色泽直接影响等级的确定，一般以润绿为标准。而绿茶茶汤的色泽，则以清澈的淡黄、微绿色为优。由于叶绿素不溶于水，因此，形成绿茶茶汤颜色的，主要是黄酮甙类物质。

红茶的茶汤颜色红艳明亮，这种红色来源于鲜叶中的茶多酚。红茶在制作过程中进行发酵，鲜叶中的茶多酚被氧化，部分转化为茶红素、茶黄素和茶褐素，如发酵技术恰当，这三种成分比例协调，就可以获得优质红茶红艳明亮的汤色。而红茶干茶的颜色，一般为黑色，因此，国际上将红茶称为"Black Tea"。

乌龙茶干茶色泽青褐，茶汤色呈黄红。由于它是半发酵，鲜叶中茶多酚被氧化的量的多少不同，因此，表现出的颜色也有差别。

2. 香

茶叶的香气是由多种芳香物质组成的，不同芳香物质的组合，形成了不同的香气。目前，对于香气方面的研究还仅限于了解香气的组成成分、组成变化和茶叶品质的关系，至于代表某种茶类香气的芳香物质的组成关系如何则还处在研究之中。

人们已从茶叶中发现的能够组成香气的芳香物质，共有343种。鲜叶香气由53种芳香物质组成，而红茶香气的芳香物质达到289种。因此，不同的芳香物的量和种类的组合，是茶类香气的由来。

3. 味

茶叶的滋味是以茶叶的化学成分为基础，由味觉器官反映形成的。茶叶中对味觉起作用的物质有茶多酚、氨基酸、咖啡碱、原糖等。这些物质的物理和化学特性，使其处在不同含量，不同组成比例时，表现出不同茶类的味觉特征。

绿茶茶汤中呈味物质的组合，感官上形成鲜醇的滋味。但在所有呈味物质中，没有一种显示"醇"的。醇是氨基酸与茶多酚含量比例协调的结果，鲜是氨基酸的反映，两者协调才会达到鲜醇的效果。

红茶的滋味以浓醇、鲜爽为主。在这里的鲜爽不像绿茶那样取决于氨基酸，而是取决于茶多酚及其氧化物——茶黄素。茶黄素是决定红茶的鲜爽味及茶汤亮度的主要成分。

4. 形

茶叶的外形有条形、针形、扁形、球形、片形等。在制茶过程中，通过一定的技术手段使茶叶成形后，再加以干燥，使形态固定下来。茶叶的外形主要是物理作用形成的。

(二) 新茶与陈茶的鉴别

俗话说"饮茶要新，饮酒要陈"。大部分品种的茶，新茶总是比陈茶品质好。因为，茶叶在存放过程中，受环境中的温度、湿度、光照及其他气味的影响，其内含物质如酸类、醇类及维生素类，容易发生缓慢的氧化或缩合，从而使茶叶的有效成分含量减少，进而导致茶叶的色、香、味、形失去原有的品质特色。

鉴别新茶与陈茶，可以从香气等几个方面来判断。

1. 香气

新茶气味清香、浓郁；陈茶香气低浊，甚至有霉味或无味。

2. 色泽

新茶看起来都较有光泽、清澈，而陈茶均较晦暗。如绿茶新茶青翠嫩绿，陈茶则黄绿、枯灰；红茶新茶乌润，而陈茶灰褐。

3. 滋味

新茶滋味醇厚、鲜爽，陈茶滋味淡薄、滞沌。

(三) 真茶与假茶的鉴别

假茶是指用外形与茶树叶片相似的其他植物的嫩叶做成茶叶的样子来冒充茶叶，如柳树叶、冬青树叶等。

真茶与假茶的判别，除专业机构可采用化学方法分析鉴定外，一般都依靠感官来辨识，方法如下。

1. 闻香

真茶具有茶类固有的清香；如果有青腥气或其他异味的是假茶。

2. 观色

真茶的干茶或茶汤颜色与茶名相符，如绿茶翠绿，汤色淡黄微绿。红茶乌黑，汤色红艳明亮；假茶则颜色杂乱不协调，或与茶叶本色不一致。

3. 看叶底

虽然茶树的叶片大小、厚度、色泽不尽相同，但茶叶具有的某些独特的形态特点，是其他植物所没有的。如茶树叶片背部叶脉凸起，主脉明显，侧脉相连，呈闭锁的网状系统；茶树叶片边缘锯齿为16～32对，上密下疏，近叶柄处无锯齿；茶树叶片在茎上的分布，呈螺旋状互生；茶树叶片背部的绒毛，基部短，多呈45～90度弯曲。这些特点，都是茶树所独有的。

根据以上几个方面的特点，真茶、假茶是可以鉴别出的，但真假原料混合加工的假茶，鉴别难度就较大，需专业的鉴定机构鉴别。

(四) 春茶、夏茶、秋茶和冬茶的鉴别

春茶是指当年5月底之前采制的茶叶；夏茶是指6月初至7月底采制的茶叶；而8月以后采制的为秋茶；10月以后采制的为冬茶。

以绿茶为例，由于茶树休养生息一个冬天，新梢芽叶肥壮，色泽翠绿，叶质柔嫩，毫毛多，叶片中有效营养物质含量丰富。所以，春茶滋味鲜爽，香气浓烈，是全年品质最好的时期。夏季，茶树生长迅速，叶片中可溶物质减少，咖啡碱、花青素、茶多酚等苦涩味物质增加。因此，夏茶滋味较苦涩，香气也不如春茶浓。秋季的茶树已经过两次以上采摘，叶片内所含营养物质相对减少，叶色泛黄，大小不一，滋味、香气都较平淡。

从干茶来看，春茶茶芽肥壮，毫毛多，香气鲜浓，条索紧结。春红茶乌润，春绿茶翠绿。夏茶条索松散，叶片宽大，香气较粗老。夏红茶红润，夏绿茶灰暗。秋茶则叶片轻薄，大小不一，香气平和。秋红茶暗红，秋绿茶黄绿。

从湿茶看，春茶冲泡时茶叶下沉快，香气浓烈持久，滋味鲜醇，叶底为柔软嫩芽。春绿茶汤色绿中透黄，春红茶汤色红艳。夏茶冲饮时茶叶下沉慢，香气欠高，滋味苦涩，叶底较粗硬。夏绿茶汤色青绿，夏红茶汤色红暗。秋茶则汤色暗淡滋味淡薄，香气平和，叶底大小不等。

(五) 窨花茶与拌花茶的鉴别

花茶是利用茶叶中的某些内含物质具有吸收异味的特点，使用茶原料和鲜花窨制而成的。只有经过这一程序的窨制、茶叶才能充分吸收花香，花茶的香气才能纯鲜持久。而一些投机商人，只是在劣等茶叶中象征性地拌一些花干，冒充花茶，通常称这种茶为拌花茶。

真正的窨花茶制作完成后，已经失去花香的花干要充分剔除，越是高级花茶越是不能留下花干，但是窨过的茶叶留有浓郁的花香，香气鲜纯，冲泡多次仍可闻到。而拌花茶常常会有意夹杂化干做点缀，闻起来只有茶味，没有花香，冲泡时也只是第一泡时有些低浊的香气。还有一些拌花茶会喷入化学香精，但这种香气有别于天然花香的清鲜，也只能维持很短时间。

(六) 高山茶与平地茶的鉴别

由于高山生态环境适宜茶树生长,因此,高山茶芽叶肥壮,颜色绿,茸毛多,茶叶条索紧结,白毫显露,香气浓郁,滋味醇厚且耐冲泡。而平地茶芽叶较小,质地轻薄,叶色黄绿,茶叶香气略低,滋味略淡。

■ 六、茶的饮用与服务

一杯好茶,除要求茶本身的品质外,还要考虑冲泡茶所用水的水质、茶具的选用、茶的用量、冲泡水温及冲泡的时间等因素。

(一) 茶具

茶具以瓷器最多。瓷器茶具有传热不快,保温适中,对茶不会发生化学反应,沏茶能获得较好的色香味的特点,而且其造型美观、装饰精巧,具有一定的艺术欣赏价值。

玻璃茶具质地透明,晶莹光泽,形态各异,用途广泛。玻璃茶具冲泡茶时,茶汤的鲜艳色泽、茶叶的细嫩翠软、茶叶在整个冲泡过程中的上下流动、叶片的逐渐舒展等一览无余,可说是一种动态的艺术欣赏。

陶器茶具中最好的当属紫砂茶具,它的造型雅致、色泽古朴,用来沏茶,香味醇和,汤色澄清,保温性能好,即使夏天,茶汤也不易变质。

茶具种类繁多,各具特色,泡茶时要根据茶的种类和饮茶习惯来选用。

1. 茶壶

茶壶是茶具的主体,以不上釉的陶制品为上,瓷和玻璃次之。陶器上有许多肉眼看不见的细小气孔,不但能透气,还能吸收茶香,每回泡茶时,能将平日吸收的精华散发出来,更添香气。新壶常有土腥味,使用前宜先在壶中装满水,放到装有冷水的锅里用文火煮,等锅中水沸腾后将茶叶放到锅中,与壶一起煮半小时即可去味;另一种方法是在壶中泡浓茶,放一两天再倒掉,反复两三次后,用棉布擦干净。

2. 茶杯

茶杯有两种,一是闻香杯,二是饮用杯。闻香杯较瘦高,是用来品闻茶汤香气用的。闻香完毕后再倒入饮用杯。饮用杯宜浅不宜深,让饮茶者无需仰头即可将茶饮尽。对茶杯的要求是内部以素瓷为宜,浅色的杯底可以让饮用者清楚地判断茶汤色泽。大多数茶可用瓷壶泡、瓷杯饮。乌龙茶多用紫砂茶具。功夫红茶和红碎茶,一般用瓷壶或紫砂壶冲泡,然后倒入杯中饮用。

3. 茶盘

茶盘是用来放茶杯的。奉茶时用茶盘端出,让客人有被重视的感觉。

4. 茶托

茶托放置在茶杯底下,每个茶杯配有一个茶托。

5. 茶船

茶船为装盛茶杯和茶壶的器皿，其主要功能是用来烫杯、烫壶，使其保持适当的温度。此外，它也可防止冲水时将水溅到桌上。

6. 茶巾

茶巾用来吸茶壶与茶杯外的水滴和茶水。另外，将茶壶从茶船上提取倒茶时，先要将壶底在茶巾上蘸一下，以吸干壶底水分，以避免将壶底水滴滴落客人身上或桌面上。

(二) 茶叶用量

茶叶用量是指每杯或每壶放适当分量的茶叶。茶叶用量的多少，关键是掌握茶与水的比例，一般要求茶与水的比例为1∶50或1∶60，即每杯放3克干茶加沸水150～180ml。乌龙茶的茶叶用量为壶容积的1/2以上。

(三) 泡茶用水

泡茶用水要求水质甘而洁、活而清鲜，一般都用天然水。天然水按来源可分为泉水、溪水、江水、湖水、井水、雨水、雪水等。在天然水中，泉水比较清澈，杂质少、透明度高、污染少，质洁味甘，用来泡茶最为适宜。

在选择泡茶用水时，我们必须掌握水的硬度与茶汤品质的关系。当水的pH值大于5时，汤色加深；pH值达到7时，茶黄素就倾向于自动氧化而损失。硬水中含有较多的钙、镁离子和矿物质，茶叶有效成分的溶解度低，故茶味淡。软水有利于茶叶中有效成分的溶解，故茶味浓。泡茶用水应选择软水，这样冲泡出来的茶才会汤色清澈明亮，香气高雅馥郁，滋味纯正。

(四) 泡茶水温

泡茶水温的掌握，主要看泡饮什么茶而定。高级绿茶，特别是细嫩的名茶，茶叶愈嫩、愈绿，冲泡水温愈低，一般以80℃左右为宜。这时泡出的茶嫩绿、明亮、滋味鲜美。泡饮各种花茶、红茶和普通的绿茶，则要用95℃的沸水冲泡。如水温低，则渗透性差，茶味淡薄。

泡饮乌龙茶，每次用茶量较多，而且茶叶粗老，必须用100℃的沸水冲泡。有时为了保持及提高水温，还要在冲泡前用开水烫热茶具，冲泡后还要在壶外淋热水。

泡茶烧水，不要文火慢煮，要大火急沸，以刚煮沸起泡为宜。用这样的水泡茶，茶汤香、味道佳。高级绿茶用水一般将水煮至80℃即可。一般情况下，泡茶水温与茶叶中有效物质在水中的溶解度呈正比，水温愈高，溶解度愈大，茶汤就愈浓。

(五) 冲泡时间和次数

以红茶、绿茶的冲泡为例，将茶叶放入杯中后，先倒入少量开水，以浸没茶叶为度，加盖3分钟左右，再加开水到七八成满，便可趁热饮用。当喝到杯中尚余1/3左右茶汤时，再加开水，这样可使前后茶的浓度比较均匀。

一般茶叶泡第一次时，其可溶性物质能浸出50%～55%，泡第二次，能溶出30%左右，泡第三次能浸出10%左右，泡第四次就所剩无几了，所以通常以冲泡三次为宜。乌龙茶宜用小型紫砂壶冲泡。在用茶量较多的情况下，第一泡1分钟就要倒出，第二泡1分15秒，第三泡1分40秒，第四泡2分15秒。这样前后茶汤浓度才会比较均匀。

另外，泡茶水温的高低和用茶叶数量的多少，直接影响泡茶时间的长短。水温低、茶叶少，冲泡时间宜长；水温高、茶叶多，冲泡时间宜短。

(六) 冲泡程序

泡茶的程序和礼仪是茶艺形式很重要的一部分，也称"行茶法"。行茶法分为准备、操作、结束三个阶段。

准备阶段要求在客人来临前完成所有准备工作；操作阶段是指整个泡茶过程；结束阶段是操作完成后的清洁工作。

不同的茶类有不同的冲泡方法。在众多的茶叶品种中，每种茶的特点不同，或重香、或重味、或重形、或重色、或兼而有之，这就要求泡茶有不同的侧重点，并采取相应的方法，以发挥茶叶本身的特点。但不论泡茶技艺如何变化，泡茶程序是相同的。

1. 清具

用热水冲淋茶壶，包括壶嘴、壶盖，同时烫淋茶杯。随即将茶壶、茶杯沥干。其目的是提高茶具温度，使茶叶冲泡后温度相对稳定，不使温度过快下降，这对较粗老茶叶的冲泡尤为重要。

2. 置茶

按茶壶或茶杯的大小，将一定数量的茶叶放入壶(杯)。如果用盖碗泡茶，那么，泡好后可直接饮用。

3. 冲泡

置茶入壶(杯)后，按照茶与水的比例，将开水冲入壶中，冲水时，除乌龙茶冲水须溢出壶口、壶嘴外，通常以冲水八分满为宜。冲水在民间常用"凤凰三点头"之法，即将水壶下倾上提三次，其用意在于，一是表示主人向宾客点头，欢迎致意；二是可使茶叶和茶水上下翻动，使茶汤浓度一致。

4. 奉茶

奉茶时要面带笑容，最好用茶盘托着送给客人。如果直接用茶杯奉茶，放置客人处，应手指并拢伸出，以示敬意。从客人侧面奉茶，若左侧奉茶，则用左手端杯，右手摆出请用茶姿势；若右侧奉茶，则用右手端杯，左手作请用茶姿势。这时，客人可用右手除拇指外其余四指并拢弯曲，轻轻敲打桌面，或微微点头，以表谢意。

(七) 品茶

我国饮茶，素有喝茶和品茶之分，对此，古人已经说得很清楚了。在《红楼梦》第四十一回"栊翠庵茶品梅花雪"中，写了宝玉、黛玉、宝钗到栊翠庵饮茶的情景，妙玉亲手泡茶待客，泡的是君山老君眉，煮的是陈年雨雪水，盛器是古代珍玩。这样冲泡出来的茶，自然是醇香可口，赏心悦目，非一般喝茶所能比拟。在饮茶过程中，妙玉还借用当时流行的话说："一杯为品，二杯即是解渴的蠢物，三杯便是饮牛饮骡了。"妙玉的话，可谓一语中的，说明喝茶与品茶不仅有"量"的差别，而且还有"质"的区别。喝茶，主要是为了解渴，满足人体生理的需要，所以侧重在数量，往往是急饮快咽。品茶，重在意境，把饮茶看作是一种艺术欣赏，精神的享受。品茶大致有4个方面的内容。

(1) 观茶。从茶叶色泽的红与绿、明与暗、老与嫩几方面观察茶叶的品质风格。

(2) 闻香。欣赏茶叶随热气散发出来的清香，以及留在杯盖上的"盖面香"。

(3) 冲泡。欣赏茶叶在热水中舒展的过程和茶叶最终的姿态形状。

(4) 品味。欣赏茶汤色泽，体会茶汤滋味。

在观茶、闻香、冲泡、品味的过程中，获得美感并引发联想是品茶的最高境界。人们往往根据品茶的不同感受，从不同的角度抒发自己的情感。从某种意义上来说，品茶是人们运用审美观对茶叶进行鉴评与欣赏，是中华民族高洁清雅风尚的一种体现，体现人们对精神生活的一种追求。

(八) 茶在饮用与服务上的基本要求

不同茶类的饮用方法尽管有所不同，但有相通之处，只是人们在品饮时，对各种茶的追求不一样，如对绿茶讲究清香，红茶讲求浓鲜，而总的来说，各种茶都需要讲究一个"醇"字，即茶的固有本色。在茶的饮用服务过程中应注意以下几项。

(1) 茶具在使用前，一定要洗净、擦干。

(2) 添加茶叶，切勿用手抓，应用茶匙、不锈钢匙来取，忌用铁匙、羊角匙。

(3) 添加茶叶时，逐步添加为宜，不要一次放入过多，如果茶叶过量，取回的茶叶千万不要再倒入茶罐，应丢弃或单独存放。

(4) 选用茶类，应根据季节、时间、客人爱好而定。如春天喝新茶，显示雅致；夏天喝绿茶，碧绿清澈，清凉透心；秋天喝花茶，花香茶色，惹人喜爱；冬天喝红茶，色调温存，暖人胸怀。另外，年老的客人较喜欢条形茶，而年轻客人多喜欢碎茶。京津一带多喝花茶，江浙一带多喝绿茶，再往南，福建、广东等地多喜欢喝乌龙茶。东南亚及日本客人多喜欢绿茶或乌龙茶，而欧洲客人多喜欢喝红茶。

(5) 茶叶冲泡时，加水至八分满即可，当杯中茶水已去一半或2/3时，即应添水。

七、茶的贮藏要求

如果茶叶无法在几天之内用完，那么，茶叶的贮存方式就显得特别重要。

若想常有新鲜的好茶喝，使茶叶在贮存期间保持其固有的颜色、香味、形状，必须让茶叶处于干燥的状态下，绝对不能与带有异味的物品接触，并避免暴露与空气接触和受光线照射。此外，还要注意茶叶不要受到挤压、撞击，以保持茶叶的原形、本色和真味。

一般情况下，有以下几种方法可供选择。

(1) 如果用量较大，则须准备一台专门贮存茶叶的小型冰箱，设定温度在零下5℃以下，将拆封的封口紧闭好，放入冰箱内。

(2) 整理干净的热水瓶，将拆封的茶叶倒入瓶内，塞紧塞子存放。

(3) 用干燥箱贮存茶叶。

(4) 用陶罐存放茶叶。罐内底部放置双层棉纸，罐口放置二层棉布后压上盖子。

(5) 用有双层盖子的罐子贮存，以纸罐为好，罐内先摆一层棉纸或牛皮纸，再盖紧盖子。

📖 小资料 ·

茶艺师的礼仪规范

一、茶艺师的仪容仪表

(一) 化妆

茶艺师在表演茶艺时可以化淡妆，但要求妆容清新自然，以恬静素雅为基调，切忌浓妆艳抹，有失分寸。由于茶叶有很强的吸附能力，所以化妆时应选用无香的化妆品，以免影响茶的香气。

(二) 服饰

茶艺师在表演茶艺时服饰要合体，便于泡茶。款式可选择富有中国特色的服装。如旗袍式的各类民族服装。在泡茶时，一般不佩戴饰物。因各民族风俗不同，有些民族服装配有本民族饰品也是可以的，但要以不影响泡茶为准。

(三) 头发

茶艺师在表演茶艺时头发要求清洁整齐，色泽自然。男性头发不过耳，女性长发盘于脑后，不得披散(少数民族可尊重其习惯)。

(四) 护手

茶艺师在表演茶艺时最引人注目的就是手，所以护手十分重要。不仅平时要清洁保护，而且在每次正式泡茶前还需用清水净手，去除手上沾染的气息。泡茶前手足不能涂有香气、油性大的护手霜的，且指甲要修剪整齐，不留长指甲，不涂有色彩的指甲油。

二、茶艺师的姿态

从中国传统的审美角度来讲，人们推崇姿态之美高于容貌之美。茶艺过程中所展现的姿态比容貌更重要。

(一) 坐姿

坐姿必须端正，使身体重心居中，双腿膝盖至脚踝并拢，上身挺直，双肩放松，头上顶，下颌微敛。

女性双手搭放在双腿中间，男性双手可分搭于左右两腿侧上方。

全身放松，思想安定、集中，姿态自然、美观，切忌两腿分开或跷二郎腿、双手搓动或交叉放于胸前、弯腰弓背、低头等。

(二) 站姿

女性的站姿应该双脚并拢，身体挺直，头上顶，下颌微收，眼平视，双肩放松，小丁字步，双手虎口交叉，置于腰际。男性双脚呈外八字微分开，身体挺直，头上顶，下颌微收，眼平视，双手放松，自然下垂，手心向内，五指并拢。

(三) 行姿

女性以站姿作为准备，走直线，转弯时要自然，上身不可扭动摇摆，保持平稳，双肩放松，头上顶，下颌微收，两眼平视，也可与客人交流。走路时速度均匀，给人以稳重大方的感觉。如果到达客人面前为侧身状态，需转身，正面与客人相对，跨前两步进行各种茶道动作。当要回身走时，应面对客人先退后两步，再侧转身，以示对客人的尊敬。

男性以站姿为准备，行走时双臂随腿的移动可以在身体两侧自由摆动，其他姿势与女性相同。

(四) 韵律

茶艺中的每一个动作都要自然、柔和、连贯，而动作之间又要有起伏、节奏，使观者深深体会其中的韵味。

三、茶艺师的礼仪

礼仪，应当始终贯穿于整个茶道活动中。

(一) 鞠躬礼

茶道表演开始前和结束后，要行鞠躬礼。

鞠躬以站姿为准备，上半身由腰部起前倾，头、背与腿呈近150度的弓形略作停顿，表示对对方真诚的敬意，然后慢慢起身。鞠躬要与呼吸相配合，弯腰下倾时吐气，身直起时吸气。行礼的速度要尽量与别人保持一致。

(二) 伸掌礼

伸掌礼是茶艺过程中用得最多的示意礼。

主人向客人敬奉各种物品时都用此礼，表示的意思为"请"和"谢谢"。当两人相对时，可伸右手掌对答表示，若侧对时，右侧方伸右掌，左侧方伸左掌对答表示。伸掌姿势：四指并拢，大指内收，手掌略向内凹，倾斜之掌伸于敬奉的物品旁，同时欠身点头，动作要协调统一。

(三) 寓意礼

茶道在逐步形成过程中也添加了不少带有寓意的礼节。例如，凤凰三点头：寓意是向客人三鞠躬以示欢迎。茶壶放置时壶嘴不能正对客人，否则表示请客人离开。斟水、斟茶、烫壶等动作，右手必须逆时针方向回转，左手则以顺时针方向回转，表示招手"来! 来! 来"的意思，否则表示挥手"去!去!去"的意思。茶具的图案面向客以示对客人的尊重。

资料来源：根据http://www.docin.com/p-495999505.html编写

学习任务二 咖啡及其服务

一、咖啡的概念

咖啡树是热带的常绿灌木，可生产一种像草莓似的豆子，一年成熟3～4次。它的名字是由阿拉伯文中Gah—wah或Kaffa衍生而来。咖啡豆就是指咖啡树果实内的果仁，日常饮用的咖啡是用咖啡豆配合各种不同的烹煮器具制作出来，再用适当的烘焙方法烘焙而成。

二、咖啡的起源

咖啡的由来一直有着一个很有趣的传说。传说在6世纪时，一个阿拉伯人在埃塞俄比亚草原牧羊。有一天，羊儿在吃了一种野生的红色果实后，突然变得很兴奋，又蹦又跳的。这引起了阿拉伯人的注意，而这个红色的果实就是今天的咖啡果实。

历史上最早介绍并记载咖啡的文献，是由阿拉伯哲学家阿比沙纳所著的。1470～1475年，由于麦加的当地居民都有喝咖啡的习惯，这也影响了前往朝圣的人。这些人将咖啡带回自己的国家，使得咖啡在土耳其、叙利亚、埃及等国逐渐流传开来。而全世界第一家咖啡专门店则于1544年在伊斯坦布尔诞生，这也是现代咖啡厅的鼻祖。之后，1617年，咖啡传到了意大利，接着传入英国、法国、德国等国家。

三、咖啡的生产工艺

咖啡豆必须经过烘焙才能呈现出不同咖啡豆本身所具有的独特芳香、味道与色泽。烘焙咖啡豆，简单地说就是炒生咖啡豆，而用来炒的生咖啡豆实际上只是咖啡果实中的种子部分，因此，我们必须先将果皮及果肉去除，才能得到我们想要的生咖啡豆。

生咖啡豆的颜色是淡绿色的，经过烘焙加热后，就可使豆子的颜色产生变化。烘焙的时间长，咖啡豆的颜色就会由浅褐色转变成深褐色，甚至变成黑褐色。咖啡豆烘焙的方式与中国制作"爆米花"的方法类似，首先必须将生咖啡豆完全加热，让豆子弹跳起来，当热度完全渗透到咖啡豆内部，咖啡豆充分膨胀后，便会开始散发出特有的香味。

咖啡豆的烘焙熟度大致可分为浅焙、中焙及深焙三种。至于要采用哪一种烘焙方式，则必须依据咖啡豆的种类、特性及用途来决定。一般来说，浅焙的咖啡豆，豆子的颜色较浅，味道较酸；而中焙的咖啡豆，豆子颜色比浅焙豆略深，但酸味与苦味适中，恰到好处；深焙的咖啡豆，由于烘焙时间较长，因此豆子的颜色最深，而味道则是以浓苦为主。

四、咖啡的主要产地及名品

(一) 咖啡的品种

咖啡是一种喜爱高温潮湿的热带植物，适合栽种在南、北回归线之间的地区，因此我们又将这个区域称为"咖啡带"。一般来说，咖啡大多是栽种在山坡地上，而咖啡从播种、生长到结果，需要4~5年的时间，而从开花到果实成熟则需要6~8个月的时间。由于咖啡果实成熟时的颜色是鲜红色，而且形状与樱桃相似，所以又被称为"咖啡樱桃"。咖啡常见的品种有以下几种。

1. 阿拉比卡

由于阿拉比卡品种的咖啡比较能够适应不同的土壤与气候，而且咖啡豆不论是在香味还是品质上都比其他品种优秀，因此，阿拉比卡不但历史最悠久，而且也是栽培量最大的，产量占全球咖啡产量的80%。主要的栽培地区有巴西、哥伦比亚、危地马拉、埃塞俄比亚、牙买加等。阿拉比卡咖啡豆的外形是较细长的椭圆形，味道偏酸。

2. 罗布斯塔

罗布斯塔大多产于印尼、爪哇岛等热带地区。罗布斯塔能耐干旱及虫害，但咖啡豆的品质较差，大多用来制作速溶咖啡。罗布斯塔咖啡豆的外形近乎圆形，味道偏苦。

3. 利比利卡

利比利卡因为很容易受病虫害的威胁，所以产量很少，而且豆子的口味也太酸，因此大多只供研究使用。

(二) 咖啡豆的品种

由于栽培环境的纬度、气候及土壤等因素的不同，咖啡豆的风味产生了不同的变化，一般常见的咖啡豆种类有以下几种。

1. 蓝山

蓝山咖啡豆是咖啡豆中的极品，所冲泡出的咖啡香郁醇厚，口感非常细致。主要生产在牙买加的高山上，由于产量有限，因此，价格比其他咖啡豆昂贵。蓝山咖啡豆的主要特征是豆子比其他种类的咖啡豆要大。

2. 曼特宁

曼特宁咖啡豆的风味香浓，口感苦醇，但是不带酸味。由于口味很独特，所以很适合单品饮用，同时也是调配综合咖啡的理想种类。主要产于印度尼西亚的苏门答腊等地。

3. 摩卡

摩卡咖啡豆的风味独特，甘酸中带有巧克力的味道，适合单品饮用，也是调配综合咖啡的理想种类。目前以也门所生产的摩卡咖啡豆品质最好，其次是埃塞俄比亚。

4. 牙买加

牙买加咖啡豆仅次于蓝山咖啡豆，风味清香优雅，口感醇厚，甘中带酸，味道独树一帜。

5. 哥伦比亚

哥伦比亚咖啡豆香醇厚实,带点微酸但是口感强烈,并有奇特的地瓜皮风味,品质与香味稳定,因此,可用来调配综合咖啡或加强其他咖啡的香味。

6. 巴西圣多斯

巴西圣多斯咖啡豆香味温和,口感略微甘苦,属于中性咖啡豆,是调配综合咖啡不可缺少的咖啡豆种类。

7. 危地马拉

危地马拉咖啡豆芳香甘醇,口味微酸,属于中性咖啡豆。与哥伦比亚咖啡豆的风味极为相似,也是调配综合咖啡的理想咖啡豆种类。

8. 综合咖啡豆

综合咖啡豆是指两种以上的咖啡豆,依照一定的比例混合而成的咖啡豆。由于综合咖啡豆集不同咖啡豆的特点于一身,因此,经过精心调配的咖啡豆也可以制作出品质极佳的咖啡。

五、咖啡的鉴别

咖啡的品种、等级、生长情况、产地,以及烘焙的方法、火候、研磨粉粗细、新鲜度和储存的方法等皆有不同,因此,使咖啡呈现出香、酸、甘、苦、醇等各种不同的基本特性。除此之外水质、水温、火候、器具等附加条件对咖啡的品质也有一定的影响。

(一) 水质

水在一杯咖啡中占98%的体积,因此咖啡的味道与水质有着密切的关系。最好使用过滤后的水来冲煮咖啡,蒸馏水最为理想。另外,泡咖啡的水不能是含碱度高的硬水或含大量铁的水,尤其不能使用含氯的水。

(二) 咖啡豆的粗细与水温的关系

咖啡豆的粗细与水温有密切关系。研磨较粗的咖啡豆水温要高,冲调的时间要长;咖啡豆研磨得越细,冲调的水温相对就越低,时间则越短。水温太低煮不出咖啡的本味,沸腾水又会使咖啡变苦,故千万不要煮沸咖啡,合适的冲泡温度应略低于96℃,维持最佳风味的温度是86℃左右。建议以0.1 cm大小的咖啡豆(约和粗砂糖颗粒差不多)冲泡,水温以85~95℃最为理想,时间为20~60秒,在烹煮过程中每15~20秒搅拌2~3次。

(三) 杯具

使用玻璃器皿比较容易煮出好喝的咖啡;陶瓷器具保温效果好,可保持原味;咖啡不用金属器皿,因咖啡一接触金属器皿就会发生氧化,产生一种令人不悦的味道。饮用咖啡的咖啡杯、杯盘、茶匙要成套,花纹也要经过设计,原则上咖啡杯、匙的内缘以白色为佳,这样易辨别咖啡的色泽和浓度。

(四) 咖啡用量

咖啡的使用分量必须根据所煮咖啡的颗粒粗细以及喝咖啡的偏好等因素来确定。一般来讲，500g咖啡如果冲泡出50杯以下的话，就是浓咖啡，如果冲泡出50～60杯的话，那就是浓度适中的咖啡。粉状咖啡可以比中等颗粒的咖啡少放一些，但粗颗粒的咖啡必须比中等颗粒的咖啡多放15%左右。此外，如果用渗透较慢的滤袋调制咖啡的话，要比用高级的咖啡壶或滤纸式咖啡壶多放5%～15%的量。咖啡冲泡有三种形式，即咖啡豆煎煮法、磨碎的咖啡粉过滤法、浓缩咖啡冲调法。

(五) 品味

应在从容、优雅和浪漫的氛围中，用视觉、嗅觉、味觉来品味咖啡。品尝咖啡前应先观其色泽，唯有颜色清澈、泡沫均匀的咖啡，才能带给口腔清爽圆润的口感。如果咖啡豆成分多为阿拉比卡(Arabica)品种，那么咖啡会泡沫细密，呈深褐色并略带淡红；如果多为罗布斯塔(Robusta)，那么咖啡会泡沫松散，呈深棕色并带有灰条纹。一杯咖啡最吸引人之处，莫过于咖啡在冲泡过程中所飘散出来的一种略带神秘感的诱人芳香，因此，应拿起小匙轻轻搅动(泡沫会阻挡香气的发散)使咖啡的香气散发出来。清咖啡是不加任何修饰物的咖啡，品尝清咖啡就是品味咖啡的原始气味所带来的感受。阿拉比卡(Arabica)的香气大概是像巧克力味、果香、花香等的气味，罗布斯塔(Robusta)大概是像木头香、泥土味等气味。总的来看，阿拉比卡(Arabica)的甜味和酸味较平衡；罗布斯塔(Robusta)的咖啡因含量高，较苦。

端起咖啡浅啜，可以品味出咖啡的香、甘、酸、苦，从而享受咖啡的香醇。甜味会很快消失，苦味停留时间较长，这是由于舌头独特的味蕾分布——以舌尖感觉甜味、以两侧感觉酸味、以舌根感觉苦味。

六、咖啡的饮用与服务

(一) 咖啡的饮用方法

饮用咖啡应注意以下几点。

(1) 每次饮用前冲泡咖啡，并且冲泡想饮用的分量，因为咖啡一旦冲泡出来，就会很快失去味道甚至变质，所以应保证每次冲泡适量的咖啡。不要将已变凉的咖啡再次加热。

(2) 只有当咖啡温度适当时才能散发出潜藏的特性与美味，所以既不能喝太烫的咖啡也不能喝太凉的咖啡，因为咖啡会随着时间的流逝而失去其香醇与浓郁。咖啡在冲泡后十分钟内饮用最佳，咖啡置于咖啡机上保温，香味会持久一些，但也最好不要超过20分钟，放置太久会丧失其原有风味。

(3) 咖啡与水的比例要适宜。一般来说，每50g咖啡可以放100g水。即每杯标准用量应是

11g。当然，应根据个人对咖啡味道浓淡的要求确定加多少水，在这方面，一般英美人饮用的咖啡非常淡。

(4) 一杯咖啡应以七八分满为适量，分量适中的咖啡不仅会刺激味觉，喝完后也不会有"腻"的感觉，反而回味无穷。同时，适量的咖啡能帮助身体对抗疲劳，保持头脑清醒。咖啡的味道有浓淡之分，所以不能像喝茶或可乐一样，连续喝三四杯。一般饮用咖啡以80～100ml为适量。

(5) 牛奶、糖的调配可使咖啡多些变化。在英语系国家中，人们习惯在咖啡中加入牛奶和糖，他们所喝的咖啡比较清淡。

糖：咖啡饮用常加糖，如砂糖、冰糖、方糖等。

乳：咖啡常伴奶饮用，如鲜奶、炼乳、奶油等。

糖和乳一般根据口味爱好酌量添加。

喝咖啡时，热咖啡趁热喝，糖要先加，奶后加，加鲜奶时最好沿着杯边缘徐徐倒入，使它逐渐扩散。冰咖啡要趁冰还没化时喝，时间一长，冰化后会稀释咖啡原有的香醇。

(6) 煮咖啡的温度应在90～93℃之间。如果水温太高会使咖啡出现苦味，程序一般是水烧热后加咖啡豆粉。

(7) 用来煮咖啡的设备必须每天清洗，保持洁净，否则咖啡味道会变苦。

(8) 使用优质过滤器。大多数情况下选用一次性过滤纸，过滤纸是保证咖啡无杂质的唯一保护层，必须绝对干净。

(9) 煮好的咖啡应在85～88℃的温度下保存。咖啡煮好后应马上饮用，如保存时间久，10分钟后咖啡的味道和苦香就会退化，1小时后就会失去芳香味，所以最好是即煮即饮。

(10) 上咖啡前用热水预热咖啡杯。将热咖啡杯放在底碟上，再放到托盘里，然后从客人左边将咖啡杯及底碟和其他附加物如乳脂、糖端给客人。

(11) 罐装咖啡可使香味长时间保留。在国外，咖啡豆有时就是放在锡罐或塑胶袋中出售，真空包装更加有利于咖啡的存放，使原有风味保持得更久。

咖啡应该储存在干燥、阴凉的地方，一定不要放在冰箱里，以免吸收湿气。咖啡豆和研磨咖啡可以冰冻，唯一需要注意的是，从冷冻柜中拿出咖啡时，需要避免冰冻的部分化开而使袋中咖啡受潮。美国人认为咖啡放在冰箱里比较好，不过时间不应超过一个月。

(二) 咖啡的煮泡方法

一般餐厅或咖啡专卖店最常使用的咖啡煮泡法可分为虹吸式、过滤式及蒸汽加压式三种。

1. 虹吸式

虹吸式煮泡法主要是利用蒸气压力产生虹吸作用来煮泡咖啡。由于它可以依据不同咖啡豆的熟度及研磨的粗细来控制煮咖啡的时间，还可以控制咖啡的口感与色泽，因此，它是三种冲泡方式中最需具备专业技巧的煮泡方式。

(1) 煮泡器具。虹吸式煮泡设备包括过滤壶、蒸馏壶、过滤器、酒精灯及搅拌棒。

(2) 操作程序如下所述。

① 先将过滤器装在过滤壶中，并将过滤器上的弹簧钩钩牢在过滤壶上。

② 向蒸馏壶中注入适量的水。

③ 点燃酒精灯开始煮水。

④ 将研磨好的咖啡粉倒入过滤壶中，再轻轻地插入蒸馏壶中，但不要扣紧。

⑤ 水煮沸后，将过滤壶与蒸馏壶相互扣紧，扣紧后就会产生虹吸作用，使蒸馏壶中的水往上升，升到过滤壶中与咖啡粉混合。

⑥ 适时使用搅拌棒轻轻地搅拌，让水与咖啡粉充分混合。

⑦ 四五十秒后，将酒精灯移开熄火。

⑧ 酒精灯移开后，蒸馏壶的压力降低，过滤壶中的咖啡液就会经过过滤器回流到蒸馏壶中。

(3) 注意事项。由于咖啡豆的熟度与研磨的粗细都会影响咖啡煮泡的时间，因此，必须掌握煮泡咖啡所需要的时间，以充分展现出不同咖啡的特色。

2. 过滤式

过滤式咖啡主要是利用滤纸或滤网来过滤咖啡液。而根据所使用的器具又可分为"日式过滤咖啡"与"美式过滤咖啡"两种。

(1) 日式过滤咖啡

日式过滤咖啡是用水壶直接将水冲进咖啡粉中，所以经过滤纸过滤后所得到的咖啡，又称作冲泡式咖啡。器具包括漏斗形上杯座(座底有三个小洞)、咖啡壶、滤纸及水壶。使用的滤纸有101、102及103三种型号，可配合不同大小的上杯座使用。日式过滤咖啡的操作程序包括以下几步。

① 先将滤纸放入上杯座中固定好，并用水略微蘸湿。

② 将研磨好的咖啡粉倒入上杯座中。

③ 将上杯座与咖啡壶结合并摆放好。

④ 用水壶直接将沸水由外往内以画圈的方式浇入，务必让所有的咖啡粉都能与沸水接触。

⑤ 咖啡液经由滤纸由上杯座下的小洞滴入咖啡壶中，滴入完毕即可饮用。

(2) 美式过滤咖啡

美式过滤式咖啡主要是利用电动咖啡机自动冲泡过滤而成的。美式过滤咖啡可以事先冲泡保温备用，操作简单方便，颇受大众的喜爱。

煮泡器具是电动咖啡机。咖啡机有自动煮水、自动冲泡过滤及保温等功能，并附有装盛咖啡液的咖啡壶。机器所使用的过滤装置大多是可以重复使用的滤网。

美式过滤咖啡操作程序包括以下几步。

① 在盛水器中注入适量的用水。

② 将咖啡豆研磨成粉，倒入滤网中。

③ 将盖子盖上，开启电源，机器开始煮水。

④ 当水沸腾后，会自动滴入滤网中，与咖啡粉混合后，再滴入咖啡壶内。

(3) 注意事项

① 煮好的咖啡由于处在保温的状态下，因此不宜放置太久，否则咖啡会变质、变酸。

② 不宜使用深焙的咖啡豆，否则会使咖啡产生焦苦味。

3. 蒸汽加压式

蒸汽加压式咖啡主要是利用蒸汽加压的原理，让热水经过咖啡粉后再喷至壶中形成咖啡液。由于这种方式所煮出来的咖啡浓度较高，因此又被称为浓缩式咖啡，就是一般大众所熟知的Express咖啡。

(1) 煮泡器具

蒸汽咖啡壶一套。主要包括上壶、下壶、漏斗杯三大部分，此外还附有一个垫片，垫片用来压实咖啡粉。

(2) 主要操作程序如下所述。

① 在下壶中注入适量的水。

② 将研磨好的咖啡粉倒入漏斗杯中，并用垫片压紧，放进下壶中。

③ 将上、下两壶扣紧。

④ 整组咖啡壶移到热源上加热，当下壶的水煮沸时，蒸汽会先经过咖啡粉后再冲到上壶，并喷出咖啡液。

⑤ 当上壶开始有蒸气溢出时，表示咖啡已煮泡完。

(3) 注意事项

① 咖啡粉一定要确实压紧，否则水蒸气经过咖啡粉的时间太短，会使煮出来的咖啡浓度不够。

② 若煮泡一人份的浓缩咖啡时，因为咖啡粉不能放满漏斗杯，可将垫片放在咖啡粉上不取出，以确保咖啡粉的紧实。

③ 由于浓缩咖啡强调的是咖啡的浓醇风味，所以应该使用深焙的咖啡豆。

■ 七、咖啡的贮藏要求

咖啡豆在储存时应注意以下几点。

(1) 咖啡豆应放在密封罐或密封袋中，以保持新鲜。

(2) 将咖啡豆储存在通风良好的储藏室中。

(3) 咖啡豆的保存期限约为3个月，而咖啡粉只能保存1～2星期。

(4) 如果是研磨好的咖啡，使用密闭或真空包装，以确保咖啡油(Coffee Oil)不会消散，导致风味及香味的丧失。如果咖啡不是很快就要用到，可以保存在冰箱中。

(5) 循环使用库存物，并核对袋子上的研磨日期。

(6) 不要靠近有强烈味道的食物。

(7) 尽可能只在需要时，才将咖啡豆研磨成咖啡粉。咖啡与胡椒一样，在研磨后很快即丧失其芳香。使用刚磨好的咖啡冲泡，永远都是最好的。

案例

咖啡放凉以后

一天，某酒店咖啡厅来了一位客人，要了一杯热咖啡。服务员刚将咖啡端上台，旁边的商务中心有该客人的电话，客人赶紧去接电话，约十几分钟才回来。

回来后，客人发现咖啡是凉的，就投诉咖啡不热。服务员在征得客人同意后给他换了一壶热咖啡。

当服务员把热咖啡送到客人面前时，客人不好意思地说："对不起，是我自己接电话时间太长了，所以咖啡才不热，不是你们服务不好。"服务员与客人相视而笑。

资料来源：http://zhangmolin007.blog.163.com/blog/static/776288392011921104258300/

问题：请辨析服务员的行为是否合适？

学习任务三 可可及其服务

一、可可的概念

可可是世界三大饮料之一，原产于南美洲亚马逊河上游的热带雨林，主要分布在赤道南北纬10°以内。可可树，也叫"可加树"。可可树是一种梧桐科小乔木，它最大的特点是"老茎生花"和"老茎结果"，花直接开在树干上，果也直接结在树干上，花小而果实大，常年开花，四季挂果。

可可树多用种子繁殖，亦有用芽接的。植后需3～4年才开始结果，6年后结出的果实才能被使用，10年以后丰收。可可树年产80个左右的果实，果实15～20厘米长，椭圆形，重达1千克左右，有30～40个可可豆，还有粘粘的糖胶。每棵树一年只能收获1～2千克干可可豆。可可树产果40年左右，一生中可贡献1000公斤左右的可可豆。

图6-7 可可

可可的种仁里含有50%的脂肪，20%的蛋白质，10%的淀粉，还有少量的糖分和兴奋物质——可可碱等。可可种子发酵烘干后，提取出30%的可可脂，余下的物质就可加工成可可粉，干豆可作病弱者的滋补品与兴奋剂。可可脂在常温下是固体，但一到37度就开始熔化，而人体口腔温度是37.5度，所以用可可脂制造的巧克力，拿在手里不会熔化，含到口里才会熔化。"只熔在口，不熔在手"也因此成了广告词。可可是一种较好的能量补充剂，许多国家把可可树誉为"神粮树"。可可如图6-7所示。

二、可可的起源

根据史料可知在公元前4000年亚马逊河盆地已经生长有野生的可可树了。最早使用可可豆的人或许就是这些用可可豆制成饮品的玛雅人了。16世纪前,可可种子十分珍稀,印第安人曾当作钱币使用,名叫"可可呼脱力"。这种钱币,可以磨成粉掺在玉米粉中做饼,印第安人十分爱吃这种饼,后来流传到南美洲和墨西哥的阿兹台克帝国,阿兹台克人称其为Xocoatl(意为"苦水"),他们为皇室专门制作热的饮料Chocolatl(意为"热饮"),是"巧克力"这个词的来源。16世纪时哥伦布和西班牙人都发现并描述了这种植物和饮料,但他们不感兴趣。1544年一个多米尼加的玛雅贵族代表团拜访了西班牙的腓力王子,他们随身携带自己喝的可可饮料,引起了西班牙人的兴趣,西班牙人也开始喝这种饮料。18世纪瑞典的博学家林奈将其命名为"可可树"。后来,由于巧克力和可可粉在运动场上成为最重要的能量补充剂,发挥了巨大的作用,人们便把可可树誉为"神粮树",把可可饮料誉为"神仙饮料"。

三、可可的生产工艺

中美洲的可可制作方式包括对可可豆的发酵处理、烘干、选择性的烘烤、碾碎以及与水混合制作成苦涩悬浊液。

可可豆是可可树的种子。每个种子都有两个子叶(可可豆瓣)和一个小胚芽,被包在豆皮(壳)内。子叶为植物生长提供养料,并在种子发芽时成为初始的两片叶子。被储存的养料含有脂肪,也就是可可脂,占干重的一半左右。脂肪的数量和熔点、硬度等性质取决于可可的种类和生长环境。

可可豆发酵时,种子外面的果浆和种子内部会发生很多化学变化。这些变化赋予可可豆巧克力风味,并且改变了可可豆的颜色。再经过干燥后,作为粗原料交给工厂加工成可可泥、可可粉和可可脂。加工的第一步是烘烤(改变颜色和风味)和去壳,之后进行碱化处理,从而改变其风味和颜色。

碾碎可可豆瓣就制成了可可泥。可可浆的质量由使用的可可豆决定。生产者通常把不同类型的可可豆混合在一起达到要求的质量、风味和口感。可可浆可以经受更进一步的烘焙、碱化处理,从而改变其颜色和风味,以及化学成分。

从可可泥可以制得可可粉。挤压过程去除了一部分脂肪,剩下的固体原料被称为可可油饼。这些油饼经过碾磨就形成了可可粉。通过调整加工工艺能生产出不同成分和脂肪含量的可可粉。

四、可可的主要产地及名品

可可原产于美洲,现在世界上45个国家都有种植。全球的年产量平均在300万吨左右: 65%~70%生长于西部非洲——象牙海岸(又叫科特迪瓦共和国)、加纳、尼日利亚及喀麦隆; 12%~13%生长于中美洲及南美洲: 哥伦比亚, 厄瓜多尔, 巴西, 墨西哥以及危地马拉, 秘鲁等地; 17%来自东南亚国家: 印度尼西亚, 马来西亚, 新几内亚。

　　非洲国家科特迪瓦出产的可可豆以2003—2004年度140.7万吨和2004—2005年度123万吨的产量, 排名世界第一。加纳以年产量73.7万吨排在第二位, 而印度尼西亚排名第三, 年产量41.5万吨。据《德国日报》2006年1月20日报道, 科特迪瓦80%的可可豆由家庭小作坊种植, 总种植量约为80万株。科特迪瓦的阿比让港和圣佩德罗市是可可豆出口欧美等国的主要海港。

　　三种常见的可可豆如下。

　　(1) Criollo。它是一种原产于中美洲及墨西哥的品质非常高的可可豆。它含有一种白色并且很新鲜的子, 很易碎并且容易被腐蚀, 它占全世界可可豆产量的2%左右。

　　(2) Forastero。它是一种由青色的豆荚随时间的变化逐渐成为深黄色而成熟的豆荚, 它的可可豆颜色呈紫色, 原产自于亚马逊及周边地区, 产量占全世界可可豆产量的80%左右。

　　(3) Trinitario。它是介于前两者之间的产品。它原产于特立尼达, 现在占全世界可可豆产量的18%左右。

五、可可的鉴别

可可粉品质的鉴别方法如下。

(1) 目测外观, 品质较好的可可粉含水量较少, 无结块。

(2) 触摸可可粉, 以粉质细腻的为优。

(3) 闻味道, 以冲泡后香味醇厚、持久的为上品。

六、可可的饮用与服务

　　上可可饮料的方式: 应该用小杯装, 垫杯碟, 并附一个小匙。主人应事先通知服务员在用餐处或另一个房间上可可饮品。

　　若在用餐处喝可可, 主人或服务员应倒好可可饮料再把杯连碟子放在客人席位桌面的右侧, 小匙摆在碟上右端。倒饮料或送饮料应像倒酒和其他饮料一样, 站在客人右手边进行, 然后从客人左手边端上装奶精和糖的托盘。

　　可可饮料杯的正确拿法, 应是拇指和食指捏住杯耳将杯子端起。饮用时, 用右手拿着杯耳, 左手轻轻托着杯碟, 慢慢地移向嘴边轻啜, 不可发出响声。不要满把握杯、大口吞咽, 或俯首去吸可可。若遇到一些不方便的情况, 例如, 坐在远离桌子的沙发上, 不便双手端着可可饮用, 此时可用左手将碟置于齐胸的位置, 用右手端杯饮用。饮毕, 应立即将杯置于杯碟中, 不可将二者分别放置。添加可可饮料时, 不要把杯从杯碟中拿起来。

七、可可的贮藏要求

密封、干燥、避光、控温。

学习任务四 其他软饮料及其服务

一、果汁饮料及其服务

(一) 概念

果汁饮料是以水果为原料经过物理方法(如压榨、离心、萃取等)得到的汁液产品，一般是指纯果汁或100%果汁。果汁按形态分为澄清果汁和混浊果汁。澄清果汁澄清透明，如苹果汁，而混浊果汁均匀混浊，如橙汁；按果汁含量分为纯果汁和果汁饮料。果汁饮料如图6-8所示。

图6-8 果汁饮料

(二) 起源

世界上最早的软饮料无疑是"天然果汁"，将天然水果进行压榨即产生了人类历史上最早的饮料——纯果汁。中国历史上最早的果汁饮料是两千多年前西汉时期川南僰(xiǎn)人酿造的"蒟酱"(有的史书上也写作"枸酱")。

(三) 生产工艺

1. 选料

果蔬汁的原料是新鲜水果。原料品质的优劣将直接影响饮料的品质，制取果汁的果实原料要求充分成熟、无腐烂、无病虫害、无外伤。

2. 清洗

在果汁的制作过程中，果汁被微生物污染的途径很多。但一般认为，果汁中的微生物主要来自原料。因此，对原料进行清洗是很关键的一环。此外，有些果实在生长过程中喷洒过农药，残留在果皮上的农药若在加工过程中进入果汁，将会危害人体，因此，必须对这样的果实进行特殊处理。一般可用0.5%～1.5%的盐水或2%的高锰酸钾溶液浸泡数分钟，再用清水洗净。

3. 榨汁前的处理

果实的汁液存在于果实组织的细胞中，制取果汁需要将其分离出来。果实切割使果肉组织外露，为榨汁做好了充分的准备。

有些果实(如苹果、樱桃)含果胶量多，汁液黏稠，榨汁较困难。为使汁液易于制取，在切割后需要进行适当的热处理，即在60℃～70℃水温中浸泡，时间为15～30分钟。

4. 榨汁

将水果(去皮、去籽)放入榨汁机内榨汁、调味。

(四) 主要果汁品种

1. 浓缩果汁

浓缩果汁由新鲜、成熟的果实直接榨出，在不加糖、色素、防腐剂、香料、乳化剂以及人工甜味剂的情况下经浓缩而成，饮用时可根据需求加入适量的稀释剂，如浓缩橙汁等。

2. 纯天然果汁

纯天然果汁由新鲜、成熟的果实直接榨出，不浓缩、不稀释、不发酵。

3. 天然果浆

天然果浆是由水分较低及(或)黏度较高的果实，经破碎、筛滤后得到的稠状加工制品。

4. 发酵果汁

发酵果汁指水果经腌渍发酵后，破碎压榨所得的果汁。

5. 果露

果露指加有糖及(或)香精、安定剂等稀释而制成的饮料。

(五) 鉴别

判别果汁的营养多寡：一要看其纯度，二要看其水果种类，三看果肉含量。同一种水果的果汁，果汁浓度100%的肯定比10%或者其他纯度的营养要高。

混合果汁具有更高的营养，一种水果一种营养，多种水果多种营养。

含有果肉的果汁营养价值比较高，因为果肉纤维素对人体有利。

选择果汁，安全是第一位，要在安全基础上讲营养，在营养基础上讲口味。果汁的选择，一是看品牌，国内知名大企业的产品，一般都有品质保证；二是看标签，标签上注明不含防腐剂、人工色素，不加糖的，通常都是比较重视天然品质的品牌；三是比较色泽、香味和口感，品质越好，其色泽和香味越自然，口感越浓郁，而通过香精、糖分调制的果汁，其口感和香气都比较刺鼻。

果汁饮料是以水果为原料制成的，要考虑安全和健康问题。果汁的安全，一个在于有没有添加防腐剂，这个可以从标签上看出来；一个是农药残留，这一点肉眼无法分辨，只能尽量挑选品质好的果汁品牌，来确保安全。

(六) 饮用与服务

因为人们一般早餐很少吃蔬菜和水果，所以早晨喝一杯新鲜的果汁或纯果汁应该是一个好习惯，补充身体需要的水分和营养。可惜的是，早餐人们常常喝一杯牛奶后就无法再喝下别的了。要注意的是，空腹时不要喝酸度较高的果汁，要先吃一些主食再喝，以免胃不舒服。不管是鲜果汁、纯果汁还是果汁饮料，中餐和晚餐时都尽量少喝。果汁的酸度会直接影响胃肠道的酸度，大量的果汁会冲淡胃液的浓度，果汁中的果酸还会与膳食中的某些营养成分结合影响这些营养成分的消化吸收，使人们在吃饭时感到胃部胀满，吃不下饭，饭后消化不好，肚子不适。除了早餐时，两餐之间也适宜喝果汁。

(七) 贮藏要求

果汁不可长期保存。一旦打开或制作完成，果汁中营养元素就开始流失，所以，果汁在冰箱里不要储存得太久。

■ 二、碳酸饮料及其服务

(一) 概念

碳酸饮料是将二氧化碳气体与不同的香料、水分、糖浆及色素结合在一起所形成的气泡式饮料。碳酸饮料中的风味物质主要是二氧化碳。二氧化碳给人以清凉感，刺激胃液分泌，具有促进消化、增强食欲的功效。炎热天气饮用碳酸饮料可降低体温，同时，碳酸饮料中含有碳酸盐、硫酸盐、氯化物盐类以及磷酸盐等，各种盐类在不同浓度下的味觉感不同，所以，当某种盐类浓度过大时，味感必然明显地以此盐类的味感为主。另外，果汁和果味的碳酸饮料中含有各种氨基酸，氨基酸在一定程度上可起到缓冲和调和口感的作用。

(二) 起源

1885美国乔治亚州的潘伯顿医生，在地窖中把碳酸水加苏打水搅在一块，成为一深色的糖浆。他的合伙人罗宾逊从糖浆的两种成分中获得了给饮料命名的灵感，于是碳酸饮料就此诞生了。

(三) 生产工艺

1. 水处理

由水源来的水不能直接用于配制饮料，需要经过一系列的处理。一般要通过净化、软化、消毒后才能成为符合要求的饮料用水，再经降温后进入混合机变为碳酸水。各种水源的水质差异很大。在处理前，需要对水源的水进行详细的了解和理化分析，以便进行有效的处理。

2. 二氧化碳处理

钢瓶中的二氧化碳往往含有杂质，有时还有异臭、异味，这会使汽水的品质不良。因此，必须经过氧化、脱臭等处理，以供给纯净的二氧化碳。

3. 配料

配料是汽水生产中最重要的环节。它包括溶糖、过滤、配料三道工序。

溶糖是将定量砂糖加入定量的水中，使其溶解制成糖液，有热溶法和冷溶法两种。

(四) 碳酸饮料的品种

实施食品生产许可证管理的碳酸饮料(汽水)类产品是指在一定条件下充入二氧化碳气体的饮料，包括碳酸饮料、充气运动饮料等具体品种，不包括由发酵法自身产生二氧化碳气体的饮料。成品中二氧化碳的含量(20℃时体积倍数)不低于2.0倍。碳酸饮料主要成分为糖、色素、甜味剂、酸味剂、香料及碳酸水等，一般不含维生素，也不含矿物质。

碳酸饮料(汽水)可分为果汁型、果味型、可乐型、低热量型、其他型等，常见的如可乐、雪碧、芬达、七喜、美年达等。

(五) 鉴别

根据国家GB2759.2《碳酸饮料卫生标准》的规定，碳酸饮料应符合如下标准。

(1) 二氧化碳含量(20℃时体积倍数)不低于2.0倍。

(2) 果汁型碳酸饮料是原果汁含量不低于2.5%的碳酸饮料。

(3) 果味型碳酸饮料是原果汁含量低于2.5%的碳酸饮料。

(4) 低热量型碳酸饮料其能量不高于75kJ/100ml。

(六) 饮用与服务

1. 碳酸饮料机的操作

酒吧大都安装碳酸饮料机(即可乐机)，一般是将所购买品牌饮料的浓缩糖浆瓶与二氧化碳罐安装在一起。

每个饮料糖浆瓶由管道接出后流经冰冻箱底部冰冻板，并迅速变凉。二氧化碳通过管道在冰冻箱下的自动碳酸化器与过滤后的水混合成无杂质的充碳酸汽水，然后从碳酸化器流到冰冻板冷却，最后通过糖浆管和碳酸气的管流进喷头前的软管，当打开喷头时糖浆和碳酸气按5：1比率混合喷出。

目前市场上常见的糖浆品牌有可口可乐、雪碧、七喜、百事可乐等。

2. 瓶装碳酸饮料服务

瓶装碳酸饮料是酒吧的常见饮品，不仅便于运输、储存，而且冰镇后的口感较好，保持碳酸气的时间较长。提供瓶装碳酸饮料服务时应注意以下几点。

(1) 直接饮用碳酸饮料应事先冰镇，或者在饮用杯中加冰块。碳酸饮料只有在4℃左右时才能发挥正常口味，增强口感。开瓶时不要摇动，避免饮料喷出溅洒到客人身上。

(2) 碳酸饮料可加少量调料后饮用。大部分饮料可加入半片或一片柠檬挤汁或直接浸泡，以增加清新感，可乐中可添加少量盐以增加绵柔口感。

(3) 碳酸饮料是混合酒不可缺少的辅料。碳酸饮料在配制混合酒时不能摇，而应在调制过程的最后直接加入饮用杯中搅拌。

(4) 碳酸饮料在使用前要注意有效期限，不能使用过期商品。

(七) 贮藏要求

瓶装碳酸饮料的保质期是12个月，应将其保存在阴凉干燥处，避免阳光暴晒，开盖后及时饮用。

三、乳饮料及其服务

(一) 概念

1. 发酵乳饮料

牛乳经杀菌、降温，添加特定的乳酸菌发酵剂，再经均质或不均质恒温发酵、冷却、包装等工序制成的饮料，称为发酵乳饮料(乳饮料如图6-9所示)。常见的有酸乳和酸奶。

图6-9 乳饮料

(1) 酸乳。酸乳是脂肪含量在18%以上的饮料，是在牛奶中加入乳酸菌发酵后，再加入特定的甜味料，使其具有苹果、菠萝和特殊风味的酸乳饮料。

(2) 酸奶。酸奶是一种有较高营养价值和特殊风味的饮料。它是以牛乳等为原料，经乳酸菌发酵而制成的产品。酸奶能增强食欲，刺激肠道蠕动，促进机体的物质代谢，从而增进人体健康。酸奶的种类很多，从组织状态可分为凝固型和搅拌型酸奶；从产品的化学成分可分为全脂、半脱脂、脱脂酸奶；根据加糖与否可分为甜酸奶和淡酸奶。

2. 奶粉

将鲜牛奶蒸去水分制成奶粉。奶粉经高温制备，消毒彻底，其中的蛋白质更易于消化。

3. 冰激凌

冰激凌是以牛乳或其制品为主要原料，加入糖类、蛋品、香料及稳定剂，经混合配制、杀菌冷冻成为松软的冷冻食品，具有色泽鲜艳、香味浓郁、组织细腻的特点，是一种营养价值很高的夏季食品。冰激凌种类很多，按颜色可分为单色、多色和变色冰激凌；按形状可分为杯状、蛋卷状和冰砖冰激凌；按风味可分为奶油、牛奶和水果冰激凌。

(二) 起源

含乳饮料以风味独特等特点在软饮料行业中独树一帜。含乳饮料的生产从80年代起步，如今含乳饮料已成为软饮料中的重要品种。含乳饮料是一种常见的营养型饮料，这种饮料的配料中除了牛奶以外，一般还有水、甜味剂、果味剂等。将果汁与牛奶有机结合，借助于牛奶中的蛋白营养成分及果汁的芳香、色泽及其他矿物质营养更好地结合，起到营养互补、风味及口感相互协调等作用。

(三) 主要品种

含乳饮料分为中性乳饮料和酸性乳饮料，又按照蛋白质及调配方式分为配制型含乳饮料和发酵型含乳饮料。

(1) 中性乳饮料主要以水、牛乳为基本原料，加入其他风味辅料，如咖啡、可可、果汁等，再加以调色、调香制成的饮用牛乳。其中蛋白质含量不低于1.0%的称为乳饮料。

(2) 酸性乳饮料：酸性乳饮料包括发酵型酸乳饮料和调配型酸乳饮料。

① 发酵型乳饮料是指以鲜乳或乳制品为原料，经发酵，添加水和增稠剂等辅料，经加工制成的产品。其中由于杀菌方式不同，可分为活性乳酸菌饮料和非活性乳酸菌饮料。

② 调配型酸乳饮料是以鲜乳或乳制品为原料，加入水、糖液、酸味剂等调制而成的制品，产品经过灭菌处理，保质期比乳酸菌饮料要长。

(1) 配制型含乳饮料：蛋白质含量不低于1.0%的称为乳饮料。

(2) 发酵型含乳饮料：发酵型含乳饮料中蛋白质含量不低于1.0%的称为乳酸菌乳饮料，蛋白质含量不低于0.7%的称为乳酸菌饮料。

(四) 鉴别

含乳饮料允许加水制成，从配料表上可以看出，这种牛奶饮品的配料除了鲜牛奶以外，一般还有水、甜味剂、果味剂等，而水往往排在第一位(国家要求配料表的各种成分要按从高到低的顺序依次列出)。国家标准要求，含乳饮料中牛奶的含量不得低于30%，也就是说水的含量不得高于70%。因为含乳饮料不是纯奶做的，所以其营养价值不能与纯牛奶相提并论。

(五) 饮用与服务

1. 热奶服务

热奶在早餐和冬天很受欢迎。

将奶加热到77℃左右,用预热过的杯子服务。加热牛奶时,不宜使用铜器皿,因为铜会破坏牛奶中的维生素C,从而降低营养价值。牛奶加热过程中不宜放糖,否则牛奶和糖在高温下的结合物——果糖基赖氯酸,会严重破坏牛奶中蛋白质的营养价值。另外,早餐的牛奶宜和面包、饼干等食品搭配,应避免与含草酸的巧克力混食。

2. 冰奶服务

冰奶在夏天很受欢迎。服务中应注意保质、保鲜,应把消毒过的牛奶,放在4℃以下的冷藏柜中。

3. 酸奶服务

酸奶在低温下饮用,风味最佳。酸奶应低温保存,而且存放时间不宜过长。

(六) 贮藏要求

(1) 乳品饮料在室温下容易腐烂变质,应冷藏在4℃的温度下。

(2) 牛奶易吸收异味,冷藏时应包装严密,并与有刺激性气味的食品隔离。

(3) 牛奶冷藏时间不宜太长,应每天选用新鲜牛奶冷藏。

(4) 冰激凌应冷藏在-18℃以下的环境中。

单元小结

本单元介绍了茶、咖啡、可可、果汁、碳酸饮料、乳饮料等非酒精饮料的基本知识及酒吧服务的相关技巧、参考行业规范和要求建构知识体系,着重进行了操作层面的分析和阐述。

单元测试

1. 咖啡的制作方法有哪些?

2. 煮泡咖啡的方法有哪些?

3. 碳酸饮料服务方法有哪些?

4. 乳酸饮料服务方法有哪些?

课外实训

到当地大型超市按所设计的饮料分类表进行统计数据的调查,内容应包括品牌、价格、产地、供货商、出厂日期、保质期、饮品主要成分等。

学习单元七
认识酒吧

课前导读

　　酒吧最初源于欧洲大陆，但bar一词到16世纪才有"卖饮料的柜台"这个义项，后又经美洲居民对其进一步地变异、拓展，才传入我国，"泡吧"一词还是近年才出现的。酒吧进入我国后，得到了迅猛的发展，尤其在北京、上海、广州等地，酒吧形成了鲜明的地域风格：北京的酒吧粗犷开阔，上海的酒吧细腻伤感，广州的酒吧热闹繁杂，深圳的酒吧最不乏激情。总的来说，都市的夜空已离不开酒吧，都市人更离不开酒吧。北京是全国城市中酒吧最多的地方，总共有四百家左右，酒吧的经营方式更是多种多样。上海的酒吧已出现基本稳定的三分格局，三类酒吧各有自己的鲜明特色，各有自己的特殊情调，因此也各有自己的主顾，第一类酒吧是校园酒吧，第二类是音乐酒吧，第三类是商业酒吧。

　　通过本单元的学习，可以初步认识酒吧，了解酒吧管理、酒吧的常用设备与用具。

学习目标

知识目标：

1. 掌握酒吧的含义；

2. 知道酒吧的种类；

3. 了解酒吧的组成。

能力目标：

1. 能够对酒吧有清楚的认识；

2. 能够列举出几种不同类型的酒吧；

3. 参观一家酒吧，能够说出它由几部分组成。

学习任务一　酒吧概述

一、酒吧的含义

　　"酒吧"一词来自于英文的"Bar"，原意是指一种出售酒的长条柜台，最初，出现在路边小店、小客栈、小餐馆中，即在为客人提供基本的食物及住宿的同时，也提供能够使客人兴奋的额外休闲消费。随后，由于酒的独特魅力及酿酒业的发展，人们消费水平不断提高，这种"Bar"便从客栈、餐馆中分离出来，成为专门销售酒水、供人休闲的地方，它可以附属经营，也可以独立经营。

现代的酒吧不但场所扩大了，提供的产品也在不断增加，除酒品外，还有其他多种无酒精饮料，同时，也增加了多种娱乐项目。很多人都很热衷于在茶余饭后去酒吧中消磨时光，其目的或是为消除一天的疲劳，或沟通友情，或增加兴致。酒吧业也越来越受到人们的欢迎，成为经久不衰的服务性行业。

若从现代酒吧的经营角度来看，酒吧的概念应为：提供酒品及服务，以利润为目的，有计划地进行经营的一种经济实体。

首先，酒吧所提供的不单是饮品，更是一种服务，包括环境服务及人员服务。环境服务即是要使酒吧的环境给客人一种兴奋、愉悦的情感体验，使客人身在其中，受其感染，并达到放松、享受的目的。人员服务是指通过服务员对客人所提供的服务而形成客人与服务人员之间一种和谐、轻松、亲切的关系。服务人员应把握客人的心理脉搏，做到"恰到好处"地为客人提供服务，让客人从内心感到自在、舒适。

其次，酒吧经营是以盈利为目的的，这就要求经营者从管理中求效益，把握投入与产出的关系。但同时要注意的是，酒吧不能因追求一时的利益而侵犯客人的消费权益，或触犯国家的有关法律规定，而最终损害酒吧的形象。所以，在追求利润的同时，还应注意酒吧的形象，协调好长远利益与眼前利益的关系。

第三，经营酒吧必须要有计划性。管理者应做到心中有数，事先做好调查和预测，才能适应市场竞争环境。

二、酒吧的种类

对酒吧进行分类研究可使经营者了解不同的酒吧类型及经营模式上的不同特点，以使我们掌握这种规律，明确经营方向，更好地使经营方向适应目标客人的需求。酒吧种类繁多，分类的方法也不尽相同。

(一) 根据服务内容分类

1. 纯饮品酒吧

纯饮品酒吧主要提供各类饮品，也有一些佐酒小吃，如果脯、杏仁、腰果、果仁、花生等坚果类食品，因为据科学验证，人们喝酒之后流失最多的就是此类食品中所含的物质。一般的娱乐中心机场、码头、车站的酒吧属此类。

2. 供应食品的酒吧

供应食品的酒吧还可进一步细分为以下几种。

(1) 餐厅酒吧。绝大多餐厅数酒吧中食物经营只作为辅助品，仅作为吸引客人消费的一个辅助手段，所以酒水利润相对于单纯的酒吧类型要低，品种也较少。但目前高级餐厅中，其品种及服务有增强的趋势。

(2) 小吃型酒吧。一般来讲，含有食品供应的酒吧其吸引力要大一些，客人消费也会多一些。小吃的品种往往是具有独特风味及易于制作的食品，如三明治、汉堡、炸肉排或地方小吃如鸭舌。在这种以酒水为主的酒吧中，小吃的价格高些也不会影响客人的消费需要。

(3) 夜宵式酒吧。这种酒吧通常是高档餐厅夜间经营场所。夜晚，餐厅将环境布置成酒吧型，有酒吧特有的灯光及音响设备。产品上，酒水与食品并重，客人可单纯享用夜宵如特色小吃等，也可单纯享用饮品，这种环境与经营方式对某些消费者来说具有很大吸引力。

3. 娱乐型酒吧

娱乐型酒吧的环境布置及服务主要为了满足寻求刺激和兴奋的客人，所以这种酒吧往往会设有乐队、舞池、卡拉OK、时装表演等，有的甚至以娱乐为主、酒吧为辅，所以，在总体设计中，吧台所占空间较小，舞池较大。此类酒吧气氛活泼热烈，大多数青年人较喜欢这类刺激豪放类酒吧。

4. 休闲型酒吧

休闲型酒吧我们通常称之为茶座，是客人放松和休闲的场所。主要满足寻求放松、谈话、约会的客人，所以座位会很舒适，灯光柔和，音响音量较小，环境温馨优雅，供应的饮料以软饮为主，咖啡是其所售饮品中的一个大项。

5. 俱乐部、沙龙型酒吧

由具有相同兴趣爱好、职业背景、社会背景的人群组成的松散型社会团体，在某一特定酒吧定期聚会，谈论共同感兴趣的话题、交换意见及看法，这类酒吧即俱乐部、沙龙型酒吧。酒吧中同时有饮品供应。比如，在城市中可看到的"企业家俱乐部""股票沙龙""艺术家俱乐部""单身俱乐部"等。

(二) 根据经营形式分类

1. 附属经营酒吧

(1) 娱乐中心酒吧。附属于某一大型娱乐中心，客人在娱乐之余为助兴，往往会到酒吧饮一杯酒，此类酒吧往往提供酒精含量低及不含酒精的饮品，属助兴服务场所。

(2) 购物中心酒吧。大型购物中心或商场也常设有酒吧。此类酒吧大多为人们购物休息及欣赏其所购置物品而设，主营不含酒精饮料。

(3) 饭店酒吧。为旅游住店客人特设，也接纳当地客人。众所周知，酒吧的初级形式是在饭店中出现的，虽然现已有许多酒吧独立于饭店存在，但饭店中的酒吧仍是随饭店的发展而发展起来的，且饭店中的酒吧往往有可能是某一地区或城市中最好的酒吧。饭店中酒吧设施、商品、服务项目也较全面，客房中可有小酒吧，大厅有鸡尾酒廊，同时还可根据客人需求设歌舞厅等。

2. 独立经营酒吧

独立经营酒吧无明显附属关系，单独设立，经营品种较全面，服务设施等较好，间或有其他娱乐项目，交通方便，常吸引大量客人。

(1) 市中心酒吧。顾名思义，地点在市中心，一般其设施和服务比较全面，常年营业，客人逗留时间较长，消费也较多。因此，在市中心此类酒吧竞争压力很大。

(2) 交通终点酒吧。设在机场、火车站、港口等旅客中转地，这类酒吧可供旅客消磨等候时间和休息放松。在此类酒吧消费的客人一般逗留时间较短，消费量较少，但周转率很高。一般此类酒吧品种较少，服务设施比较简单。

(3) 旅游地酒吧。设在海滨、森林、温泉、湖畔等风景旅游地，供游人在玩乐之后放松，一般都有舞池、卡拉OK等娱乐设施，但所经营的饮料品种较少。

(4) 客房小酒吧。此类酒吧在酒店客房内，客人在房内自行随意饮用各类酒水或饮料，此类酒吧现已普及各大高级宾馆。

(三) 根据服务方式分类

1. 立式酒吧

立式酒吧是传统意义上的典型酒吧，即客人不需服务人员服务，一般自己直接到吧台上喝饮料。"立式"并非指宾客必须站立饮酒，也不是指调酒师或服务员必须站立服务，它只是一种习惯上的称呼。

在这种酒吧里，有相当一部分客人坐在吧台前的高脚椅上饮酒，而调酒师则站在吧台里边，面对宾客进行操作。因调酒师始终处在与宾客直接接触中，所以也要求调酒师始终保持仪表的整洁，态度的谦和有礼，当然还必须掌握熟练的调酒技术来吸引客人。

传统意义上的立式酒吧的调酒师，一般都单独工作。因为他们不仅要负责酒类及饮料的调制，还要负责收款，同时，他们也必须掌握整个酒吧的营业情况，所以，立式酒吧也是以调酒师为中心的酒吧。

2. 服务酒吧

服务酒吧多见于娱乐型酒吧、休闲型酒吧和餐饮酒吧。这种酒吧的宾客不直接在吧台上享用饮料，通常由服务员开瓶并提供饮料服务。调酒师在一般情况下不和客人接触。

服务酒吧为餐厅就餐宾客服务，因而佐餐酒的销售量比其他类型酒吧大得多。不同类型服务酒吧供应的饮料略有差别，但销售区别较大。服务酒吧布局一般为直线封闭型，区别于立式酒吧，调酒师必须与服务员合作，按开出的酒单配酒及提供各种酒类饮料，由服务员收款，所以，服务酒吧是以服务员为中心的酒吧。

此种酒吧与其他类型酒吧相比，对调酒师的技术要求相对较低，因此，服务酒吧通常是一名调酒师的工作起点。

(1) 鸡尾酒廊。鸡尾酒廊属服务酒吧类，通常位于饭店门厅附近，或是门厅的延伸，或是利用门厅周围空间，一般设有墙壁将其与门厅隔断。同时鸡尾酒廊一般比立式酒吧宽敞，常有钢琴、竖琴或小乐队为宾客表演，有的还有小舞池，供宾客即兴起舞。

(2) 宴会、冷餐会、酒会等是提供饮料服务的酒吧。客人多站立，不提供座位，既可统一付款，也可为自己所喝的饮料单独付款。

宴会酒吧的业务特点是营业时间较短，宾客集中，营业量大，服务速度要相对较快，基本要求酒吧服务员每小时能服务一百人次左右的宾客，因而，服务员必须头脑清醒，工作有条理，具有应付大批宾客的能力。针对宴会酒吧的特点，服务员事前必须做好充分的准备工作，各种酒类、原料、配料、酒杯、冰块，工具等必须准备充分，以免影响服务。

三、酒吧的构成

酒吧设备包括吧台、桌椅、冰箱、冰柜、制冰机、上下水道、厨房设备、库房设备、空调设备以及音响设备等。现在许多酒吧老板在酒吧中添置了快速酒架(Speed Rack)、酒吧枪(Bar Gun or Liquor Gun)、苏打水枪(Soda Gun or Soda Dispenser)等电子酒水设备。

功能齐全的大型酒吧一般设有吧厅、吧台、包厢、音响室、厨房、洗手间、布草房(换洗衣室)、储藏间、办公室和休息室等。

小资料

"酒吧"是酒馆的代名词，但最初它只是一根横木的英语译音。在美国西部，牛仔和强盗们很喜欢聚在小酒馆里喝几口。因为他们都是骑马而来，所以酒馆老板为方便他们，便在馆子门前设了一根像栅栏一样的横木，用来拴马。后来，汽车取代了马车，骑马的人也少了，这些老旧的横木也多被拆掉了。有一位酒馆老板不愿意扔掉这已成为酒馆象征的横木，便把它拆下来放在柜台下面，没想到却成了喝酒人垫脚的好地方，很受顾客好评。其他酒馆闻之也纷纷仿效，很快，柜台下放横木的作法便普及开来。由于横木在英语里念作"Bar"，故人们索性就把酒馆称作"酒吧"了。

20世纪80年代初，关于西方的文化想象构成了当代中国普遍的社会心理现象。改革开放后，国人从封闭、专制、动乱、落后的历史中走出来，开始睁开眼睛看世界。西方社会的发展进步令国人惊美不已。一种崇尚西方的社会心理迅速滋生并蔓延。20世纪80年代进口的家用电器，使西方的进步以具体可感的产品形式进入寻常百姓的日常生活中。这是一种充满诱惑、难以抵御的物质的力量。除了物质的力量，还有文化的冲击，西方影视作品的引进、传播，更使人们从直观感性的影像中感受到西方影视的魅力。在80年代初的中国，人们在拥挤简陋的小饭店用大碗喝着限量出售的啤酒，排着长队用水壶打啤酒，回家后像过节一样开怀畅饮。生活在这种境况下的人们，看到西方影视镜像中灯红酒绿的酒吧时，那种羡慕渴求的感觉可想而知。酒吧是随着外国人来华开始进入中国的。那时，只有涉外宾馆，即只接待外国人的宾馆，才开有酒吧。它成了一个既神秘又令人神往的地方。关于酒吧的文化想象，可以直接满足人们对西方的崇尚心理。酒吧为人们提供了一个可以置身于西方氛围的空间，它使关于西方的文化想象成为可以触摸、可以感受、可以品尝、可以体验的实在场景。

从酒吧的分布地域看，酒吧一开始多是在对外开放力度较大的沿海大都市发展起来的。北京、上海、广州、深圳等大都市，先后形成了较有规模的酒吧集聚地带。比较有名的：北京的三里屯和北海后街酒吧一条街、上海的衡山路和茂名南路酒吧一条街、广州的沿江路和白鹅潭酒吧一条街。这些酒吧集聚地带的形成都与外国人旅居有着紧密的关联。它们有的在外国使馆区，如北京的三里屯；或是外国游客较多的豪华宾馆附近，如上海的衡山路酒吧一条街和广州的白鹅潭酒吧一条街。这种空间的临近，表明酒吧与西方文化有着十分紧密的联系。

从酒吧的名称来看，对西方化的追求与模仿对酒吧的风格产生了至关重要的影响。酒吧在宣传自己的时候，经常标榜自己的英式风格、美式风格、欧式风格等，并以此作为招徕顾客的金字招牌。经过网上查询，我们看到酒吧命名的西方化是一个极为普遍的现象，如爱尔兰酒吧、威尼斯酒吧、苏格兰酒吧、圣保罗酒吧、法兰西酒吧、巴黎酒吧、夏威夷酒吧、好莱坞酒吧、香榭丽舍酒吧、爵士酒吧、诺亚方舟酒吧、鸡尾酒酒吧等，这些无一不直接展现了西方化的风格。这些西式的招牌，展示着酒吧的西方化形象，满足着人们关于西方的文化想象。

应该看到，中国对于西方的文化想象，一直存在着过度诠释的现象。人们的心之所向，成为风靡一时的潮流。"吧"字的风靡流行便是这种过度想象与过度诠释的产物。在西方，大多数情况下，"Bar"主要特指酒吧这一空间场所，而在中国，"吧"的意指几乎扩展到所有的公共消费空间。于是，便有了各种各样的"吧"：茶吧、网吧、影吧、泥吧、陶吧、书吧、氧吧、聊吧、说吧等。"吧"取代了"馆""院""楼""坊""店"等古老的空间场所词汇，使所有的消费空间场所附着上鲜明的西方色彩，成为一种流行时尚。

资料来源：http://zhidao.baidu.com/link?url=ugpxai_xVRCbfSyo9-5lV-JRAFeo6SkiJ_BDeWfIALJKcS6B_tS8OskzG3dA_0ZR3TTCumsQBaC0vw56iyZZZa

学习任务二 酒吧管理

随着改革开放在中国的进一步深化，咖啡酒吧产业在中国得到迅猛发展。目前，国内几乎所有涉外旅游指定的星级宾馆、饭店都设有咖啡的专营场所，很多大中城市都有咖啡酒吧一条街，大多数高级写字楼、大型商场等都专为咖啡开辟场地，国内许多大中城市都设有咖啡酒吧休闲服务场所。据国家有关统计数据表明，中国的咖啡馆、酒吧数量每年在以20%左右的速度增长。酒吧的管理主要包括设置酒吧组织机构、管理酒吧服务人员。

一、酒吧组织机构设置

酒吧的组织机构设置，因酒吧的接待对象、自身规模、所处地理位置、经营内容和方式的不同而不同，也因管理者的管理理念的不同而有所差异，酒吧需要根据具体情况找到一种合理的、且与自身实际情况相吻合的组织机构，来保证其正常高效运转。酒吧管理涉及的范围包括部门内的分工、人员数目、员工权责的拟定以及他们之前的互动关系，是力求建立起一种能提高服务质量的灵活的组织形式。各组织间业务的分工和各部门的架构，主要是通过职业专门化、组织和建立机构模式、确立管理幅度等手段来实现事先制定的目标，使结构与战略相一致。

(一) 酒吧的人员配备

酒吧人员配备依据两项原则，一是酒吧工作时间，二是营业状况。酒吧的营业时间多为上午11点至凌晨3点，上午客人是很少到酒吧去喝酒的，下午时间客人也不多，从傍晚直至午夜是营业的高峰。营业状况主要看每天的营业额及供应酒水的杯数，一般的主酒吧(座位在30个左右)每天可配备调酒师4～5人。酒廊或服务酒吧可按每50个座位每天配备调酒员10人；如果营业时间短可相应减少人员配备，餐厅或咖啡厅每30个座位每天配备调酒师3人；业务繁忙时，可按每日供应100杯饮料配备调酒师1人的比例，如某酒吧每日供应饮料450杯，可配备调酒师5人。

小资料

以一个四星级合资酒店为例，如果酒水部共包括六个酒吧，那么，人员配备的数量可参照以下数据：

酒吧经理1人	酒吧副经理2人	酒吧主管2人	服务员主管2人
酒吧领班3～4人	服务员领班2～3人	调酒师16～18人	
服务员22～25人	实习生6～8人	实习生8～10人	

以一个100平方米左右营业面积的私营酒吧为例，所需要配备的人员数量参照如下：

酒吧经理1人	酒吧主管1～2人	酒吧领班2～3人
调酒师3～4人	服务员6～7人	实习生1～2人

资料来源：http://www.docin.com/p-279283676.html

(二) 酒吧工作安排

酒吧的工作安排是指按酒吧日工作量的多少来安排人员。通常上午时间，只是开吧和领货，可以少安排人员；晚上营业繁忙，可以多安排人员。在交接班时，上下班的人员必须有半小时至一小时的交接时间，以清点酒水和办理交接班手续。酒吧采取轮休制。节假日可取消休息，在生意清闲时补休。工作量特别大或营业超计划时，可安排调酒员加班加点，同时给予足够的补偿。

二、酒吧员工岗位职责

(一) 酒吧经理

1. 岗位职责

(1) 保证酒吧处于良好的工作状态和营业状态。

(2) 正常供应各类酒水，制订销售计划。

(3) 编排员工工作时间表，合理安排员工休假。

(4) 根据需要调动、安排员工工作。

(5) 督导下属员工努力工作，鼓励员工积极学习业务知识。

(6) 制订培训计划，安排培训内容，培训员工。

(7) 根据员工工作表现做好评估工作，提升优秀员工。

(8) 检查各酒吧每日工作情况。

(9) 控制酒水成本，防止浪费，减少损耗，严防失窃。

(10) 处理客人投诉或其他部门的投诉，调解员工纠纷。

(11) 按需要预备各种宴会酒水。

(12) 制定酒吧各类用具清单，定期检查补充。

(13) 检查仓库酒水存货情况，填写酒水采购单。

(14) 熟悉各类酒水的服务程序和酒水价格。

(15) 制定各项鸡尾酒的配方及各类酒水的销售标准。

(16) 制定各类酒吧的酒杯及玻璃器皿清单，定期检查补充。

(17) 沟通上下级之间的联系。向下级传达上级的决策，向上级反映员工情况。

(18) 完成每月工作报告，向餐饮部经理汇报工作情况。

(19) 监督完成每月酒水盘点工作。

2. 基本素质

外向型性格，擅长交际，处事灵活；有一定的音乐素养；有基本的服务专业特长，尤其是应具备丰富的酒水知识；具备广博的知识；爱好广泛；具备领导才能。工作勤劳，不知疲倦；注重细节，成本观念贯穿于工作始终；时刻把握服务业的新动向，能够定期跑动同类店做调研；与各酒厂的客户代表及供应商保持联系，定期做活动。

3. 职业能力

(1) 具有大专及以上文化程度，有一定的英语会话能力。

(2) 具有较丰富的管理经验和管理能力。

(3) 具有现代销售意识，能设计并组织各种推销活动。

(4) 熟知酒店内部各项规章制度。

(二) 酒吧领班岗位职责

(1) 在酒吧经理指导下，负责酒吧的日常运转工作。

(2) 贯彻落实已定的酒水控制政策与程序，确保各酒吧的服务水准。

(3) 与客人保持良好关系，协助营业推销。

(4) 负责酒水盘点和酒吧物品的管理工作。

(5) 保持酒吧内清洁卫生。

(6) 定期对员工进行业务培训。

(7) 完成上级布置的其他任务。

(三) 酒吧调酒师

1. 调酒师的素质

2000年3月，由劳动和社会保障部颁布实施的《招用技术工种从业人员规定》中规定对调酒师实行国家职业资格证书制度。国家职业资格分为初级(五级)、中级(四级)、高级(三级)、技师(二级)、高级技师(一级)。对初、中、高级的调酒师要求作如下说明。

1) 初级调酒师

(1) 知识要求。

① 熟知本企业及酒吧的一切规章制度，了解本岗位的职责、工作程序和工作标准。

② 了解常用酒品名、产地、主要制作原料、口味、浓度等知识和各类软饮知识。

③ 了解鸡尾酒的起源，掌握流行鸡尾酒调制方法和技术操作知识。

④ 了解本企业各类酒水的储存期以及酒水售价，了解结账程序。

⑤ 了解酒吧常用设备、用具及各类器皿的性能和使用保养知识。

⑥ 具有一定的旅游知识，了解主要客源国的风俗、礼节及不同民族的生活饮食习惯和宗教信仰，熟知服务接待礼仪。

⑦ 了解食品卫生的基本知识和《食品卫生法》。

⑧ 了解服务心理基础知识和相关的服务知识，以及酒水与食物的搭配知识。

⑨ 熟知酒吧常用术语和各类酒品、饮料的外文名称。

(2) 技能要求。

① 掌握基本的调酒技术，能正确调制常用鸡尾酒。

② 掌握常用装饰物和辅助材料的制作技术，制作方法正确。

③ 掌握常用咖啡、茶水的制作技术。

④ 正确掌握葡萄酒、香槟酒的开瓶方法和技术。

⑤ 能正确使用酒吧内所有设备、用具和各类器皿，并能进行一般保养。

⑥ 能对用具、器皿进行清洁消毒。

⑦ 掌握酒吧的工作程序和服务标准。

⑧ 具有独立完成本岗位工作的能力。

⑨ 能用一种外语对外宾进行礼节性的招呼和问候，并进行简单会话。

⑩ 能基本判断宾客心理，主动介绍、推销酒吧内供应的各类酒品、饮品及小食品，并掌握其服务方法。

2) 中级调酒师

(1) 知识要求。

① 了解世界主要名酒的酿制原理和生产工艺，了解世界名酒的储存和保管知识，熟悉酒品的鉴别知识。

② 熟知鸡尾酒的主要制作技术。

③ 懂得各类酒吧环境设计和布置的方法。

④ 掌握一定的酒吧经营管理知识和销售知识，懂得酒水的成本控制与核算方法。

⑤ 具有较丰富的食品卫生知识和营养知识，熟悉酒品、饮料的质量标准。

⑥ 熟知酒吧各岗位的职责、工作程序和标准，掌握各类酒会的服务知识及各项操作技能标准。

⑦ 具有比较丰富的旅游知识，熟知主要客源国的饮食习惯以及对酒品的嗜好，了解与餐饮服务相关的商品知识和与餐饮服务有关的法规、政策。

⑧ 具有一定的外语基础，掌握酒水服务的专业用语。

(2) 技能要求。

① 能比较熟练、正确地调制各类鸡尾酒并能根据宾客要求制作饮品。

② 能够掌握鉴别酒品质量的方法。

③ 能合理制作各类鸡尾酒装饰物，并能制作水果拼盘。

④ 具有酒吧管理能力，能设计、组织一般鸡尾酒会，并能进行成本核算。

⑤ 能比较准确地判断宾客心理，具有较强的酒水推销能力。

⑥ 具有一定的应变能力，能及时妥善处理酒吧内的突发事件。

⑦ 有传授业务技术及培训初级调酒师的能力。

⑧ 能在业务范围内同外宾进行外语会话。

3) 高级调酒师

(1) 知识要求。

① 具有丰富的酒水知识，基本掌握香槟酒、葡萄酒等高级酒水的相关知识。能够比较系统地掌握调酒理论知识。

② 具有比较丰富的公关和市场营销知识。

③ 掌握鸡尾酒调制的原理和技术。

④ 基本掌握世界各类名酒的酿制原理和生产工艺及质量标准。

⑤ 具有酒吧经营管理知识，熟悉各类酒吧的设计和环境布置。

⑥ 了解较多的与本工种相关的科学知识，重点了解餐厅服务知识，熟悉与餐饮服务相关的商品知识和与餐饮服务有关的法规、政策等。

⑦ 基本掌握一门外语，并具备对一门第二外语的初步知识。

(2) 技能要求。

① 掌握调酒技术，能熟练地调制各类世界流行鸡尾酒，并能创制出具有特色的鸡尾酒新品种。

② 能正确鉴别各种酒品的质量。

③ 能够全面和创造性地制作鸡尾酒装饰物。

④ 具有经营管理酒吧的能力，能熟练地设计、指导各类酒会。

⑤ 能准确地进行酒会核算和经营统计。

⑥ 能准确判断宾客心理，有效地推销酒品，及时满足宾客要求，能灵活应变和正确

处理酒吧内的各种突发事件。

⑦ 具有传授业务技术和培训中级调酒师的能力,能制定各类酒吧的酒单,能编写技术培训资料。

⑧ 具有一门外语的良好表达能力,能流利地进行外语会话,并能用第二外语与外宾进行简单会话。

2. 调酒师的岗位职责

(1) 根据销售状况每月从酒水仓库领取所需酒水。

(2) 按每日营业需要从仓库领取酒杯等物品。

(3) 清洗酒杯及各种用品,擦亮酒杯,清理冰箱。

(4) 清洁酒吧各种设备,搞好卫生。

(5) 摆好各类酒水及所需的饮品,以便工作。

(6) 准备各种装饰水果,如柠檬片,樱桃等。

(7) 补充各种酒水。

(8) 营业中为客人更换烟灰缸。

(9) 在营业中,保持酒吧内的干净和整洁。

(10) 准备白糖水以便调酒时使用。

(11) 在宴会前摆好各类服务酒水。

(12) 供应各类酒水及鸡尾酒。

(13) 使各项出品达到饭店的要求和标准。

(14) 每月盘点酒水。

3. 调酒师的任职条件

(1) 通晓酒单全部内容,熟悉酒吧服务全部过程、规定和要求。

(2) 具有高中以上文化程度,具有英语会话能力。

(3) 掌握鸡尾酒的配制标准、调制技术和方法。

(4) 具有酒水成本管理、成本核算知识,掌握酒吧各种酒水成本、毛利水平,控制成本消耗。

(5) 具有酒吧每日酒水、饮料领取、上货、盘点核算等知识和制作酒水成本报表的能力。

(四) 酒吧服务员

1. 岗位职责

(1) 在酒吧范围内招呼客人。

(2) 根据客人的要求填写酒水单,到吧台取酒水,并负责客人离开时的结账。

(3) 按客人要求供应酒水,提供令客人满意而又恰当的服务。

(4) 做好营业前的一切准备工作,保持酒吧的整齐、清洁。

(5) 清理垃圾及客人用过的杯、碟并送到洗碗间清洗。

(6) 熟悉各类酒水、各种杯子类型及酒水的价格,熟悉服务程序和要求。

(7) 协助调酒师清点存货，做好销售记录。

(8) 协助填写酒吧能够用到的各种表格。

(9) 清理酒吧内的设施，如台、椅等。

2. 任职条件

(1) 了解酒单内容，具有丰富的酒水知识和其他知识。

(2) 熟悉为客人提供的服务程序，善于进行实际操作。

(3) 能进行酒吧服务上的基本英语会话。

(4) 具有高中以上文化程度。

(5) 具有大方、礼貌、得体地为客人提供酒水服务的能力。

📖 小资料·

中级调酒师学习内容要点

本部分要求学生主要掌握酿酒基本原理、饮料知识、酒吧知识、酒单与酒谱、食品营养卫生、酒吧设备等知识。

一、酿酒基本原理

酿酒的历史、酒的分类、酿酒的原料、酿酒酒曲、酿酒酵母、酿酒的设备、酿酒的生产工艺、酒精的发酵、淀粉的糖化、制曲、原料处理、蒸馏取酒、酒的老熟和陈酿、酒的勾兑和调校。

二、饮料基础知识

蒸馏酒的定义、蒸馏设备及蒸馏取酒的原理、世界著名六大鸡尾酒基酒的名称、白兰地酒知识、金酒知识、朗姆酒知识、伏特加酒知识、威士忌酒知识、特吉拉酒知识、开胃酒知识、佐餐酒知识、利娇酒知识、配制酒知识、配制酒的定义、配制酒的分类、味美思的知识、波特酒的知识、雪利酒的知识、中国白酒的主要生产原料、酒曲的定义、复式发酵法的定义、中国著名白酒的主要品种、酱香型白酒的特点及著名的品牌、浓香型白酒的特点及著名的品牌、清香型白酒的特点及著名的品牌、米香型白酒的特点及著名的品牌、兼(混合)香型白酒的特点及著名的品牌、法国著名干邑的产区等级及品牌、法国著名雅马邑的产区等级及品牌。

三、酒吧知识

吧台知识、酒吧用具知识、鸡尾酒的知识、鸡尾酒的制作方法、调和法、兑和法、摇和法、搅拌法、Buck类鸡尾酒的特点、Collins类鸡尾酒的特点、Eggnog类鸡尾酒的特点、Fizz类鸡尾酒的特点、Frappe类鸡尾酒的特点、酒吧推销的主要方法、酒吧设吧程序、酒吧酒品的调制程序、酒水饮料的服务程序。

四、酒单与酒谱知识

酒单的定义及作用、酒单与酒吧饮品的提供、原料采购和存储的关系、酒单的设计内容、酒谱的定义、酒谱的结构、鸡尾酒酒谱、红酒酒谱。

五、食品营养卫生知识

食品饮料的营养卫生知识、仪表仪容、酒吧的清洁工作、餐具酒具的消毒、酒吧的卫生标准、调酒师的素质要求。

六、酒水准备

酒吧服务和酒水质量检查、烈性酒的拆分方法、酒会知识、酒会的服务程序与标准。

七、酒吧管理表格知识

酒水点单知识、领货单知识、内转单知识、报损单知识、盘点表知识、销售报表知识、收银报表知识、酒吧日报表知识、员工排班表、签到表和考勤表知识、酒吧仓库库存单知识。

八、器具准备

酒吧设备的使用及保养、调酒用具的使用标准、量具的使用标准、摇酒器的使用标准、酒吧用具的摆放归类、酒吧常用杯具的摆放标准、前后吧台的摆设原则、宴会吧台的摆设原则、宴会杯具的准备原则、葡萄酒杯的备用标准。

九、辅料准备

鸡尾酒的装饰原则标准、各类装饰物的制作方法、各类鸡尾酒辅料的准备要求、各类鸡尾酒辅料的制作。

十、调酒操作

鸡尾酒调制的程序与标准、酒吧服务的程序与标准。

十一、饮料操作

饮料服务的程序与标准、各种酒品的饮用方法。

十二、设备使用及维护

冷藏箱内的温度和存放物品及清洁卫生要求、生啤酒机的使用原理、电动搅拌机的使用与清洁保养要求、电动洗杯机的使用与清洁保养要求、电冰箱的使用与清洁保养要求、制冰机的使用与清洁保养要求、咖啡机的使用与清洁保养要求、榨汁机的使用与清洁保养要求。

十三、法律知识

反不正当竞争法相关知识、消费者权益保护法相关知识。

十四、公共关系与社交礼仪

世界各国风俗、宗教知识。

十五、旅游基础知识

旅游的本质属性、旅游的特点及类型、旅游的基本要素、构成旅游者的条件、旅游资源的特点、旅游业的构成、中国旅游资源的特点、实践操作练习。

十六、鸡尾酒

雪球、金色布朗士、吉普森、彩虹酒、圣父、史丁格、生锈钉、白俄罗斯、黑俄罗斯、长岛冰茶、边车、尼克佳人、百家地鸡尾酒、杏酸、黄金美梦、金色卡迪拉克、青草蜢、布郎士、君度茶、B&B、热托地、重水、红酒考布勒、新月、月光、天使之吻、白兰地柯林、酸金酒、波尔图菲力蒲、尼克罗尼。

十七、奶昔

香橙味奶昔咖啡、Cappuccino(咖菩西诺)、Espresso(意思谱莱叟)。

十八、水果拼盘

西瓜拼盘(一款)、香橙拼盘(一款)。

十九、茶

Ice Lemon Tea(冰柠檬茶)。

资料来源: http://www.tiaojiushi.com

学习任务三 酒吧常用设备与用具

一、设备介绍

酒吧的设备主要有搅拌机、榨汁机、制冷机、冷藏柜、贮酒柜、咖啡机、热水器、啤酒机、洗杯机。

(一) 制冷设备

(1) 冰箱(雪柜、冰柜)。是酒吧中用于冷冻酒水饮料、保存适量酒品和其他调酒用品的设备,大小型号可根据酒吧规模、环境等条件选用。柜内温度要求保持在4℃~8℃。冰箱内部分层、分隔以便存放不同种类的酒品和调酒用品。通常白葡萄酒、香槟、玫瑰红葡萄酒、啤酒需放入柜中冷藏。

(2) 立式冷柜(Wine Cooler)。专门用于存放香槟和白葡萄酒。其全部材料是木制的,里面分成横竖成行的格子,香槟及白葡萄酒横插入格子存放,温度保持在4℃~8℃。

(3) 制冰机(Ice Cube Machine)。酒吧中制作冰块的机器,可自行选用不同的型号,冰块形状也分为四方体、圆体、扁圆体和长方条等多种。四方体型的冰块使用起来较好,不易溶化。

(4) 碎冰机(Crushed Ice Machine)。酒吧中因调酒需要许多碎冰,碎冰机也是一种制冰机,但制出来的冰为碎粒状。

(5) 生啤机(Draught Machine)。生啤酒为桶装,一般客人喜欢喝冰啤酒,生啤机专为此设计。生啤机分为两部分,气瓶和制冷设备。气瓶用于装二氧化碳,输出管连接到生啤酒桶,由开关控制输出气压,气压低表明气体已用完,需另换新气瓶。制冷设备是急冷型的。整桶的生啤酒无需冷藏,连接制冷设备后,输出来的便是冷冻的生啤酒,泡沫厚度可由开关控制。生啤机不用时,必须断开电源,并取出伸入生啤酒桶口的管子。生啤机需每15天由专业人员清洗一次。

(二) 清洗设备

清洗设备主要包括洗杯机(Washing Machine)。洗杯机中有自动喷射装置和高温蒸气管。较大的洗杯机,可放入整盘的杯子进行清洗,一般将酒杯放入杯筛中,再放进洗杯机里。调好程序按下电钮即可清洗。比较先进的洗杯机还有自动输入清洁剂和催干剂装置。洗杯机有许多种,型号各异,可根据需要选用,如一种较小型的旋转式洗杯机,每次只能洗一个杯,一般装在酒吧台的边上。许多酒吧中因资金和地方限制,还得用手工清洗,手工清洗需要有清洗槽盘。

(三) 其他常用设备

(1) 电动搅拌机(Blender)。调制鸡尾酒时用于较大分量搅拌或搅碎某些食品。

(2) 果汁机(Juice Machine)。果汁机有多种型号,主要作用有两个:一是冷冻果汁;二是自动稀释果汁(浓缩果汁放入后可自动与水混合)。

(3) 榨汁机(Juice Squeezer)。用于榨鲜橙汁或柠檬汁。

(4) 奶昔搅拌机(Blender Milk Shaker)。用于搅拌奶昔(一种用鲜牛奶加冰淇淋搅拌而成的饮料)。

(5) 咖啡机(Coffee Machine)。煮咖啡用,有许多型号。

(6) 咖啡保温炉(Coffee Warmer)。将煮好的咖啡装入大容器放在炉上保持温度。

二、用具介绍

酒吧用具主要有量酒器、酒嘴、调酒杯、过滤机、调酒壶、吧勺、冰铲、冰夹、火机冰桶、砧板、吧刀、垃圾桶、刨皮刀、榨汁器、开瓶器、开罐器、抛樽、波士顿听、托盘、烟灰缸、吧巾、纸巾、吸管、调酒棒、杯垫、鸡尾酒签、雪糕勺、盐盅、糖盅、茶更、酒架、酒篮、香槟桶、吧凳、抽空杆、真空塞、碎冰器、漏斗、保鲜纸、装饰盒、地毡、酒糟、吧垫、酒水车、雪茄刀、账单夹。

三、杯具介绍

杯具有水杯、葡萄酒杯、啤酒杯、带柄啤酒杯、宽口香槟杯、郁金香杯、鸡尾酒杯、威士忌杯、烈酒杯、果汁杯、白兰地杯、汽水壶、分酒器、水扎、扎壶、调酒扎、奶盅、些厘杯、藩越盆、爱尔兰咖啡杯、玛嘉维他杯、哥伦仕杯、飓风杯、香蕉船碟、海波杯、咖啡杯、咖啡碟、甜酒杯、冻咖啡杯。

四、各种杯具的主要类型及用途

(1) 烈酒杯(Shot Glass)。其容量规格一般为56ml,用于各种烈性酒(喝白兰地除外),只限于在"净饮"(不加冰)的时候使用。

(2) 洛杯(Old Fashioned Rock Glass)。洛杯又叫古典杯，其容量规格一般为224～280ml，大多用于喝加冰块的酒和净饮威士忌酒。

(3) 果汁杯(Juice Glass)。容量规格一般为168ml，喝各种果汁时使用。

(4) 高杯(High Ball Glass)。容量规格一般为224ml，用于特定的鸡尾酒或混合饮料，有时果汁也用高杯。

(5) 柯林杯(Collins)。容量规格一般为240ml。用于各种烈酒加汽水等软饮料的混合饮料、各类汽水、矿泉水和一些特定的鸡尾酒。

(6) 阔口香槟杯(Champagne Saucer)。容量规格一般为126ml，用于喝香槟酒和某些鸡尾酒。

(7) 郁金香型香槟酒杯(Champagne Tulip)。容量规格为126ml，用于喝香槟酒。

(8) 白兰地杯(Brandy Snifter)。容量规格为224～336ml，净饮白兰地酒时使用。

(9) 水杯(Water Glass)。容量规格为280ml，喝冰水和一般汽水时使用。

(10) 鸡尾酒杯(Cocktail Glass)。容量规格为98ml，调制鸡尾酒以及喝鸡尾酒时使用。

(11) 餐后甜酒杯(Liqueur Glass)。容量规格为35ml，用于喝各种餐后甜酒、彩虹鸡尾酒、天使之吻鸡尾酒等。

(12) 葡萄酒杯(White Wine Glass)。容量规格为168ml，用于喝白葡萄酒。

(13) 红葡萄杯(Red Wine Glass)。容规格为224ml，用于喝红葡萄酒。

(14) 雪利酒杯(Sherry Glass)。容量规格为56ml或112ml，专门用于喝雪利酒。

(15) 彼特酒杯(Port Wine Glass)。容量规格为56ml，专门用于喝波特酒。

(16) 特饮杯(Hurricane)。容量规格为336ml，喝各特色鸡尾酒。

(17) 爱尔兰咖啡杯(Irish Coffee)。容量规格为210ml，喝爱尔兰咖啡用。

(18) 果冻杯(Sherbert)。容量规格为98ml，吃果冻、冰淇淋用。

(19) 苏打杯(Soda Glass)。常用容量规格为448ml，用于吃冰淇淋。

(20) 滤酒器(Decanter)。有几种规格，如168ml、500ml、1000ml等，用于过滤红葡萄酒或出售散装红、白葡萄酒。

五、其他用具

酒吧工具很多，要根据酒吧的需要选用。

(1) 开酒器(Waiter's Knife，俗称Waiter's Friend)。用于开启红、白葡萄酒瓶的木塞，也可用于开汽水瓶、果汁罐头。

(2) T型起塞器(Cork Serew)。用于开启红、白葡萄酒瓶的木塞。

(3) 量杯/量酒器(Jigger)。用于度量酒水的分量。

(4) 滤冰器(Strainer)。调酒时用于过滤冰块。

(5) 开瓶器(Bottle Opener)。用于开启汽水、啤酒瓶盖。

(6) 开罐器(Can Opener)。用于开启各种果汁、淡奶等罐头。

(7) 酒吧匙(Bar Spon)。分大、小两种，用于调制鸡尾酒或混合饮料。

(8) 摇酒器(Shaker)。用于调制鸡尾酒，按容量分大、中、小三种型号。

(9) 调酒杯(Mixing Glass)。用于调制鸡尾酒。

(10) 砧板(Cutting Board)。切水果等装饰物。

(11) 果刀(Fruit Knife)。切水果、装饰物。

(12) 调酒棒(Stirrer)。调酒用。

(13) 鸡尾酒签(Cocktail Pick)。穿装饰物用。

(14) 挤柠檬器(Lemon Squeezer)。挤新鲜柠檬汁用。

(15) 吸管(Straw)。客人喝饮料时用。

(16) 杯垫(Coaster)。垫杯用。

(17) 冰夹(Ica Tong)。夹冰块用。

(18) 柠檬夹(Lemon Tongs)。夹柠檬片用。

(19) 冰铲(Ice Container)。装冰块用。

(20) 宾治盆(Punch Bowl)。装什锦果宾治或冰块用。

(21) 酒桶(Ice Bucket)。客人饮用白葡萄酒或香槟酒时冰镇用。

(22) 漏斗(Funnel)。倒果汁、饮料用。

(23) 香槟塞(Champagne Bottle Shutter)。打开香槟后，用作瓶塞。

小资料

酒吧开业用具清单价格表(部分)

名称	单位	单价/元	数量	总价/元
连架长笛鸡尾酒杯	套	500	2	1000
靴形特色啤酒杯	只	35	12	420
沙滩酒杯	套	56	5	280
4.5安碟形香槟杯	只	14	24	336
6安笛形香槟杯	只	17	24	408
9安双层玛格丽特杯	只	27	12	324
8.5安红葡萄酒杯	只	13	72	936
1.25安利乔杯	只	10	12	120
5.5安白兰地杯	只	12	24	288
5安鸡尾酒杯	只	10	48	480
单头倒酒架	个	90	3	270
双头桌式倒酒架	个	180	2	360
4旋转倒酒架	个	360	1	360
4头红色旋转倒酒架	个	380	1	380
6头旋转倒酒架	个	480	1	480
6头红色旋转倒酒架	个	500	1	500
三角形洋酒桶(啤酒机/酒炮)	个	380	10	3800
足球款洋酒桶(啤酒机/酒炮)	个	380	10	3800

（续表）

名称	单位	单价/元	数量	总价/元
八头分酒器(银)	个	200	2	400
大号香槟桶	个	60	20	1200
吧铃	个	8	2	16
七彩水晶冰桶	个	58	10	580
水晶冰桶	个	30	10	300
蝴蝶型水晶冰桶	个	30	10	300
大号不锈钢冰铲	个	40	1	40
中号不锈钢冰铲	个	35	1	35
小号不锈钢冰铲	个	25	1	25
750ml调酒器	个	55	2	110
550ml调酒器	个	45	1	45
350ml调酒器	个	35	2	70
厅(TIN)	个	45	4	180

资料来源：http://www.docin.com/p-279283676.html

单元小结

本章重点介绍酒吧的基本知识，对酒吧的概念、起源及酒吧的管理和酒吧的设备用具进行了详细阐述。对酒吧的组织结构及岗位的认识，可以使同学们明确酒吧规模、酒吧种类、酒吧接待能力等因素都会对酒店餐饮部组织机构的建立产生一定的影响。掌握酒吧服务用具的分类、用途等有利于为客人提供更加标准的服务。

单元测试

1. 酒吧应如何结合中国的文化特点，实现本土化经营？

2. 酒吧的组织结构及岗位职责是什么？

3. 酒吧设施、设备及用具有哪些？

课外实训

1. 从网上查找北京、上海、广州等大都市的主要酒吧群，并选两个城市进行比较，分析其各自特点。

2. 对当地酒吧市场进行调查，了解营业规律、销售的主要产品、特色、客源市场特征等。

学习单元八
酒吧服务管理

课前导读

夜晚的街面华灯初上，精彩纷呈。释放一天疲惫的心，约上朋友一起感受一下夜生活带来的爽快，走进光彩迷离的奇幻之域——bar。

酒吧这个名词大家都很熟悉，对于酒吧的解释就是"有音乐，有酒，还有很多的人"。一般人对酒吧的认识似乎只至于此，作为西方酒文化标准模式，酒吧越来越受到人们的喜欢。酒吧，越来越多地出现在90年代中国大都市的一个个角落。它成为青年人的天下，亚文化的发生地。酒吧的兴起与红火与整个中国的经济、社会、文化的发展都有着密不可分的联系。

酒吧文化业随着现在这个信息高速发展的时代不断更新变化，它给人们带来了一种遐想、幻想，同时其自身也带有一些神秘色彩。它是娱乐休闲的一种方式，也是一项财富产业。

酒吧，在西方国度里就是普通大众夜生活的聚集地，就像中国南方的茶馆一样。随着人们生活的消费水平的不断提高，这种夜生活的方式——泡吧，也逐渐地被人们接受。酒吧的出现使城市的不同角落里体现着不同的文化。

城市与人有关，人同城市有约！生活方式决定了一个城市的风格。酒吧是一种文化，也是精神的放逐地。酒吧产业的发展与城市的地标、城市的风格同行。

酒吧服务管理师就是这种美好氛围的制造者！他们必将成为酒吧产业中一道靓丽的风景！

学习目标

知识目标：

1. 掌握酒吧服务的标准；

2. 掌握酒吧服务的规范程序。

能力目标：

1. 通过学习酒吧服务标准，能够独立起草酒吧服务的培训方案；

2. 通过学习酒吧服务程序，能够按程序进行酒吧服务。

学习任务一 酒吧服务标准

■ 一、调酒服务标准

在酒吧，客人与调酒员只隔着吧台，调酒员的任何动作都在客人的目光之下。因此，调酒员不但要注意调制酒的方法、步骤，还要留意操作姿势及卫生标准。

(一) 姿势、动作

调酒时要注意姿势端正、轻松、大方，不要弯腰或蹲下。任何不雅的姿势都将直接影响到客人的情绪。动作要潇洒、轻松、自然、准确，不要紧张。用手拿杯时要握杯子的底部，不要握杯子的上部，更不能用手指接触杯口。调制过程中应尽可能使用各种工具，不要用手直接碰触。特别是不能用手抓冰块放进杯中来代替冰夹，不要有摸头发、揉眼、擦脸等小动作，也不准在酒吧中梳头、照镜子、化妆等。

(二) 先后顺序与时间

调酒时要注意客人到来的先后顺序，要先为早到的客人调制酒水。对于同来的客人要为女士们和老人、小孩先配制饮料。调制任何酒水的时间都不能太长，以免使客人等得不耐烦。这就要求调酒师平时多练习。调制时动作要求快捷熟练。一般的果汁、汽水、矿泉水、啤酒可在1分钟时间内完成；混合饮料可用1分钟至2分钟完成；鸡尾酒包括装饰品可用2分钟至4分钟完成。有时五六个客人同时点酒水，也不必慌张忙乱，可先一一答应下来，再按次序调制。一定要先答应客人，不能不理睬客人，只顾自己做。

(三) 卫生标准

在酒吧调酒，一定要注意卫生标准，稀释果汁和调制饮料用的水都要用冷开水，无冷开水时可用容器盛满冰块倒入开水使用。决不能直接用自来水。调酒师要经常洗手，保持手部清洁。配制酒水时有时允许用手，例如拿柠檬片、做装饰物。凡是过期、变质的酒水不准使用。腐烂变质的水果及食品也禁止使用。要特别留意新鲜果汁、鲜牛奶和稀释后果汁的保鲜期，天气热的条件下，这些物品更容易变质。其他卫生标准可参看《中华人民共和国食品卫生法》。

(四) 观察、询问与良好服务

要注意观察酒吧台面，看到客人的酒水快喝完时要询问客人是否再加一杯；客人使用的烟灰缸是否需要更换；酒吧台表面有无酒水残迹，经常用干净湿毛巾擦抹；要经常为客人斟酒水；客人抽烟时要为他点火。让客人在不知不觉中获得各项服务。总而言之，优良的服务在于留心观察加上必要而及时的行动。在调酒服务中，因各国客人的口味、饮用方法不尽相同，有时客人会提出一些特别要求与特别配方，调酒员甚至酒吧经理也不一定会做，这时可以询问、请教客人怎样配制，也许会从中得到满意的答案。

(五) 清理工作台

工作台是配制供应酒水的地方，位置很小，要注意经常清洁与整理。每次调制完酒水后一定要把用完的酒水放回原来位置，不要堆放在工作台上，以免影响操作。斟酒时滴下或不小心倒在工作台上的酒水要及时抹掉。专用于清洁、抹手的湿毛巾要叠成整齐的方形，不要随手丢成一团。

二、待客服务标准

(一) 接听电话

拿起电话，用礼貌术语称呼对方；切忌用"喂"来称呼客人。先报上酒吧名称，需要时记下客人的要求，例如订座、人数、时间、客人姓名、公司名称，还要简单准确地回答客人的询问。

(二) 迎接客人

客人进入酒吧时，要主动地招呼客人。脸带微笑向客人问好，并礼貌地请客人进入酒吧。若是熟悉的客人，可以直接称呼客人的姓氏，使客人觉得有亲切感。如客人需存放衣物，要提醒客人将贵重物品和现金、钱包拿回，然后给客人一记号牌，由客人保管。

(三) 领客人入座

带领客人到合适的座位前，单个的客人喜欢到酒吧台前的酒吧椅就座，两个或几个客人可领到沙发或小台。帮客人拉椅子，让客人入座。如果客人需要等人，可帮其选择能够看到门口的座位。

(四) 递上酒水单

客人入座后可立即递上酒水单(先递给女士们)。如果几批客人同时到达，要先招呼客人一一坐下，再递酒水单。酒水单要直接递到客人手中，不要放在台面上。如果客人在谈话，可以稍等几秒钟，或者说"对不起，先生/女士，请看酒水单"，然后递给客人。要特别留意酒水单是否干净平整，千万不要把肮脏的或模糊不清的酒水单递给客人。

(五) 请客人点酒水

递上酒水单后稍等一会儿，然后微笑着问客人"对不起，先生/女士，我能为您写单吗？""您喜欢喝杯饮料吗？""请问您要喝点什么呢？"如果客人还没有作出决定，服务员(调酒员)可以为客人提建议或解释酒水单。如果客人在谈话或仔细看酒水单，那也不必着急，可以再等一会儿。客人请调酒师介绍饮品时，调酒师要先问客人喜欢喝什么味道的饮料，再给以介绍。

(六) 写酒水供应单

拿好酒水单和笔，等客人点了酒水后要重复说一遍酒水名称，客人确认了再写酒水供应单。为了减少差错，供应单上要写清楚座号、台号、服务员姓名、酒水饮料品种、数量及特别要求。未写完的行格要用笔划掉，当然，过程中也要注意"女士优先"。作为一名合格的服务员，平时就要记清楚每种酒水的价格，以回答客人此时突如其来的询问。

(七) 酒水供应服务

酒水供应服务操作是整个酒品服务技术中最引人注意的工作，许多操作需要面对顾客。因此，凡从事酒品服务工作的人，都十分注重操作技术，以求动作正确、迅速、优美。服务操作的好坏，常常给人留下深刻的印象。高超而又体察入微的服务员，常运用娴熟的操作技术来创造饮宴气氛，以求顾客精神上的满足。服务操作过程中，不仅需要一定的技术功底，而且需要相当的表演天赋。在许多国家里，酒品服务是由专人来掌管的。人们出于尊重和敬佩，将有一定水平的酒品服务员称为"酒师"。在顾客眼里，酒师们的魅力并不亚于文化界中的"明星"，酒品的服务操作是一项具有浓厚艺术色彩的专门技术。在酒品的服务中，通常包括以下基本技巧。

1. 示瓶

在酒吧中，顾客常点用整瓶酒。凡顾客点用的酒品，在开启之前都应让顾客首先过目，一是表示对顾客的尊重，二是核实一下有无误差，三是证明酒品的可靠。基本操作方法：服务员站立于主要饮者(大多数为点酒人或是男主人)的右侧，左手托瓶底，右手扶瓶颈，酒标面向客人，让其辨认。当客人认可时，方能进行下一步的工作，示瓶往往标志着服务操作的开始，是具有重要意义的环节。

2. 冰镇

许多酒品的饮用温度要大大低于室温，这就要求对酒液进行降温处理，比较名贵的瓶装酒大多采用冰镇的方法进行处理。冰镇瓶装酒需用冰桶，用服侍盘托住桶底，以防凝结水滴沾污台布。桶中放入冰块(不宜过大或过碎)，将酒瓶插入冰块内，酒标向上，之后，再用一块毛巾搭在瓶身上，连桶送至客人的餐桌上。一般说来，10分钟以后可达到冰镇的效果。从冰桶取酒时，应以一块折叠的餐巾护住瓶身，可以防止冰水滴落弄，脏台布或客人的衣服。

3. 溜杯

溜杯是另一种降温方法。服务员手持杯脚，杯中放一块冰，然后摇杯，使冰块产生离心力在杯壁上溜滑，以降低杯子的温度。有些酒品的溜杯要求很严，要直至杯壁溜滑凝附一层薄霜为止；也有用冰箱冷藏杯具的处理方法，但不适用于高雅场合。

4. 温烫

温烫饮酒不仅用于中国的某些酒品，有的洋酒也需要温烫以后才可饮用。温烫有以下

4种常见的方法。

(1) 水烫。把即将饮用的酒倒入烫酒器，然后置入热水中升温。

(2) 火烤。把即将饮用的酒装入耐热器皿，置于火上升温。

(3) 燃烧。把即将饮用的酒盛入杯盏内，点燃酒液升温。

(4) 冲泡。把即将饮用的酒用滚沸的饮料(水、茶、咖啡)冲入，或将酒液注入热饮料中。水烫和燃烧常需即席操作。

5. 开瓶

世界各类酒品的包装方式多种多样，以瓶装酒和罐装酒最为常见。开启瓶塞瓶盖，打开罐口时应注意动作的正确和优美。

(1) 使用正确的开瓶器。开瓶器有两大类，一类是专开葡萄酒瓶塞的螺丝钻刀，另一类是专开啤酒、汽水等瓶盖的起子。螺丝钻刀的螺旋部分要长(有的软木塞长达8~9cm)，头部要尖，另外，螺丝钻刀上最好装有一个起拔杠杆，以利于瓶塞拔起。

(2) 开瓶时尽量减少瓶体的晃动。这样可避免汽酒冲冒，也能避免陈酒发生沉淀物窜腾。一般将酒瓶放在桌上开启，动作要准确、敏捷、果断。万一软木塞有断裂危险，可将酒瓶倒置，用内部酒液的压力顶住断塞，然后再旋进螺丝钻刀。

(3) 开拔声越轻越好。开任何瓶罐都应如此，其中也包括香槟酒。在高雅严肃的场合中，呼呼作响的嘈杂声与环境显然是不协调的。

(4) 拔出的瓶塞后要对酒加以检查。看是否是病酒或坏酒，原汁酒的开瓶检查尤为重要。检查的方法主要是嗅辨，以嗅瓶塞插入瓶内的那一部分为主。

(5) 开启瓶塞(盖)以后，要仔细擦拭瓶口，将积垢擦去。擦拭时，切忌使污垢落入瓶内。

(6) 开启的酒瓶、罐原则上应留在客人的餐桌上。一般放在主要客人的右手一侧，底下垫瓶垫，以防弄脏台布；或是放在客人右后侧茶几的冰桶里。使用酒篮的陈酒，连同篮子一起放在餐桌上，但需注意，酒瓶颈背下应衬垫一块餐巾或纸巾，以防斟酒时酒液滴出。空瓶空罐应一律撤离餐桌。

(7) 开启后的封皮、木塞、盖子等物不要直接放在桌上。一般用小盆盛放，在离开餐桌时应一并带走，切不可留在客人面前。

(8) 开启带汽或冷藏过的酒罐封口，常会有水汽喷射出来。因此，当客人面开拔时，应将开口一方对着自己，并用手握遮，以示礼貌。

6. 滗酒

许多远年陈酒有一定的沉淀物积于瓶底内，为了避免斟酒时产生混浊现象，需事先剔除沉渣以确保酒液的纯净。专门人员使用滗酒器滗酒去渣，在没有滗酒器时，可以用大水杯代替，方法如下。

(1) 将酒瓶事先竖立若干小时，使沉渣积于瓶底，再横置酒瓶，动作要轻。

(2) 准备一光源，置于瓶子和水杯的那一端，操作者位于这一端，慢慢将酒液滗入水杯中。

(3) 当接近含有沉渣的酒液时，需要沉着果断，争取滗出尽可能多的酒液，剔除混浊物。

(4) 滗好的酒可直接用于服务。

7. 斟酒

在非正式场合中，斟酒由客人自己去做，在正式场合中，斟酒则是服务人员必须进行的服务工作。斟酒有以下两种方式。

(1) 桌斟。将杯具留在桌上，斟酒者立于饮者的右边，侧身用右手把握酒瓶向杯中倾倒酒液。瓶口与杯沿保持一定的距离。切忌将瓶口搁在杯沿上或高溅注酒，斟酒者每斟一杯，都需要换一下位置，站到下一位客人的右侧。左右开工，手臂横越客人的视线等，都是不礼貌的做法。桌斟时，还需掌握好满斟的程度，有些酒需要少斟，有些酒需要多斟，过多过少都不好。斟毕，持酒瓶的手应向内旋转90°，同时离开杯具上方，使最后一滴挂在酒瓶上而不落在桌上或客人身上。然后，左手用餐巾拭一下瓶颈和瓶口，再给下一位客人斟酒。

(2) 捧斟。捧斟时，服务员一手握瓶，一手则将酒杯捧在手中，站立于饮者的右方，然后再向杯内斟酒，斟酒动作应在台面以外的空间进行，然后将斟毕的酒杯放在客人的右手处。捧斟主要适用于非冰镇处理的酒品。另外，至于手握酒瓶的姿势，各国不尽相同，有的主张手握在酒标上(以西欧诸国多见)，有的则主张手握在酒标的另一方(以中国多见)，各有解释的理由。服务员应根据当地习惯及酒吧要求去做。

8. 饮仪

我国饮宴席间的礼仪与其他国家有所不同，与通用的国际礼仪也有所区别。在我国，人们通常认为，席间最受尊重的是上级、客人、长者，尤其是在正式场合中，上级和客人处于绝对领先地位。服务顺序一般先为首席主宾、首席主人、主宾、重要陪客斟酒，再为其他人员斟酒；客人围坐时，采用顺时针方向依次服务。国际上比较流行的服务顺序：先为女宾斟酒，后为女主人斟酒；先为女士，后为先生；先为长者，后为幼者。妇女处于绝对受尊重地位。

9. 添酒

正式饮宴上，服务员要不断向客人杯内添加酒液，直至客人示意不要为止。当客人的酒杯已空时，服务人员袖手旁观则是严重失职的表现。在斟酒时，有些客人以手掩杯、倒扣酒杯或横置酒杯，都是谢绝斟酒的表示，服务员切忌强行劝酒，使客人为难。

凡需要增添新饮品的，服务员应主动更换用过的杯具，连用同一杯具显然是不合适的。至于散卖酒，每当客人添酒时，一定要换用另一杯具，切不可斟入原杯具中。在任何情况下，各种杯具应留在客人餐桌上，直至饮宴结束为止。当着客人的面撤收空杯是不礼貌的行为，如果客人示意收去一部分空杯，则另当别论。

客人祝酒时，服务员应回避。祝酒完毕，方可重新回到服务场所添酒。在主人游动祝酒时，服务员可持瓶尾随主要祝酒人随时添酒。

(八) 更换烟灰缸

取干净的烟灰缸放在托盘上，拿到客人的桌前，用右手拿起一个干净的烟灰缸，盖在台面上有烟头的烟灰缸上，两个烟灰缸一起拿到托盘上，再把干净的烟灰缸拿到客人的桌子上。在酒吧台，可以直接用手拿干净的烟灰缸盖在有烟头的烟灰缸上，两个烟灰缸一齐拿到工作台上，再把干净的烟灰缸放到酒吧台上。绝对不可以直接拿起有烟灰的烟灰缸放到托盘上，再摆下干净的烟灰缸，这种操作有可能使飞扬起来的烟灰掉进客人的饮料里或者落到客人的身上，会带来意想不到的麻烦。有时，客人把没抽完的香烟或雪茄烟架在烟灰缸上，可以先摆上一个干净的烟灰缸并排在用过的烟灰缸旁边，把架在烟灰缸上的香烟移到干净的烟灰缸上，然后再取另一个干净的烟灰缸盖在用过的烟灰缸上，一齐取走。

(九) 撤空杯或空瓶罐

服务员要注意观察，客人的饮料是不是快要喝完了。如有杯子只剩一点点饮料，而台上已经没有饮料瓶罐，就可以走到客人身边，问客人是否再来一杯酒水尽兴。如果客人要点的下一杯饮料同杯子里的饮料相同，可以不换杯；如果不同就另上一个杯子给客人。当杯子已经喝空后，可以拿着托盘走到客人身边问："我可以收去您的空杯子吗？"客人点头允许后，再把杯子撤到托盘上收走。只要发现客人桌面上有空瓶、空罐，可以随时撤走。

(十) 为客人点烟

看到客人取出香烟或雪茄准备抽烟时，可以马上掏出打火机或擦亮火柴为客人点烟。注意点着后马上关掉打火机或挪开火柴吹灭。燃烧的打火机或火柴不可以靠近客人，距离客人的香烟约10cm左右，让客人靠近火源点烟。

(十一) 结账

客人要求结账时，要立即到收款员处取账单，拿到账单后要检查一遍台号、酒水的品种、数量是否准确，再用账单夹夹好，拿到客人面前，有礼貌地说："这是您的账单，多谢。××元"切记不可大声地读出账单上的消费额。有些做东的客人不希望他的朋友知道账单的数目。如果客人认为账单有误，绝对不能同客人争辩，应立即到收款员那里重新把供应单和账单核对一遍，有错马上改，并向客人致歉；没有错，可以向客人解释清楚每一项目的价格，取得客人的谅解。

(十二) 送客

客人结账后，可以帮助客人移开椅子以便让客人容易站起来，如客人存放了衣物，根据客人交回的记号牌，帮客人取回衣物，记住问客人有没有拿错和是否少拿了自己的物品。然后送客人到门口，说"多谢光临""再见"等；如果知道客人即将离开本地，说一句"祝您一路顺风"，这会让客人感到满足。注意说话时要脸带微笑，面向客人。

(十三) 清理台面

客人离开后，用托盘将台面上所有的杯、瓶、烟灰缸等都收掉，再用湿毛巾将台面擦干净，重新摆上干净的烟灰缸和用具。

(十四) 插好纸餐巾

拿给客人的纸餐巾要先叠好插到杯子中。可叠成菱形或三角形，事先要检查一下纸餐巾是否有破损或带污点，将不平整或有破洞、有污点的纸餐巾挑出来。

(十五) 准备小吃

酒吧免费提供给客人的配酒小吃(花生、炸薯片)通常由厨房做好后取回酒吧，并用干净的小玻璃碗装好。

(十六) 端托盘要领

用左手端托盘，五指分开，手指与手掌边缘接触托盘，手心不碰托盘。酒杯、饮料放入托盘时不要放得太多，以免把持不稳。高杯或大杯的饮料要放在靠近身子一边。走动时要保持平衡，酒水多时可用右手扶住托盘。端起时要拿稳后再走，端至客人面前要停稳后再取酒水。

(十七) 擦酒杯

擦酒杯时要用酒桶或容器装热开水(80%满)。将酒杯的口部对着热水(不要接触)，让水蒸气熏酒杯直至杯中充满水蒸气。用清洁和干爽的餐巾(镜布、口布)擦，手握酒杯底部，右手将餐巾塞入杯中，擦至杯子透明铮亮为止。擦干净后要对着灯光照一下，看看有无漏擦的污点。擦好后，手指不能再碰酒杯内部或上部，以免留下痕印。注意在擦酒杯时不可太用力，防止扭碎酒杯。

三、酒吧服务员的日常工作

(一) 服务前的准备工作

酒吧服务员开始服务前有大量的工作要做，在营业前按照日常工作检查表检查所需的用品、工具、设备、原料等是否已安排就绪。

在开始工作前必须仔细检查个人仪表是否符合要求。如：头发整理整齐、刮净胡须、着装整洁、皮鞋光亮等。

进入酒吧后，酒吧服务员应检查灯光是否已调节至适宜的亮度。吧台应整理干净，没有杂物，酒吧所用口布、小毛巾备用充足，杯子都应洗净擦干，无油污无水迹。各种酒类均应取出放到应放之处，散装饮料也应放到固定的位置，冷柜应加以检查，不断补充所缺物品。

酒吧正式营业前应准备鸡尾酒制作所需装饰。打开樱桃、橄榄罐头，将鲜橙、柠檬、青柠切成片，若还要其他物品如薄荷、糖浆等都应按质量标准备好。

(二) 服务流程

(1) 迎客。当宾客进入酒吧后，迎宾员应立即迎上前，说："先生/小姐晚上好！欢迎光临！"

(2) 领位。询问客人是否有预订："请问您几位，有预订吗？"得到客人确切地回答后如没有预订，则询问客人："请问您是坐吧台还是散座？"如果客人是一位或几位年轻客人，则尽量先将客人带至吧台(利润集中营)，"好的，这边请，您看这个位置行吗？"

(3) 点单。当客人入座后，应礼貌地双手递上酒水单，酒水单务必打开，价格表正对客人，请客人点单："这是我们的酒水单，请过目。"

(4) 推销。给客人递上酒水单后，应根据客人的人数、特征推销主推酒水："先生/小姐请问您需要喝洋酒还是红酒？"如果客人需要的是洋酒："好的，××对吗？请问一瓶还是两瓶？"并向客人推荐促销活动酒水："现在我们这里有优惠活动，××酒水买三送一，您看需要吗？"客人点完酒水后，开始推销小吃和果盘："请问几位还需要再来点小吃和果盘吗？我们这里的×××味道不错，是我们这里的特色，想不想试试？""给这位小姐来份爆米花吧！"

(5) 复单。当客人点完酒水及小吃后，应及时写单并重复一遍客人所点的酒水及小吃(以免错记和漏记)："您点的是×××，对吗？"同时，要记住点单客人的特征。

(6) 写单。酒水单一式三份，一份留底，一份送收银，一份送吧台。

(7) 买单。牢记酒水价格，客人点单后马上买单："对不起，一共消费了×××元，请问哪位买单？请稍等。谢谢！"如需找零，应将找零放于托盘上："先生/小姐这是您的找零××元，请拿好！"

(8) 上酒水。要求服务员动作要快，送酒水要及时准确，上台前应跟进所需物品："对不起，让您久等了，这是您点的酒水。"

注意：啤酒倒八分满，冰块加三块为准，红酒或洋酒倒1/3，倒酒时，要问清每位客人需要什么酒，并微笑示意客人："请慢用。"

(9) 中途服务。保持桌面清洁，及时收走空杯、空瓶及空扎壶，烟缸里的烟蒂应不超过三个。换烟缸时应站在客人右侧，说："对不起，打扰一下！"营业过程中，时刻注意客人动向，如有客人召唤，应立即上前："您好，请问我能为您做点什么吗？"

(10) 二次促销。当客人酒水只剩下1/5时，及时向客人进行第二次推销："请问您需不需要再来一瓶或几瓶酒？"

(11) 调节带动酒吧气氛。当歌手或演员表演完时，应大声鼓掌、吹口哨，让客人感受气氛热烈。

(12) 送客。当客人离开时，应大声地提醒客人带好随身物品："对不起，请检查一下是否遗留贵重物品？"并礼貌向客人告别："各位请慢走，欢迎下次光临！"

(三) 服务中注意事项

1. 换烟缸

(1) 站在客人的右侧示意客人，说："对不起，打扰一下。"

(2) 当在换烟缸的过程中，发现还有半截正在燃烧的烟头时，必须征寻客人的意见，是否更换。客人桌上的烟缸内不得超过三个烟头。

(3) 不得用手去拾落地的烟头，如必需，应立即洗手。

(4) 左手托住托盘，右手从托盘中取出一个干净的烟缸，盖住台面上的烟缸，用食指压住上面的烟缸，再用拇指和中指夹住下面脏的烟缸拿起来放入托盘中，动作要轻，不要发出太大响声。

2. 点烟

(1) 将打火机调到中火程度。当客人拿起烟时，必须做到"烟起火机到"，让客人感到享受着一流的服务。

(2) 点烟时，右手拿打火机，打出火焰，左手五指并拢，手指自然微弯，护在火焰的外部，双手送上给客人点烟。

(3) 服务要做到四"勤"：眼勤、手勤、嘴勤、腿勤。

学习任务二 酒吧服务程序

一、开吧

营业前工作准备俗称为"开吧"。主要有酒吧内清洁工作、领货、酒水补充、酒吧摆设和调酒准备工作等。

(一) 酒吧内清洁工作

(1) 酒吧台与工作台的清洁。酒吧台通常由大理石及硬木制成，表面光滑。由于每天客人喝酒水时会弄脏或溢出少量的酒水在其光滑表面而形成点块状污迹，在隔了一晚后会硬结。清洁时先用湿毛巾擦，再用清洁剂喷在表面擦抹，至污迹完全消失为止。清洁后，要在酒吧台表面喷上蜡光剂以保护光滑面。工作台是不锈钢材料，表面可直接用清洁剂或肥皂粉擦洗，清洁后用干毛巾擦干即可。

(2) 冰箱清洁。冰箱内常由于堆放罐装饮料和食物使底部形成油滑的尘积块，网隔层也会由于果汁和食物的翻倒粘上滴状和点点污痕，大约三天左右必须对冰箱彻底清洁一次，从底部、壁到网隔层。先用湿布和清洁剂擦洗干净污迹，再用清水抹干净。

(3) 地面清洁。酒吧柜台内地面多用大理石或瓷砖铺砌。每日要多次用拖把擦洗地面。

(4) 酒瓶与罐装饮料的表面清洁。瓶装酒在散卖或调酒时，瓶上残留下的酒液会使酒瓶变得黏滑，特别是餐后甜酒，由于酒中含糖多，残留酒液会在瓶口结成硬颗粒状；瓶装或罐装的汽水、啤酒、饮料则由于长途运输仓储而表面积满灰尘，每日要用湿毛巾将瓶装酒及罐装饮料的表面擦干净以符合食品卫生标准。

(5) 杯、工具清洁。酒杯与工具的清洁与消毒要按照规程做，即使没有使用过的酒杯，每天也要重新消毒。

(6) 酒吧柜台外的地方每日按照餐厅的清洁方法去做，有的饭店是由公共地区清洁工或服务员做。

(二) 领货工作

(1) 领酒水。每天根据酒吧所需领用的酒水数量填写酒水领货单，送酒吧经理签名(规模较小的酒店由餐饮部经理签名)，拿到食品仓库交保管员取酒发货。此项工作要特别注意，在领酒水时清点数量以及核对名称，以免造成误差，领货后要在领货单上收货人一栏签名，以便核实查对。食品(水果、果汁、牛奶、香料等)领货程序大致与酒水领货相同，只是还要经行政总厨或厨师长签名认可。

(2) 领酒杯和瓷器。酒杯和瓷器容易损坏，领用和补充是日常要做的工作。需要领用酒杯和瓷器时，要按用量规格填写领货单，再拿到管事部仓库交保管员发货，领回酒吧后要先清洗消毒才能使用。

(3) 领百货。百货包括各种表格(酒水供应单、领货单、调拨单等)、笔、记录本、棉织品等用品。一般每星期领用一到两次。领用百货时需填好百货领料单交酒吧经理、饮食部经理和成本会计签名后才能拿到百货仓库交仓管员发货。

(三) 补充酒水

将领回来的酒水分类堆好，需要冷藏的如啤酒、果汁等放进冷柜内。补充酒水一定要遵循先进先出的原则，即先领用的酒水先销售使用，先存放进冷柜中的酒水先卖给客人。以免因酒水存放过期而造成浪费。特别是水果食品更是如此。例如纸包装的鲜牛奶的存放期只有几天，稍微疏忽都会引起不必要的浪费。这是调酒员要认真对待的。

(四) 酒水记录

每个酒吧为便于进行成本检查以及防止失窃，需要设立一本酒水记录簿，称为bar book。上面清楚地记录酒吧每日的存货、领用酒水、售出数量、结存的具体数字。每个调酒员取出"酒水记录簿"就可一目了然地知道酒吧各种酒水的数量。值班的调酒员要准确地清点数目，记录在案，以便上级检查。

(五) 酒吧摆设

酒吧摆设主要是指瓶装酒的摆设和酒杯的摆设。摆设要有几个原则，就是美观大方、有吸引力、方便工作和专业性强，酒吧的气氛和吸引力往往集中在瓶装酒和酒杯的摆设上。摆设要使客人一看就知道这是酒吧，是喝酒享受的地方。瓶装酒的摆设一是要分类摆，开胃酒、烈酒、餐后甜酒分开；二是价钱贵的与便宜的分开摆，例如干邑自兰地，便宜的几十元钱一瓶，贵重的几千元钱一瓶，两种是不能并排陈列的。瓶与瓶之间要有间隙，可放进合适的酒杯以增加气氛，使客人的感觉得到满足和享受。经常用"饭店专用"散卖酒与陈列酒要分开，散卖酒要放在工作台前伸手可及的位置，以方便工作。不常用的酒放在酒架的高处，以减少从高处拿酒的麻烦。酒杯分悬挂与摆放两种，悬挂的酒杯主要用于装饰酒吧气氛，一般不使用，因为拿酒不方便，必要时，取下后要擦净再使用；摆放在工作台位置的酒杯要方便操作，加冰块的杯(柯林杯、平底杯)放在靠近冰桶的地方，不加冰块的酒杯放在其他空位，啤酒杯、鸡尾酒杯可放在冰柜冷冻。

(六) 调酒准备

(1) 取放冰块，用桶从制冰机中取出冰块放进工作台上的冰块池中，把冰块放满；没有冰块池的可用保温冰桶装满冰块盖上盖子放在工作台上。

(2) 配料。如李派林汁、辣椒油、胡椒粉、盐、糖、豆蔻粉等放在工作台前面，以备调制时取用。鲜牛奶、淡奶、菠萝汁、番茄汁等，打开罐装入玻璃容器中(不能开罐后就在罐中存放，因为钛罐打开后，内壁有水分很容易生锈引起果料变质)，存放在冰箱中。橙汁、柠檬汁要先稀释后倒入瓶中备用(存放在冰箱中)。其他调酒用的汽水也要放在伸手拿得到的位置。

(3) 水果装饰物。橙角对(橙子切成角状)预先切好与樱桃穿在一起摆放在碟子里备用，上面封上保鲜纸。从瓶中取出少量咸橄榄放在杯中备用，取出红樱桃用清水冲洗后放入杯中(因樱桃是用糖水浸泡，表面太粘)备用。柠檬片、柠檬角也要切好摆放在碟子里用保鲜纸封好备用。以上几种装饰物都放在工作台上。

(4) 酒杯。把酒杯拿去清洗间消毒后按需要放好。工具用餐巾垫底摆放在工作台上，量杯、酒吧匙、冰夹要浸泡在干净水中。杯垫、吸管、调酒棒和鸡尾酒签也要放在工作台前(吸管、调酒棒和鸡尾酒签可用杯子盛放)。

(七) 更换棉织品

酒吧使用的棉织品有两种：餐巾和毛巾。毛巾是用来清洁台面的，要湿水用；餐巾(镜布、口布)主要用于擦杯。要干用，不能弄湿。棉织品都要使用一次清洗一次，不能连续使用而不清洗。每日要将脏的棉织品送到洗衣房更换干净的。

(八) 工程维修

在营业前要仔细检查各类电器，灯光、空调、音响；各类设备，冰箱、制冰机、咖啡机等；所有家具、酒吧台、椅、墙纸及装修等。如有任何不符合标准要求的地方，要马上填写工程维修单交酒吧经理签名后送工程部，由工程部派人维修。

(九) 单据表格

检查所需使用的单据表格是否齐全够用，特别是酒水供应单与调拨单一定要准备好，以免影响营业。

二、酒吧营业中

酒吧营业中的工作程序包括酒水供应与结账程序、酒水调拨程序、酒杯的清洗与补充、清理台面处理垃圾、调酒操作与待客服务等。

(一) 酒水供应程序

酒水供应程序一般模式：客人点酒水→调酒员或服务员开单→收款员立账→调酒员配制酒水→供应酒品。

(1) 客人点酒水时，调酒员要耐心细致，有些客人会询问酒水品种的质量产地和鸡尾酒的配方等内容，调酒员要简单明了地介绍，千万不要表现出不耐烦的样子。还有些无主见的客人请调酒员介绍品种，调酒员介绍时需要先询问客人喜欢的口味，再介绍品种。如果一张台有若干客人，务必对每一个客人点的酒水作记号，以便正确地将客人点的酒水送上。

(2) 调酒员或服务员开单。调酒员或服务员在填写酒水供应单时要重复客人所点的酒水名称、数目，避免出差错。酒吧中有时会由于客人讲话的发音不清楚或调酒员精神不集中听错而制错饮品，所以要特别注意听清楚客人的要求。酒水供应单一式三联，填写时要清楚地写上日期、经手人、酒水品种、数量、客人的特征或位置及客人所提的特别要求，填好后交收款员。

(3) 收款员拿到供应单后须马上立账单，将第一联供应单与账单钉在一起，第二联盖章后交还调酒员(当日收吧后送交成本会计)，第三联由调酒员自己保存备查。

(4) 调酒员凭经过收款员盖章后的第二联供应单才可配制酒水，没有供应单的调酒违反饭店的规章制度，不管理由如何充分都不应提倡。凡在操作过程中因不小心、调错或翻倒浪费的酒水需填写损耗单，列明项目、规格、数量后送交酒吧经理签名认可，再送成本会计处核实入账。配制好的酒水由服务员按服务标准送给客人。

(二) 结账程序

结账程序：客人要求结账→调酒员或服务员检查账单→收现金、信用卡或签账→收款员结账。客人打招呼要求结账时，调酒员或服务员要立即有所反应，不能让客人久等。许多客人的投诉都是因结账时间过长造成的。调酒员或服务员需仔细检查一遍账单，核对酒水数量品种有无错漏，这关系客人的切身利益，必须非常认真仔细，核对完后将账单拿给客人，客人认可后，收取账单上的现金(如果是签账单，那么签账的客人要正楷写上姓名、房号及签名，信用卡结账按银行所提供的机器滚压填单办理)，然后交收款员结账，结账后将账单的副本和零钱交给客人。

(三) 酒水调拨程序

在酒吧中经常会由于特殊的营业情况致使某些品种的酒水卖完,这时,客人如果再点这种酒,如果回答说卖完或没有会使客人不高兴,而且影响酒吧的营业收入。这就需要马上从别的酒吧调拨所需酒水品种。酒吧中称为店内调拨(Inter Bar Transfer)。发出酒水的酒吧要填写一式三份的酒水调拨单,上面写明调拨酒水的数量、品种、从什么酒吧拨到什么酒吧,经手人与领取人签名后交酒吧经理签名。第一联送成本会计处,第二联由发酒水的酒吧保存备查,第三联由接受酒水酒吧留底。

(四) 酒杯的清洗与补充

在营业中要及时收集客人使用过的空杯,立即送清洗间清洗消毒。决不能等一群客人一起喝完后再收杯。清洗消毒后的酒杯要马上送回酒吧备用。在操作中,要有专人不停地运送、补充酒杯。

(五) 清理台面处理垃圾

调酒员要注意经常清理台面,将酒吧台上客人用过的空杯、吸管、杯垫收下来。一次性使用的吸管、杯垫扔到垃圾桶中,空杯送去清洗,台面要经常用湿毛巾抹,不能留有脏水痕迹。要回收的空瓶放回筛中,其他的空罐与垃圾要轻放进垃圾桶内,并及时送去垃圾间,以免时间长产生异味。客人用的烟灰缸要经常更换,换下后要清洗干净,严格来说烟灰缸里的烟头不能超过三个。

(六) 调酒操作与待客服务(参见酒吧服务标准)

(七) 其他

营业中除调酒取物品外,调酒员要保持正立姿势,两腿分开站立。不准坐下或倚墙、靠台。要主动与客人交谈、聊天,以增进调酒员与客人间的友谊。要多留心观察装饰品是否用完,将近用完要及时补充;酒杯是否干净够用,有时杯子没洗干净有污点,应及时替换。

三、酒吧营业后

营业后工作程序包括清理酒吧、完成每日工作报告、清点酒水、检查火灾隐患、关闭电器开关等。

(一) 清理酒吧

即使营业时间到了,也要等客人全部离开后,才能动手收拾酒吧。绝不允许赶客人出去。清理酒吧过程中要先把脏的酒杯全部收起送清洗间，必须等清洗消毒后并全部取回，酒吧才算完成一天的任务，并将酒杯摆好，不能到处乱放。垃圾桶要送垃圾间倒空，清洗干净，否则第二天早上，酒吧就会因垃圾发酵而充满异味。把所有陈列的酒水小心取下放入柜中，散卖和调酒用过的酒要用湿毛巾把瓶口擦干净再放入柜中。水果装饰物要放回冰箱中保存并用保鲜纸封好。凡是开了罐的汽水、啤酒和其他易拉罐饮料(果汁除外)要全部处理掉，不能放到第二天再用。酒水收拾好后，酒水存放柜要上锁，防止失窃。酒吧台、工作台、水池要清洗一遍。酒吧台、工作台用湿毛巾擦抹，水池用洗洁精清洗。单据表格夹好后放入柜中。

(二) 每日工作报告

每日工作报告主要有几个项目：当日营业额、客人人数、平均消费、特别事件和客人投诉。每日工作报告主要供上级掌握酒吧营业的详细状况和服务情况。

(三) 清点酒水

把当天所销售的酒水按第二联供应单数目及酒吧现存的酒水数字填写到酒水记录簿上。这项工作要细心，不准弄虚作假，不然的话会造成很大的麻烦。特别是贵重的瓶装酒要十分精确。

(四) 检查火警隐患

全部清理、清点工作完成后，要对整个酒吧整体检查一遍，看有没有会引起火灾的隐患，特别是掉落在地毯上的烟头。消除火灾的隐患在酒店中是一项非常重要的工作，每个员工都要担负起责任。

(五) 关闭电器开关

除冰箱外，所有的电器开关都要关闭，包括照明、咖啡机、咖啡炉、生啤酒机、电动搅拌机、空调和音响。

(六) 收尾整理

最后留意把所有的门窗锁好，再将当日的供应单(第二联)与工作报告、酒水调拨单送到酒吧经理处。通常，酒水领料单由酒吧经理签名后，可提前投入食品仓库的领料单收集箱内。

小资料

白天鹅宾馆酒吧服务程序

1. 迎客
要求：微笑；

见到来宾即上前招呼问候。

请问几位?

2. 带位

要求:指示动作,在客人稍前侧引领入座。

旅行团客待问明人数,准备好台椅后再带位。

3. 拉凳,示座

要求:到位后即主动上前拉凳,并示意客人就座。

4. 递酒牌

要求:翻开酒牌递给客人(先女后男)。

5. 整理台面

要求:把花瓶、烟盅、意见卡移至无人坐的地方。

6. 问饮品

要求:介绍特饮,描述鸡尾酒的配方。

烈酒类,如CIN、RUM、VODKA、SCOTCH等需问明加冰还是净饮,还是加上其他饮料,VEROUTH、MARTINI要问DRY还是SWEET,推销特饮咖啡、蒸馏水、矿泉水代替普通咖啡、冰。

7. 复述柯打

要求:把客人所点复述一遍,检查错漏,对西方旅行团要问明分单还是合单。

8. 落单

要求:按要求写上日期、工号、人数,需附上特殊注明的饮品,要在柯打单上显示出来。

属于鸡尾酒的要写鸡尾酒名,而不是写配方,如:CIMLET/VODKA+OJ应写:SCREWDRIVER,有COUPON的需在柯打单上说明,所有柯打单均需打上时间。

9. 出酒水

要求:用托盘备好纸巾、杯垫等。

饮品跟好GARNISH、STIRER、CHOCOLATE等。

10. 酒水上台

要求:在客人右边送上饮品,并说明品名。饮品放于客人面前,先女后男,要求不能一次在同一位置上齐,纸巾、花生放于易取之处。

朱古力、冰水、白兰地/甜酒放成品字形。

MEXER只能混合一半,STIRER放在CXRAFE杯内。

11. 添酒水,换烟盅

要求:巡台时为客人倒满啤酒、汽水,收掉空罐,离台前再问是否需另一杯饮品。

用正确的手法换烟盅。

12. 准备账单

要求:预先打好账单,分单的要分清楚,并核对账单,改错的单要有班长以上人员签名方有效。

13. 结账，谢客

要求：用账单夹把账单夹好，递给客人，并多谢客人。付现款的要在客人面前清点数目，签单的需有宾馆护照或房匙证明。

持有宾馆所发的以"8"字号为先的金卡者，为酒店长住客，可享有九折优惠。

零钱、底单要送还给客人。

在客人离开前，再次道谢，并欢迎其下次光临。

资料来源：http://www.zspoco.com/canyin/services/7395/

🖥️单元小结

本章重点介绍酒吧服务的规范程序，为将来实际操作夯实理论基础。了解酒吧服务人员的专业素质要求，建立系统的科学的酒吧服务管理意识。

🖥️单元测试

1. 针对这一单元的内容，讨论如何完善对客的服务程序，提高服务质量。

2. 酒吧服务的规范程序有哪些？

3. 对酒吧服务人员的专业素质要求有哪些？

🖥️课外实训

上网或查询图书，了解酒吧服务人员的日常工作内容，最好实际参与酒吧的对客服务工作，积累实践经验。

酒吧成本管理

课前导读

关于经营策划酒吧等娱乐会所，现今已经出现专门的策划公司，但说到底，酒吧的经营还是要靠经营者自己。鉴于目前娱乐市场竞争如此激烈，市场管理也比较混乱，给投资方带来诸多不利，往往导致投资与回馈比例相差较大。因此，为了完善管理，酒吧经营者应突出自己酒吧的优势，一定要在酒吧正式营业之前就出台一套经营策划方案。从选址到装修，再到招聘工作人员，乃至于日后的经营管理，其中，最重要的一步就是最开始的一步——成本的控制与管理。

学习目标

知识目标：

1. 了解酒吧成本的构成；

2. 掌握各个流程中成本的控制方法及注意事项；

3. 掌握简单的票务知识。

能力目标：

提高酒吧管理的专业素质，充分了解酒吧管理流程中的成本控制原则。

学习任务一 采购控制

一、采购人员应具备的素质

(1) 了解酒水及酒吧食品制作的要领和吧台、厨房业务。

(2) 熟悉原料的采购渠道。

(3) 对采购市场和餐饮市场比较了解。

(4) 了解进价与售价的核算方法。

(5) 要经过市场与采购技术培训。

(6) 熟悉原料的规格及品质。

二、采购程序

(一) 仓管填写请购单

酒吧仓管人员根据库存品存货情况填写请购单，经核准后交采购人员。请购单一式两份。第一份送采购人员，采购人员须在采购之前请管理人员批准，并在请购单上签名。第二份由酒水仓管人员留存。

(二) 采购填写订购单

采购时，采购人员须填写订购单。订购单一式四份：第一份送饮料供应单位；第二份送酒水管理员，证明已经订货；第三份送验收员，以便核对发来的订购单和品牌；第四份则由采购人员保留。当然，并非所有酒吧都采用这样具体的采购手续。然而，每个酒吧都应保存书面进货记录，最好是用订购单保存书面记录，以便到货核对。书面记录可防止在订货品牌、数量、报价和交货日期等方面出现误差。

(三) 采购活动控制

(1) 采购人员根据请购单所列的各类品种、规格、数量进行购买。

(2) 采购人员落实采购计划后，需将供货客户、供货时间、品种、数量、单价等情况通知仓管人员。

(3) 验收手续按收货细则办理，收货人员应及时将验收情况通知采购人员，以便出现问题及时处理，保证供应。

三、酒吧采购工作的范围及项目

(一) 酒吧采购工作的范围

酒吧采购工作的范围包括如下几个方面。

(1) 各类设备。

(2) 酒吧日常用品、耗用品。

(3) 各类进口、国产酒类。

(4) 各类水果。

(5) 酒吧供应的小食品及半成品原料。

(6) 各种调味品。

(7) 杂项类。

(二) 酒吧采购工作涉及的项目

酒吧原料采购项目一般包括以下几大类。

(1) 酒水类。餐前开胃酒类、鸡尾酒类、白兰地、威士忌、琴酒、兰姆酒、伏特加酒、啤酒、葡萄酒、清凉饮料、咖啡、茶等。

(2) 小吃类。常见酒吧小吃有饼干类、坚果类、蜜饯类、肉干类、干鱼片、干鱿鱼丝及一些油炸小吃和三明治等快餐食品。

(3) 水果拼盘类。酒吧水果拼盘类包括水果拼盘、瓜果品、瓜酱等。

四、饮品采购的基本要求

(1) 保持酒吧经营所需的各种酒水及配料的适当存货。

(2) 保证各项饮品的品质符合要求。

(3) 在保证质量的前提下按合理价格进货。

五、采购注意事项

(1) 保持酒吧经营所需的各种酒水及配料的适当存货。

(2) 保证各项饮品的品质符合要求。

(3) 保证按合理价格进货。

六、原料领发的控制

在酒吧经营中，原料主要以饮料、酒品为主，这里着重阐述一下对饮料、酒品的控制。

(一) 饮料领发的控制程序

酒吧饮料领发的程序包括以下几个步骤。

(1) 下班之前，酒吧调酒师将空瓶放在吧台上面。

(2) 酒吧调酒师填写饮料领料单。

(3) 饮料主管根据饮料单核对吧台上空瓶数和品牌。如果两者相符，他应在"审批人"一栏上签名，表示同意领料。

(4) 酒吧调酒师或饮料主管将空瓶和饮料单送到贮藏室。酒水管理员根据空瓶核对领料单上的数据，并逐瓶用瓶酒替换空瓶。然后在"发料人"一行上签名。同时，调酒师或饮料主管在"领料人"一栏上签名。

(5) 为了防止员工用退回的空瓶再次领料，酒水管理员应按相关规定处理空瓶。

(二) 酒品领发注意事项

在发料之前，酒瓶上应做好标记。通常，酒瓶标记是一种背面有胶粘剂的标签，是不易擦去的油墨标记。标记上有不易仿制的标识、代号或符号。经管人员通过检查，可保证酒吧后面存入的所有酒瓶都是本酒吧的。这样做可防止酒吧调酒师把自己的酒带入酒吧出售，然后自留现金收入。酒瓶标记还有以下三个重要作用。

(1) 如果根据验收日报表或发货单在酒瓶上记录成本，可便于做好领发料工作。

(2) 如果在酒瓶上记录发料日期，可便于随时了解存放在酒吧后面的酒瓶流转情况。

(3) 酒吧调酒师用空酒瓶换酒时，酒水管理员应先检查空瓶上的标记，防止酒吧调酒师自带空瓶到贮藏室换取瓶酒。

七、食品的采购规格

所谓采购规格就是对所购货品的一种简单说明，主要包括货物的品质、数量、重量以及大小尺寸。每一采购规格均由餐厅的经理人员(采购经理、主厨、餐饮经理等)依照餐饮营业方针、菜单需求及其定价尺度，事先协商拟定。规格副本应由经理部门分发给供应商，供其保存参考。

(一) 制定规格的理由

(1) 确立货品材料的采购标准，以便厨房制作出标准产品，从而服务顾客。

(2) 规格具有书面通知的作用，使供应商能够明确了解本餐厅的需要，并可提出合理而具有竞争性的报价。

(3) 提供验收与仓储人员的明确资讯，使其了解他们的接收与库存的标准情况。

(4) 使餐厅员工了解进货的详情，即货物的大小、重量、品质数量等。

(二) 采购规格中不可缺少的资料

(1) 物品名称。所用的名称务必明确，尤其要与供应商所用的名称一致。

(2) 货品或品牌名称。以苹果为例，本地产或进口货、什么品牌等资料。

(3) 重量。公斤、磅或市斤。

(4) 单价。以供应商报价为准，例如每公斤、每磅、每箱价格多少元。

(5) 附注。如果是肉类可能需要记明其切割方式、包装及处理情形，凡是有必要加以说明的事项均应详细载明与附注。

采购规格是采购作业中必要的书面样本，也是各个部门以及经理人员必备的书面参考资料。

八、饮料的采购

饮料的采购与食品的采购大致相同，以物美价廉为原则。由于饮料所能赚取的利润高于食品，所以餐饮业者在饮料方面都相当重视。采购饮料请务必牢记：包装华丽的产品并不一定就是高级品。

(一) 采购饮料的注意事项

(1) 货源的供应在时间上有所限制。

(2) 特别昂贵的饮料有没有必要购买。

(3) 应当重视酒类供应商的建议。

(4) 品质的评估很困难，因此，饮料的采购应由曾受特别训练的专业人员负责，最好是有参与名酒品尝活动经验的。

(5) 酒类的登记不容易划分，仅能作概略的归类。

(6) 酒类的价格波动不大。

(二) 采购货源途径

(1) 运酒商。有些供应商从产地直接买酒运回来卖，当然他们的货品范围也仅限于某一特定产品。

(2) 批发商。他们供应的货品范围相当广，所售货品不仅在价格上比较便宜，而且还可以暂欠货款，可以暂借存放，可以免费享用其广告和广告宣传品等。

(3) 饮料制造厂商。大批量的饮料和酒水可向制造厂商直接订货，不仅价格便宜，条件优惠，还可有多种付款方式并享有优惠的付款条件。

(4) 付现金自己运货。这主要是针对那些数量极少，使用极少，只供一时之需的货品。采购物资时需用到的表格，如表9-1和表9-2所示。

表9-1　物资采购日报表

品 名	数量	规格质量	到货时间	单 价	金额	到货时间	质 量

表9-2　物资验收日报表

日期	品名	计划数量	实收数量	质量与等级	退换货说明

学习任务二　验收与储存

一、验收

(一) 酒水的验收

(1) 货品品质检查。验收员应该通过检查烈酒的度数、葡萄酒酿造的年份、小桶啤酒的颜色、碳酸饮料的保存期限等，检查饮料的品质是否符合要求。

(2) 货品差误处理。如果在验收之前，瓶子已经破碎，运来的饮料不是酒吧订购的品牌，或者是货品数量不足，验收员应填写货物差误通知单。如果没有发货单，验收员根据实际货物数量和订购单上的单价，填写无购货发票收货单。

(3) 验收之后，验收员应在每张发货单上盖上验收章，并签名。然后，立即将饮品送到贮藏室。验收之后，验收员还应根据发货单填写验收日报表，送财务人员，以便在进货日记账中入账。

(4) 验收日报表填列。验收日报表是一种会计资料。由于各个酒吧的会计实务繁简程度不同，因而验收日报表的具体内容也有所不同。一般情况下，各个酒吧最好根据自己的情况和需要分别编制验收日报表。在饮料验收单上，不仅验收员要签字，同时，酒水管理员也要签字，确认表中所列饮品已收到。

(5) 退货、换货和报损。仓管应根据验收明细表严格验收进仓原料。如发现规格、品质、数量等出现问题，应拒绝收货；也可直接通知采购人员与供货商联系，办理退货、换货手续。若确属运输过程中造成的损失，可填制"物品报损单"，获得主管批准后，方才生效。

(二) 水果的验收

水果和小吃是酒吧营业过程中不可缺少的用品，是顾客用来配饮酒水的辅助食品。

(1) 采购新鲜水果时无论是国产的、还是进口的，都要检查其成熟程度，一般以九成熟为最佳。熟透的水果难以成型，太生的水果在颜色、口味上都难以适应顾客口味。

(2) 水果应无病虫、无农药污染等。

(3) 水果采购数量要依据酒单需要来确认。

(4) 罐装水果应查看厂家地址、出厂日期、保存期限等，以防止购进腐败变质的过期罐装水果。

(三) 小吃的验收

小吃在酒吧经营中的品种有限，但几乎每位客人都需要。在验收时应做好小吃品质把关工作。验收时应注意以下事项。

(1) 检查购进的小吃品牌是否与采购计划相一致。

(2) 小吃保存期限都比较短，应仔细检查生产期限和保质期限。

(3) 检查购进数量与存储量的要求是否一致。

二、储存

(一) 饮料和酒品的储存

饮料贮藏室应靠近酒吧间，这样可减少分发饮料的时间。此外，饮料贮藏室常设在容易进出、便于监视的地方，以便发料，并减少安全保卫方面的问题。酒窖的设计和安排应讲究科学性，这是由酒品的特殊性质决定的。理想的酒窖应符合以下几个基本条件。

(1) 有足够的存储和活动空间。酒窖的存储空间应与酒吧的规模相适应。地方过小，自然会影响到酒品储存的品种和数量；长存酒品和暂存酒品应分别存放。

(2) 通风良好。通风换气的目的在于保持酒窖中有较好的空气，酒精挥发过多而且空气不流通，会使易燃气体聚积，容易发生危险。

(3) 保持干燥。保持酒窖环境干燥，可防止软木塞的霉变和腐烂，防止酒瓶商标的脱落和变质。但是，过分干燥会引起瓶塞干裂，造成酒液过量挥发、腐败。

(4) 隔绝自然光线照明。自然光线，尤其是直射日光容易引起病酒的滋生，自然光线还可能使酒气化过程加剧，造成酒味寡淡、酒液混浊、变色等。酒窖最好采用灯泡照明，其强度应适当控制。

(5) 防震动和干扰。震动及干扰容易造成酒品的早熟，有许多娇贵的酒品在长期受震后(如运输震动)，需要一段时间才可恢复原来的风格。

(6) 储藏室卫生。饮料储藏室的内部应保持卫生，不能有碎玻璃。箱子打开后，每一瓶饮料都应取出，存在适当的架子上去，空箱子应立即搬走。

(7) 贮藏室温度。饮料贮藏室应保持适当的温度。用软木塞瓶塞的葡萄酒酒瓶应横放，防止瓶塞干燥而引起变质。一般说来，红葡萄酒的贮藏温度为13℃左右；白葡萄和香槟酒的贮藏温度应略低一些，为8℃左右；啤酒和配酒剂的贮存温度应保持在5℃左右。特别是小桶啤酒，要防止变质，贮存温度应保持5℃左右。即使只贮藏瓶酒，最好也能保持这一温度，以便在服务中减少将啤酒降至适当温度所需的时间和冰块数量。

(8) 贮藏室内排列。贮藏区的物品按一定方式排列非常重要。同类饮料应存放在一起。例如，所有杜松子酒应存在一个地方，黑麦威士忌酒应存放在第二个地方，苏格兰威士忌酒则存放在第三个地方。这样排列，便于取酒。贮藏室的门上可贴一张平面布置图，以便有关人员迅速找到所需要的酒。

(二) 小吃的储存

储存小吃应防虫、防鼠，以免传播细菌、遭受污染。小吃应按规定货架贮存，便于保持卫生。所有小吃要注明进货日期，按先存先取原则存放。在酒吧，面包通常用来做法式烤面包、面包布丁或三明治，因它很容易因失去水分而变干，所以，应密封后存放在冰箱里贮存。

(三) 水果的贮存

水果是酒吧中水果拼盘的原料。酒吧水果主要是新鲜水果，也有部分是罐装水果。新鲜水果应保持在冷藏箱内，使用前要彻底清洗；一切新鲜水果应用柠檬酸来浸泡，保持水果的新鲜，以防止氧化变黑。

罐装水果未开盖时可在常温下贮存，开罐后容易变质，应将用过部分密封后放在冷藏箱或冰箱里储存，一般不要超过三天。

(四) 鸡尾酒辅助用品的储存

蛋、奶等是调制鸡尾酒最常用的辅助用品，这些用品最容易腐败变质，应贮存在

0~7℃的冰箱内，禁止与其他有异味的食品储存在一起。

小资料

酒吧成本管理中应特别注意的几个问题

一、强化验收管理程序

验收是采购的最后环节，也是非常重要的，可以有效地避免产品的质量不符合要求而造成损失，这也是降低成本的一个非常重要的手段。货物运来后，要根据收据清点货物，以确定所购酒水是否到齐；还要打开箱子，验明货物，同时也要确保所购酒水的年份；最后将箱子封好，贴上日期以便很好地利用。

二、做好储存保管工作

储存主要是防止酒水的丢失和保证酒水的质量，储存管理的好坏也直接决定了酒吧成本的高低。如葡萄酒的储存要特别注意避免光照、温度要稳定、湿度在55%~65%、远离发热体等问题。

三、增强全员成本观念

酒水的浪费现象在各酒吧广泛存在，酒吧应正视这一现象，实行全员成本管理。例如，服务员在打扎啤酒时由于泡沫过多而将整杯扎啤酒都倒掉造成浪费；服务员开工前和12点后偷喝酒水；员工间以物品交换酒水等。其原因是员工意识中将成本控制当作管理层的任务，没有成本控制的责任心。因此，应在全体职工中进行成本意识的宣传教育，培养全员成本意识，变少数人的成本管理为全员的参与管理。

四、运用盘存表来加强管理

盘存表的填写方法：调酒员每天上班时按照表中品名逐项盘存，填写存货基数，营业结束前统计当班销售情况，填写售出数，再检查有无内部调拨，若有，则填上相应的数字，最后，用"基数+调进数+领进数-调出数-售出数=实际盘存数"的方法计算出实际盘存数填入表中，并将此数据与酒吧存货数进行核对，以确保账物相符。管理人员必须经常不定期检查盘点表中的数量是否与实际贮存量相符，如发现出入应及时检查，及时纠正，堵塞漏洞，减少损失。

五、严格控制标准配方的内容

各个酒吧的酒水销售都有标准配方作为依据。严格按照标准配方操作，可以防止酒水浪费，从而达到控制成本和保证产品质量的目的。标准配方不仅要包括产品的配方、装饰、载杯，还应包括服务时间、标准颜色、口感和表演方式。

酒吧作为新兴的消费方式，有着自己的活力，经营者的目标是提高效益，而在创造酒吧文化、保证酒吧产品质量和服务质量的前提下，加强对酒吧成本的管理是酒吧实现利润最大化的基本途径。同时要动态地看待酒吧成本管理，不要墨守成规，要不断创新酒吧成本管理模式，以适应酒吧和形势发展的需要，真正提高酒吧的经济效益，使酒吧更好地服务于大众。

资料来源：根据http://www.douban.com/note/272932212/改编

学习任务三 生产控制

在消费之前，顾客对某种酒水的味道通常已有所了解。例如，点威士忌酸的顾客，根据经验，已经知道由熟练的酒吧调酒员用威士忌、柠檬汁和糖水调配的威士忌酸的味道和颜色。如果这种混合酒不符合顾客的期望，顾客就会不满、投诉，甚至不再来消费。因此，酒吧必须承认和接受顾客的某些期望标准和饮料调配标准，并制定程序，保证符合这些标准。酒吧管理人员必须搞好饮料配制过程中各种成分用量和比率控制，并确定每杯酒水容量标准，使每杯酒水都符合顾客的期望。

制定和执行这些标准，是一种饮料成本控制方法。按配方调配饮料，并按事先确定的每杯容量为顾客供应饮料，酒吧调酒员调配的威士忌酸的成本就应相同，售价相同，每杯威士忌酸的成本率也保持不变。如果所有其他饮料也按照各自的标准来配制，这些饮料的成本率也应保持不变。这样，如果酒吧的销售构成没有明显变化，饮料成本率应基本稳定。酒吧经理就能够确定酒吧的标准酒水成本率，以便与实际成本率进行比较。总之，酒吧要实行标准化管理。

标准化管理包括：配方、用量、载杯、酒牌、操作程序和成本的标准化。酒吧经理必须制定行之有效的生产标准。

一、配方的标准化

建立标准配方的目的是使每一种酒水都有统一的质量，顾客们要求酒吧提供的饮料在口味、酒精含量和调制方法上要有一致性。标准配方应是以多次试验并经顾客与专家品尝评价后以文字方法记录下来的配方表，一旦确定，便不能随意更改。调酒员有一定的权力对配方做一些小的变更以满足不同客人的要求，但这种变化不应太大。

另外，即使是同一种饮料(例如金汤力Gin Tonic)，因为用量比例不同，这种饮料的每杯成本也就不同。假设金酒进价60元，容量33.8盎司，允许溢出量为1盎司，汤尼水进价4.5元，容量375毫升(约12.7盎司)。

金汤力(计算过程)

a. 2盎司金酒 3.66=[60÷(33.8-1)]×2

6盎司汤尼水 2.13=(4.5÷12.7)×6

每杯成本 5.79

b. 1盎司金酒 1.83=[60÷(33.8-1)]×1

7盎司汤尼水 2.48=(4.5÷12.7)×7

每杯成本 4.31

在上例中，每杯饮料都是8盎司，但是，由于两种成分的用量不同，每杯饮料的成本就有明显差别。假定这种混合饮料的每杯售价为20元，在甲、乙两种情况下，饮料成本率也就有很大差别。

a饮料成本率=5.79/20×100%=28.95%

b饮料成本率=4.31/20×100%=21.55%

显然，要控制饮料成本，还必须使用标准配方，规定各种饮料在配制时各种成分的用量标准。

对于混合酒的配方而言，一种酒可能会有比例不同的多种配方，这就要求管理人员确定所有混合酒的标准配方。最常见的做法是挑选一份配方，供酒吧使用。也有许多酒吧，特别是联号公司，专门编印一本配方指南。无论是哪种做法，标准配方不仅包括酒水的用量，而且包括所有其他成分的用量、冰的形状和大小，以及调制鸡尾酒的方法和服务方法说明。

从控制的角度说，标准配方是极为有用的。它是成本控制的基础，可以有效地避免浪费。

二、用量的标准化

要搞好饮料生产控制，管理人员应首先确定各种饮料中成本最高的成分——酒水的用量标准。酒水用量控制包括确定酒水用量及提供量酒工具两方面。

(一) 确定酒水用量

配置大部分饮料，需使用一种烈酒和其他辅料。酒吧经理必须根据酒吧的特点确定烈酒这一高价成分的用量标准。每个酒吧的用量不同，有的酒吧烈酒的用量标准只有3/4盎司，而另一些却高至2盎司。

(二) 提供量酒工具

酒吧经理在确定烈酒用量标准之后，应为酒吧服务员提供量酒工具。如量杯、倒酒器和饮料自动分配系统，以使调酒员能精确地测量酒水用量。

三、酒牌的标准化

酒吧使用标准牌号的酒，其道理很简单，因为这是控制存货和向客人提供稳定质量的饮料的最好方法之一。假如客人指定某一牌子的威士忌配制饮料，而酒吧使用了低质量的酒来代替它，这将使客人感到不满意，虽然也许当时只有这种低质量的酒供应，但顾客对这种替代品是不会满意的。标准配方的制定是用来满足客人的要求和产生利润的重要方法。但若无标准牌号，也就没有标准配方。目前有许许多多的酒精饮料和软饮料生产商和经销商，他们都想进入酒吧销售渠道，这就要求管理层在采购时作出正确的选择。可以肯定，经营者不可能使市场上每一种牌号的酒都出现在自己的酒吧中，所以要根据顾客的需要安排进货，但进货量不应太大，这样便可以根据市场变化及时调整订购计划。

四、载杯的标准化

除了控制调配每杯饮料所需的烈酒的用量之外，酒吧经理还需控制每杯饮料的容量。在服务时使用标准化酒杯可简化容量控制工作。酒吧经理应确定每杯饮料的容量，并为酒吧服务员提供适当的酒杯。

酒杯的形状和大小不一，因此，酒吧经理应具体规定各种饮料应使用的酒杯。例如，在某个酒吧，所有鸡尾酒都可能使用2.5盎司的高脚鸡尾酒杯，服务员所供应的每杯鸡尾酒不可能超过2.5盎司，这样，酒吧经理就能有效地控制每杯饮料的容量。

要有效地搞好容量控制，酒吧必须采购适当大小的酒杯。管理人员须根据目前或预期的顾客的爱好，确定需使用哪几个类型的酒杯，然后再确定每杯饮料的容量。采购人员必须根据管理人员规定的容量标准购置酒杯。低档酒吧可能只需要四五种不同类型和不同大小的酒杯，但高档酒吧可能需要10～15种不同类型和不同大小的酒杯。管理人员必须使酒吧服务员了解斟哪一种酒应使用哪一种酒杯。

五、操作程序的标准化

标准操作程序是系统管理餐饮业的一种手段，实施标准操作程序可以保证企业中服务与产品质量的一致性。员工加入企业后，必须了解企业是如何经营的，为什么要这样经营，而后要根据管理部门建立的统一操作程序进行培训，这样才能在服务过程中有一个统一的企业标准，使所有的顾客在所有的时间内都能得到统一的服务。

六、每杯酒水成本的标准化

确定标准配方和每杯标准容量之后，就可以计算任何一杯酒水的标准成本了。

(一) 纯酒的标准成本

1. 方法之一

先求出：每瓶酒实际所斟杯数=瓶酒容量÷每杯纯酒标准容量－允许溢出量。再求出：每杯纯酒的成本=瓶酒成本(购进价)÷杯数。在任何一个酒吧，酒吧服务员不可能将酒瓶中的每一滴酒倒尽。在营业过程中，酒水总会发生一些蒸发，另外，服务员在服务过程中也会造成一些浪费，所以，经理应规定每瓶酒可允许的溢出量，但不应让服务员知晓。

【例1】某酒吧规定每杯通用牌号苏格兰威士忌酒的标准容量为1.5盎司，每瓶苏格兰威士忌酒的容量为750毫升，购进价假定为90元人民币，求每杯苏格兰威士忌酒的成本(750毫升约为25.4盎司，每瓶酒允许溢出量为0.3杯)。

计算如下：一瓶酒所斟杯数=25.4盎司÷1.5盎司/杯－0.3杯≈16.6杯

每杯成本=90元÷16.6杯=5.42元/杯

2.方法之二

先求出：每盎司成本=瓶酒成本(购进价)÷瓶酒盎司数-允许溢出量(盎司数)。再求出：每杯纯酒标准成本=每盎司成本×每杯纯酒标准用量。

【例2】某酒吧购进通用牌号金酒，进价假定为60元，容量为1升(相当于33.8盎司)，允许溢出量为1盎司(每杯标准用量为1.5盎司)，求每杯标准成本。

计算如下：每盎司成本=60元÷(33.8盎司-1盎司)=1.83元/盎司

每杯标准成本=1.83元/盎司×1.5盎司=2.75元

在确定每杯纯酒的标准成本之后，应填写标准成本记录表。酒水购价变化之后，应重新计算每杯标准成本。这样，酒吧管理者就能够始终了解每杯纯酒最新的标准成本数额。

(二) 混合饮料的标准成本

混合饮料通常需要使用几种成分的酒水，因此，每杯混合饮料的成本一般高于纯酒。只有了解每杯混合饮料的标准成本之后，酒吧管理者才能确定合理的售价。混合饮料的标准成本是标准配方中每一种成分的标准成本之和，现以马天尼为例说明。

1. 马天尼的标准配方

2盎司金酒，0.5盎司干味美思，1颗水橄榄。

2. 确定金酒的成本

(1) 一瓶金酒的容量：33.8盎司

(2) 金酒实际用量：33.8盎司-1盎司(溢出量)=32.8盎司

(3) 一瓶金酒的成本(进价)：60元

(4) 每盎司金酒的成本：60元÷32.8盎司=1.83元/盎司

(5) 配方上金酒的成本：1.83元/盎司×2盎司=3.66元

3. 确定味美思的成本

(1) 一瓶味美思的容量：25.4盎司

(2) 实际用量：25.4盎司-0.45盎司=24.95盎司

(3) 每瓶味美思的成本：24元

(4) 每盎司味美思的成本：24元÷24.95盎司=0.96元/盎司

(5) 配方上味美思的成本：0.96元/盎司×0.5盎司=0.48元

4. 确定橄榄的成本

(1) 每罐橄榄的容量：80个

(2) 每罐橄榄的成本：15元

(3) 每个橄榄的成本：15元÷80个=0.19元/个

5. 马天尼的总成本

总成本-3.66元+0.48元+0.19元=4.33元

以此类推，酒吧经理可以计算出自己酒吧所供应混合酒的标准成本，并汇成混合酒的标准配方细目和成本计算表，以便管理人员随时查阅。

七、每杯酒水售价的标准化

确定并列出每杯标准容量饮料的标准成本后，管理人员需要列出各种饮料每杯的售价，饮料会计师应保存一份完整的价目表。饮料价目表的形式多种多样，最简单、最好的做法是在混合酒的标准配方细目和成本计算表、售价记录表上，再增加"每杯售价"一栏。

每个酒吧都必须制定每杯饮料的标准售价，以便服务员正确报价，并防止顾客与服务员发生争论。当然，售价不是一成不变的，它要随着饮料成本的改变、顾客需求的变化等因素进行相应调整。确定每杯饮料标准售价的最重要原因是保证酒吧所售出的每杯饮料的成本率都和计划成本率一致。某种饮料按标准配方调整，假定每杯成本为4.33元，售价为21.65元，其成本率为20%。每出售一杯这种饮料，酒吧营业收入应增加21.65元，饮料成本增加4.33元，毛利增加17.32元。这样，酒吧管理人员就能够在计划工作中确定每增售一杯饮料对酒吧毛利额的影响。

有时，特别是在饭店客房供膳服务中，顾客会从酒吧购买整瓶酒，整瓶酒的售价通常低于一瓶酒按杯出售时的售价。因此，管理人员最好单独记录瓶酒的销售额和成本。许多酒吧供应的饮料品种繁多，管理人员应该给酒吧服务员一份价目表，以便他们正确地向顾客收费。

酒吧管理者在制定价格的同时还需考虑价格对销量的影响，因为它关系如何成功地制定价格。如果提高现有饮料的价格，成本不变，那么每销售一份饮品，毛利便随之增加。销量对价格的变化是很敏感的。正常情况下，价格上升，每份饮品的毛利上升，但是销量就会减少。

对酒吧而言，需求不仅受价格影响，而且与酒的质量、服务水平、装饰环境等因素关系密切，要考虑顾客选择酒吧时可以接受的最低价格是多少，多高的价格会失掉顾客。很多酒吧是在需求对价格变化很敏感的竞争环境中经营的，这就需要酒吧管理者了解竞争形势，作出需求与价格灵敏度的预测，并且时时留意产品销售，使之调整到最适宜的程度。

八、酒水的损耗控制

在酒品的销售过程中，损耗是必不可少的，它通常是由于调酒师不适当地调制酒品或是服务员操作失误等原因造成的，它会削减酒吧的利润。如果实行一系列的标准化管理，便可以使损失降到最低。另外，掌握测量损失的方法也是必不可少的控制手段，一旦损失危害了利润，便可立刻发现并对问题予以解决。

通常情况下，酒吧采用三种测量的方法来控制损耗。

(一) 成本百分比法

在指定的时间内，比较消耗与消费的酒品成本，得出的百分比数再与标准的成本百分比比较。这一方法要求酒吧应有营业前后的实际库存数据，以及营业期内的酒品购入量。

先求出指定时期内可供销售的酒品值 X

$$X=营业前库存值+购进值$$

求出指定时期内消耗酒品的成本

$$成本=X-营业后库存值$$

求出指定时期内酒吧成本百分比

$$酒吧成本百分比=消耗酒品成本÷总销售值$$

因为啤酒、葡萄酒和烈酒的成本不同，所以必须分别计算它们的成本百分比(成本百分比=成本÷售价)，将它与计划的或标准的成本百分比相比较，也可以与前期的同类数字相比较。如果高于标准成本百分比的0.5%，应找出原因。为了及时查找原因，酒吧管理者应每天或每星期核对库存量，并计算成本百分比。

(二) 盎司法

盎司法与成本百分比法的原理相同，只是用盎司数来测量浪费的数量。

计算出消耗盎司量

$$消耗盎司量=营业前库存量-营业后库存量$$

求出销售的盎司总量；根据账单，计算出每一类酒品的销售次数，然后分别与每一种饮品的盎司数量相乘，便得到每一类饮品的盎司量，最后将各类饮品盎司量加总便得到了销售的盎司总量；求出浪费的数量

$$浪费数量=消耗的盎司量-销售的盎司量$$

每个酒吧对浪费数量都有一个允许的范围，据此标准衡量，以使浪费控制在最低点。

(三) 潜在销售值法

所谓潜在销售值就是没有任何浪费的理想销售值。可以利用标准的饮品数量、零售价和每瓶酒的容量来计算。例如，某一种酒品标准用量为每份1盎司，售价20元，每瓶容量是33.8盎司，那么潜在的销售值应该是676元，但是，实际情况要复杂得多。大部分酒吧销售多种饮品，价格也不一样。所以，潜在的销售值要根据诸多变量来判断，只能采取加权平均法计算近似值。下面以金酒为例说明。

【例3】假设某酒吧供应三种含有金酒的混合酒。

1. 求出每份金酒的平均量(依据表9-3)

表9-3 金酒销售量表

酒名	销售份数	销售量/盎司
Gimlet(1.5盎司)	10	15
Martini(2盎司)	40	80
Gin Tonic(1.5盎司)	12	18
总计	62	113

每份金酒的平均用量=113盎司÷62份=1.82盎司/份。

2. 每瓶金酒所卖份数

每瓶金酒所卖份数=33.8盎司÷1.82盎司/份=18.57份。

3. 每份金酒的平均售价(依据表9-4)

表9-4　金酒销售额表

酒名	销售份数	销售额/元
Gimlet(10元)	10	100
Martini(15元)	40	600
GinTonic(10元)	12	120
总计	62	820

金酒平均售价=820元÷62份=13.22元/份。

4. 每瓶金酒的潜在销售值

每瓶金酒的潜在销售值=13.22元/份×18.57份=245.5元。

随后,我们与实际销售价作比较,发现理想情形下,实际销售值应与潜在销售价相等。用加权平均法计算的潜在销售值是在瓶装烈酒成本、售价保持不变的前提下进行的,一旦发生变化还需重新计算。

📖 小资料

酒水的成本控制

一、酒水成本的定义与构成

(一) 酒水成本

酒水成本是指酒水在销售过程中的直接成本。用酒水的进货价与销售价来确定,可以用百分比来计算。例如,可口可乐的进货价为每罐人民币2元,售价是10元的话,酒水的成本为2元,成本率为20%。成本率计算为成本与售价的比值。同样,瓶装的酒水也可以用每瓶的进价与售价来进行计算。

(二) 酒水的售价

酒水的售价是在酒吧定出成本计划后确定的。每一个酒吧都要按照本身装修格调和人员素质来定出成本率,然后再计算酒水的售价。计算时不能单一地计算,要分组计算,低价的酒水成本率可以低些,名贵的酒水成本率可以高些。例如,计算果汁的售价与成本。酒吧常用的果汁有5种,橙汁、柠檬汁、菠萝汁、西柚汁和番茄汁。在确定成本率为25%以后,进价与售价如表9-5所示。

表9-5　酒水价格表

项目	价格/元	进价/元
橙汁(每杯)	1.20	6.00
柠檬汁(每杯)	1.50	6.00
菠萝汁(每杯)	1.50	6.00
西柚汁(每杯)	2.00	6.00
番茄汁(每杯)	1.60	6.00
合计	7.50	30.00

先将5种果汁的每杯成本价相加得7.50元，是果汁类的一组进价成本，按25%成本率计，应卖7.50÷0.25=30(元)。30元为5杯果汁的总销售额，所以每杯果汁的价格为30÷5= 6(元)。这样制定价格既方便计算，又有利于营业，而且也方便调酒员记忆。其他酒水的计算方法也相同，可将酒水单分为几类：流行名酒(包括一般牌子的烈酒)，世界名牌(包括各种名牌威士忌)，美国威士忌，干邑白兰地和亚曼邑白兰地，开胃酒，餐后甜酒，鸡尾酒和长饮，餐酒，啤酒，果汁，矿泉水和软饮。然后再分组计算售价。总而言之，酒水的成本是指酒水的进货价，酒水的成本率是由各酒吧自行确定的，而售价则根据酒水的成本和成本率计算得出。

二、酒水的成本控制

成本控制主要体现在两个方面，一是控制酒吧的存货量，既不能过多存货造成积压资金，又不能太少存货导致营业困难。二是减少浪费和损耗。酒吧需设立成本分析表，主要是对每日成本和累积成本的核算。每日成本说明酒吧当日的领货与营业状况。累积成本反映当月的酒吧成本情况。表格形式如表9-6所示。

表9-6　酒水成本分析表

日期_____

类别	营业额	成本	百分比
每日成本分析			
当月积累分析			

可以将表9-6中每日的营业额与成本对比，分析酒吧的经营状况，假设确定的酒水成本是30%，而当日所反映的酒水成本的百分比是50%，就需要了解实际情况，为什么要领这么多的货，是否领了过多的酒水或较贵重的酒，还没有售出去。每日成本对比还可以分析数个酒吧之间的营业状况。假设相同状况或营业额接近的酒吧，如果当天成本百分比相差很大，就要检查原因。每日成本数字还可以使酒吧主管或领班按照实际营业状况去领货，而不必过多地积压酒水。表格中的每月累积成本数字则反映当月酒水销售成本的实况，越接近月底，百分比就越接近确定成本率，反之就有问题了。计算公式是

每月成本=月初存货+领用酒水+调拨进酒水−调拨出酒水−月底存货

以上是指每月酒水成本的金额(现金价格)。其中月初存货与月底存货是从每月酒水盘点中得来的。领用酒水是当月累积领用酒水的总和。调拨进酒水是指从别的酒吧或厨房借用的食物或酒水；调拨出酒水是指借给别的酒吧或厨房用的酒水和食物。

酒水成本的百分比计算公式

酒水成本百分比=当月酒水成本÷当月营业额×100%

在实际计算时当月营业额还应减去食物的营业额。计算得出的数字不能超出确定成本率的±0.5%，如果超出了+0.5%，则说明浪费和损耗大多，要查清原因。如果低于−5%。则说明出品质量有问题，没有按标准出品。成本控制是要求调酒师从酒水的成本率分析中去调节指导酒吧的实际出品和营业，以保持领用酒水与销售的平衡，并按照预定的计划去减少浪费、积压和损耗从而获得更大的效益。

资料来源：http://www.canyin168.com/glyy/cbkz/200903/14525.html

单元小结·

本章重点介绍酒吧经营管理中关于成本的控制，从进货、验货到生产过程一步步紧扣减少成本的主题。应重点掌握控制成本的方法，基本掌握有关票务单据的知识。

单元测试·

1. 酒吧经营管理中成本控制的重要性有哪些？
2. 节约控制成本的方法有哪些？

课外实训·

上网查询酒吧票务的相关知识，学习各种票据的具体应用方法，为将来工作打好基础。

学习单元十

酒吧营销管理

课前导读

　　一个酒吧经营的成功与否，关键要看销售状况。产品，是酒吧销售的核心，没有产品就谈不上销售和经营。酒吧销售还需要很好的销售渠道和促销手段，这是酒吧销售的润滑剂。此外，价格营销也是比较灵活的销售方式。

学习目标

知识目标：

1. 掌握酒吧产品营销；

2. 掌握酒吧渠道营销；

3. 掌握酒吧促销营销；

4. 了解酒吧价格营销。

能力目标：

　　通过本章的学习，能够根据酒吧的特点，制订一家酒吧的营销计划，并能够组织一次成功的酒吧促销活动。

学习任务一　产品营销

　　营销就是根据顾客需求销售产品，并尽量地占有市场份额，吸引顾客购买自己的产品。营销贯穿于企业的全部活动之中，从企业创办前的策划开始，直到企业生命的结束。

　　酒吧是提供产品(酒精饮料)和服务(在适当的环境下对这种酒精饮料进行服务)的场所。潜在顾客就存在于酒吧所经营地区的某个地方。既然酒吧不能够把产品和服务送到某个地区，送到顾客面前，那么酒吧经营者就应想办法吸引顾客前来购买并且重复购买酒吧的产品和服务。为了实现这一目标，酒吧经营者必须确保酒吧所经营的地区内存在着充足的客源，这才是实现酒吧赢利的前提；同时，酒吧还必须能够根据顾客的需求提供产品和服务。因此，在开业前，酒吧经营者必须搞清楚自己的经营目标。

一、酒吧营销的目的

酒吧要在市场中树立自己的形象，使目标市场的客人了解其经营理念、服务思想、服务特色、服务品种，要做到以上这些就必须通过一定的推销手段向顾客展示自己的产品，吸引顾客，增加酒吧的知名度，使顾客从视觉、行为和观念上认同酒吧。

(一) 树立酒吧形象

酒吧的营销实际上是为了扩大酒吧的知名度和吸引力，使其在市场上树立起良好的形象，使消费者信赖和喜欢。

1. 使顾客知晓酒吧

一个成功的酒吧必须在当地市场上有一定的知名度，这就要求通过各种形式的推销手段，让顾客或大众了解酒吧的名称、位置、提供的服务内容和服务特色。

2. 使顾客喜爱酒吧

酒吧通过提供高质量的酒水和一流的服务来满足顾客的需要，让顾客从心理和行为上喜爱酒吧的产品和服务，从而喜爱酒吧。

3. 使顾客认同酒吧

通过酒吧提供的产品、服务以及各种宣传，让顾客明确酒吧的价值观念、质量标准、服务特点等，使顾客认同酒吧的经营思想和服务理念。

4. 使顾客信赖酒吧

顾客对酒吧服务、价值观的信赖是其再次光临的基础，而且会对酒吧的良好形象起到口头宣传的作用。

(二) 促成顾客消费行为

1. 吸引顾客的注意力

酒吧可以通过特色活动来吸引顾客注意力，增强顾客对酒吧的兴趣。

(1) 提供信息。为了使更多的消费者了解酒吧产品的特点，如产品质量、价格、服务等，酒吧需要通过各种推销活动及时向消费者提供产品信息，以引起他们的注意。

(2) 突出特点。在酒吧竞争激烈的今天，酒吧产品和服务越来越趋于同质化，这时酒吧就应该通过营销活动，宣传自己产品区别于竞争者的独到之处，突出自己产品给消费者带来的特殊利益，加深他们对酒吧产品的了解，并使他们愿意接受酒吧的产品。

2. 激起顾客的购买欲望

酒吧是人们精神享受的场所，消费者的购买欲望在特定的环境下受其情感的左右。如果营销能够使顾客确信能从酒吧产品中得到最大限度的享受，就能够激起顾客的购买欲望。

3. 促成顾客的消费行为

通过酒吧的营销活动，顾客完全了解酒吧的产品，并对此有较高的购买欲望，这时，就达到了促成顾客消费行为的目的。

4. 稳定销售

在激烈的市场竞争中，酒吧产品的销售量起伏较大，这是由于顾客不稳定的消费引起的。酒吧要通过营销活动，使更多的消费者对本酒吧及产品产生偏好，达到稳定销售的目的。

二、选择市场

任何营销计划的第一步都是选择市场，确认目标顾客群；其次是确定目标顾客群需要购买的产品和服务。如果这两个基本要素得到确认，那么酒吧在吸引顾客和销售产品方面的问题也就迎刃而解了。无论是策划建造新酒吧，还是改造失去生命力的老酒吧，情况都是如此。

(一) 确定目标顾客

人们来酒吧消费是有不同目的的。通常情况下，喝饮料并不是最原始的动机，因为人们可以在批发市场购买饮料然后在家里饮用。我们可以根据顾客来到酒吧的不同目的将顾客分成不同的类型。

1. 在提供酒水的餐馆里就餐的顾客

这类顾客的目的是在餐馆里享用一顿美餐，而酒类(不论是鸡尾酒、白酒或是餐后酒)则增加了顾客体验的整体乐趣。虽然食物也许是顾客的第一目的，然而通常情况下他们对酒类也会有所需求。

2. 过路的顾客

这类顾客的目的通常都是为了使自己恢复精力，即在一天的劳累之后，有个短暂的休息。那些在酒吧里等飞机、火车或约会朋友的人也属于此类。而为这些顾客提供服务的酒吧通常位于办公楼或工厂附近，还有些建在汽车站、火车站、机场或酒店的休息室内。

3. 休闲娱乐的顾客

这类顾客有闲暇时间放松心情，他们喜欢到酒吧里寻找刺激、变化或者是追逐某个异性。这类顾客经常光顾酒吧、俱乐部或餐馆，因为这些地方有音乐、游戏、舞蹈和与新朋友结识的机会，在这里，他们能够接触社会时尚。这类顾客每晚也许会光顾几个不同的酒吧，但如果某个酒吧的娱乐项目、饮料和玩伴都不错的话，他们也许一整晚都会在那里。

4. 常光顾酒吧或餐馆的顾客

在这些酒吧里，熟识的人经常聚集在一起，他们乐于享受生活、放松心情，但他们最原始的目的是与自己熟识并喜欢的人在一起。在酒吧里，客人们觉得像在家里一样心情舒适，能够有归属感。

大多数顾客都属于以上几个类型组群。虽然不同类型的顾客之间有不同的心境、口味、兴趣、背景以及生活格调，但不同类型的个体偶尔也会有交叉。总的来说，这些顾客类型之间是并不兼容的。某个类型的顾客来到另外一个类型的顾客经常光顾的酒吧后可能会觉得很不自在，认为自己与周围的环境格格不入。在以上4个宽泛的顾客类型中还存在许多子群，划分的标准笼统地说主要有生活格调、兴趣、年龄、工资水平、家庭情况、职业及社会地位(自由职业者、蓝领、社团领导)等。这些子群之间一般情况下也并不交叉；另外，由于某个共同的兴趣(例如足球、爵士乐)可以形成更具体的子群，有时已经组建的某个特殊的小集团也可以形成特殊的子群。你可以迎合任何一个类型或子群的顾客的需要，但是却没有能力取悦所有的顾客。没有经验的酒吧经营者经常犯的一个错误就是根本不考虑顾客的类型而企图吸引所有的客人，这是不切实际的。对任何酒吧来讲，其氛围的一部分就是顾客，如果顾客在心境、态度或是来酒吧的目的上没有任何一点共同的东西，那么光顾酒吧的顾客会因为酒吧中缺少点什么而不能尽兴。有经验的经营者会把主要精力放在一个单一的目标顾客群体上，这个群体的顾客由于相似的目的光顾同一间酒吧，使整个酒吧的经营活动都是为了吸引并取悦这个群体的。

通常情况下，只要把不同的目标顾客分开，就可以为不同的目标顾客服务。比较大的酒店，可以在不同的酒吧内接待不同的顾客，也可以在同一间酒吧的不同房间内为不同的顾客提供服务。例如，一家酒店可以在酒吧与休闲厅为过路顾客提供服务；在餐厅和咖啡店(两个子群)为就餐者提供服务；在不同会议室内的简易吧台上为商务组群和会议代表服务。

(二) 设计酒吧产品与服务

酒吧在选择销售的产品与服务时，首先要考虑的就是满足顾客的需求。它通常包括外在需求和潜在需求两种。如果顾客根本不需要你的产品，那么无论酒吧做什么也不能说服顾客购买。

一旦酒吧选定了一组目标顾客，就应尽最大努力了解顾客的需要和要求，并相应调整酒吧的产品和服务，所要调整的项目包括一切顾客要为之付费的东西，如酒吧的坐落地点、设备设施、酒品、价格、员工、服务时间、食品、娱乐项目和环境等。所有类型的顾客都有某种期望，如他们期望得到物有所值的产品和服务以及快速、准确而有礼貌的酒品服务；期望每种酒品都名副其实；期望酒吧间、洗手间干净整洁，酒具光洁明亮，员工衣着整洁、服务周到；期望交易公平；顾客还期望他们在酒吧中很受欢迎，而且这种欢迎还要表现在酒吧员工的脸上。一旦某个顾客对酒吧的酒品有所怀疑，那么即使事实并不是如此，顾客也可能在周围找到一些虚幻的证据来证明自己的猜想。除此之外，由于顾客的类型不同，他们的期望也会有所不同，但是不论对于哪一种顾客来说，都应让他们感觉到酒吧的产品物有所值。

由于不同类型的顾客光顾酒吧的原因各不相同，所以，酒吧的任务应着重于为目标顾客市场提供特殊的产品和服务，尽量满足目标顾客的需要和要求。此外，酒吧还应搞清楚自己的竞争对手如何为顾客服务。

在竞争的环境中，酒吧的产品和服务与竞争对手相比应具有明显的差异性和优越性，否则将无法吸引顾客。简单模仿、抄袭别人经营模式的酒吧是很少能够取得成功的。

怎样做才能使酒吧保持差异性和优越性呢?这是酒吧经营者不得不考虑的问题。方法之一是密切注意周围的环境变化，敏锐地观察其他酒吧的情况及探知其顾客的想法。因为如果此时，如果有其他酒吧模仿你，而且做得更好的话，你的酒吧就会失去竞争优势。此外，酒吧经营者还要准确应对顾客口味的变化，积极地调整自己的产品。有了创新的工作态度和对顾客意见迅速作出反馈的工作方法，你的酒吧一定会百战百胜。酒吧经营者根据产品和服务的盈利多少来确定生产什么样的产品以及提供什么样的服务，而产品和服务的盈利又与潜在市场的性质和规模有关。

(三) 分析市场环境

1. 选址

在做最终计划之前，酒吧经营者应着手了解目标市场所在地点、目标市场规模以及目标市场对于现有酒吧所提供服务的意见等。选址时要注意选择与目标市场邻近的地点，同时，还要注意所选地点潜在顾客的数量及是否存在竞争等问题。如果酒吧经营者是从零开始，那么首先要考虑的就是酒吧的选址问题。可以选择一个中型的城镇，然后在城镇内寻找一处特殊的场所。具体的选择方法，应由酒吧的顾客市场来决定。如果目标顾客市场是就餐者，则应选择居民区、工作区或两者兼有的地区；如果目标顾客市场是娱乐消遣顾客，则最好选择一个时尚、繁华的地点；对于过路顾客来说，酒吧应选择坐落于过路顾客经常经过的路线上；而对于常客来说，则应选择常客居住的临近场所。

2. 了解潜在的顾客市场

一旦酒吧经营者对于选址问题有了一个整体构想，就应着手了解所选地点是否存在足够的潜在顾客市场。有些城市的城建局可以无偿为酒吧经营者提供人口统计(居民身份、工资水平、教育程度、消费习惯等)、临近地段、城市规划、交通要道数量等统计资料。商业协会也能提供商业发展、旅游会展市场以及房地产发展的信息。为餐馆和酒吧经营者贷款的银行对于酒吧所在社区也会有很多了解，他们能够帮助酒吧经营者选择正确的开业地点。另外，酒吧经营者还应经常与房地产代理商、餐馆经理俱乐部的会员以及当地餐厅设施供应商进行交流，因为这些人很可能了解哪些地方正在开业、哪些地方即将停业以及为什么停业。如果酒吧经营者不想花太多的钱来做这项工作，也可以选择向餐饮服务行业的信息处或统计公司进行咨询。统计公司会对某个指定地区的人口普查数字进行计算分析，提供此地区酒吧经营者感兴趣的人口统计信息，例如人口稠密度、年龄、性别、职业、家庭大小、收入、民族构成、外出就餐花费等。如果酒吧能够负担较多的支出，可以选择雇佣一个咨询顾问对指定地区及此地存在的竞争对手进行系统的研究，进而可以得知，此地是否存在着酒吧原来所构想的顾客市场。

在城市的某些地区有一些很时尚的地方，酒吧和餐馆通常就聚集在这里。这些地方的竞争也许会很激烈，但是这里人群密集，闪亮的灯火与人群的流动营造了一种热闹欢乐的气氛，容易吸引顾客。人们也喜欢去以前曾经去过的地方，因为到那里轻车熟路，而且有他们熟悉的感觉。到达酒吧密集区后，如果顾客不能进入常去的酒吧，就会转去别的酒吧，这样，竞争对所有的人都有利。如果酒吧经营得好，就会有新的企业模仿它长久下去，竞争激烈的市场就会饱和。如果酒吧想把选址地点定在这样的市场里，可以采取两个防范措施：一是调查一下此地区近几年酒吧开业和停业的情况(尤其要注意停业的情况)，看看什么样的酒吧还有发展潜力、什么样的酒吧已经没有经营的必要。另外要仔细研究一下市场竞争，确定自己在此地区具有独特性并会对此地作出特殊贡献。不要模仿任何人，要保持自己的差异性和优越性。

酒吧选择在新的独立地点开业有一定的风险，然而，如果通过调研发现这些地区存在巨大的潜在市场需求的话，利润回报也是很丰厚的。当酒吧在新的地点经营良好时，竞争者很快就会鱼贯而入，所以，永远不要指望自己是提供某种产品的唯一场所，应想得长远一点，应提供一些有市场前景的特殊产品。另外，不能只是根据最初较为旺盛的市场需求而盲目扩大再生产。最后，切记酒吧选址不要选择在破败衰落的地区，因为稳定而有生命力的四邻对酒吧的经营和发展更有利。

3. 分析市场竞争环境

要正确地选址并调查市场潜力，酒吧还要对市场竞争进行分析，看看所选地区顾客需求被满足的程度。调查此地为目标市场服务的所有酒吧，研究它们的产品，估计一下销售量，并把这些酒吧与自己的构想进行比对，考察存在的竞争和市场潜力，看看此地区是否还有发展空间。

当酒吧选址锁定在一个特殊地区之后，酒吧的经营者还应以顾客的眼光来打量这个地区，看看此地的能见度怎么样?交通是否便利?是否有足够的停车位？可进入性怎么样等。还要密切注意单行路、计划要建的建筑物以及交通堵塞等问题。此外，要警惕环境的变化，多与四邻的零售商进行沟通。如果想接手酒吧现有的设施，还要考虑承租人为什么离开。

4. 分析财务计划的可行性

最后，对企业所选地区及目标市场进行财务计划可行性分析，估算全部资金需求，包括土地和建筑物费用、家具设施费用、开业费用以及开业之初的经营亏损储备金。另外，还要做一个详细的经营计划(包括酒品目录、员工、工时等)和经营预算。在计算销售额时应保守一些，而在估算费用时则应留有较大的浮动额。如果根据期望利润率得出入不敷出的结果，则该地区及目标市场的项目计划为不可行。

学习任务二 渠道营销

一、环境形象营销

一个高品位的酒吧应该营造高品位的环境气氛。酒吧是供人们休闲娱乐的场所，应该营造出温馨、浪漫的情调，使顾客忘记烦恼和疲惫，在消费的过程中获得美好的感受。

(一) 酒吧的环境卫生

酒吧卫生在顾客眼中比餐厅卫生更重要。因为酒吧供应的酒水都是不加热直接提供的，所以顾客对吧台卫生、桌椅卫生、器皿洁净程度、调酒师及服务人员的个人卫生习惯等非常重视。

(二) 酒吧的氛围情调

氛围和情调是酒吧的特色，是一个酒吧区别于另一个酒吧的关键因素。酒吧的氛围通常是由装潢和布局，家具和陈列，灯光和色彩，背景音乐及活动等组成。酒吧的氛围和情调要突出主题，营造独特的风格，以此来吸引客人。

(三) 酒吧名称

酒吧名称，必须适合其目标顾客层次，适合酒吧的经营宗旨和情调，只有这样才能树立起酒吧的形象。酒吧名称基本要遵循以下原则。

1. 笔画简洁

笔画太多的字，顾客难以辨认。顾客到了酒吧认不出，叫不出酒吧名，有时顾客见了这种酒吧名，掉头就走。

2. 不用生僻字

生僻字顾客容易读错，也不利于酒吧形象的传播。

3. 字数要少

酒吧名称以两三个字为佳，一般不要超过四个字。

4. 有独特性

酒吧的名字要与众不同，才能在顾客心目中留下深刻的印象。

5. 发音容易

发声要有差别，避免同声组合，避免发音困难的字，避免俗气的语音。

6. 不用易混淆的词

避免在语音、字形上易混淆的词。

(四) 酒吧招牌

酒吧的招牌是十分重要的宣传工具，一般要求招牌设计美观且适合酒吧风格，能引起顾客的注意，加深印象。酒吧招牌中一般带有 "bar" "club" 字样。

(五) 酒吧广告宣传

酒吧为了扩大影响，增加销售，常需印一些广告宣传品放在桌上、柜台上或店内的墙上。精美的广告制品往往让人爱不释手，从而对酒吧产生难以忘怀的印象。这些广告应具有以下特点。

(1) 对饮品的介绍让顾客一目了然，尤其要突出特色饮品和主要饮品。

(2) 显示价格优惠和适中，当酒吧提供折扣价、优待券或各种赠品时，应向顾客详细传达这方面的信息，以漂亮的广告向大众告知，以吸引顾客。

酒吧内部营销主要包括内部标记和印刷的重要通告、酒单、推销品种介绍；员工的个人推销、口头宣传；装饰和照明；服务人员的情绪和酒吧的气氛；酒水和食物的色、香、味等。

二、员工形象营销

(一) 员工仪表

酒吧员工的仪容、仪表，会直接影响酒吧的形象，必须重视。

1. 着装

按酒吧要求着装，保持整洁、合身，反映出岗位特征。

2. 神态

通过脸部表情及眼神变化来吸引顾客，即眼神应充满自信神采。

3. 语言

通过礼貌的语言，来表达对顾客的关心和重视。

(二) 规范服务

酒吧员工标准的服务规范，体现了酒吧的团体精神和员工的合作精神，给客人一种训练有素的感觉。

酒吧员工的工作态度和精神面貌，会给客人留下深刻的印象，强化酒吧的形象。

三、内部营销

内部营销工作从客人一进门就开始了，客人进来了，能否让他留下并主动消费，这是非常重要的。服务人员秀丽的外表、可爱的笑容、亲切的问候、主动热情的服务对留住客人是至关重要的。同时，酒吧的环境和气氛也左右着客人的去留。客人坐下来后，行之有效的营销手段及富有导向性的语言宣传是客人消费多少的关键。

当客人离座时，服务员赠给客人一份缩样酒单或一块小手帕、一个打火机、一盒火柴，当然这上面都印有本酒吧的地址和电话，请客人留作纪念，欢迎其下次光顾或转送给他的朋友。另外，陈列也是内部营销的手段。陈列品可以摆在吧台的展览柜里，也可以放在朝向大街的玻璃橱窗里，也可以放在酒吧、餐厅入口的桌子上及房内的各个可装饰的角落。陈列品艺术的存在对客人无疑是一种无声的诱惑，同样起到很好的促销作用。

内部营销还有一点不可忽略，那就是酒吧的设计与装饰，即该酒吧从外表上看是否能令人驻足？里面的环境和气氛是否让人感到舒适和亲切？一般说来，令人头晕目眩的刺眼灯光不会给人留下很好的印象，而怪异的搭配和强烈比对的色彩也不见得会带来多好的效果。因此，酒吧在设计与装饰时，一定要请内行、专家，决不要为节省小的支出而破坏了整个大局。

内部营销可以起到以下作用。

(1) 节省外部营销宣传的费用；

(2) 从同样多的客人身上获取更高的收入；

(3) 提高利润率；

(4) 提高相关产品和服务的销售额；

(5) 有更多的令人满意、效率高的员工；

(6) 使客人在酒吧逗留期间最大限度地消费；

(7) 让客人再次光临；

(8) 产生良好的口碑效应。

四、酒单推销

(一) 酒单上的酒应该分类

酒单上的酒应该分类，以便顾客查阅与选择。如果大多数顾客对酒不太熟悉的话，在每一类或每一小类之前附上说明，这样可以帮助顾客选择他们需要的酒。

(二) 准备几种不同的酒单

具有多种酒类存货的餐厅，通常有两种不同的酒单，一种为一般的酒单，一种则为"贵宾酒单"。前者放在每一张桌子上，通常整顿饭的时间都留在那儿。而后者只有当顾客要求，或是他无法在一般酒单上找到想喝的酒时才展示出来。

(三) 注意拼写错误

注意不要拼错酒名及酒厂名，也不要把酒的分类弄错，印刷之前应仔细校对，以免日后顾客提出质疑。努力将顾客的注意力吸引到几种特别的酒上，以刺激消费，最常用的方法是从现有的酒单中，挑选出几种酒加强宣传。不过，对于刺激顾客消费，提高顾客对酒的认知才是长远之计。

(四) 好酒论杯计价

提供两种至六种不同价位的酒以杯销售，这已成了广受欢迎的销售方式了。它能够吸引顾客尝试新酒，也能够适应当前饮酒节制的需求。

(五) 每周一酒或每月一酒

越来越多的酒吧供应每日或每周特价酒。这些特价酒和以杯计价的酒一样，能够吸引顾客尝试酒单上的新酒，也可以促销一些原来销路并不理想的好酒。

五、策略营销

(一) 酒瓶挂牌推销

酒吧对光临的客人，可以在他品味过或饮剩的美酒酒瓶挂上写有其"尊姓大名"的牌子，然后将酒瓶陈列在酒柜里。高贵名酒与客人身份相映生辉。当客人再光顾时，很可能与朋友结伴而来"故地重游""旧瓶再饮"。这是充分利用宾客炫耀心理达到推销的最好方式之一。各类名酒摆设越多，酒吧就越有名气。

(二) 知识性服务

有的酒吧里备有报纸、杂志、书籍等，以便客人阅读；有的播放外语新闻、英文会话等节目；有的将酒吧布置成有图书馆意味的酒吧。

(三) 免费品尝

酒吧推出新的品种，为了让顾客对其有较快的认识，最有效的方法之一便是免费赠送给顾客品尝。顾客在不花钱的情况下品尝产品，他们定会十分乐意寻找产品的优点，也乐意无偿宣传你的产品。

(四) 有奖销售

用奖励的办法来促进酒吧酒水的销售。客人一方面可寄希望于幸运得奖，另一方面会认为即使不得奖，活动本身也算是一种娱乐的方式。

(五) 赠送小礼品

有的酒吧采取向每一位顾客赠送小礼品的方式来联络感情。一张餐巾，一个搅棒，一支圆珠笔，印上酒吧地址、电话的火柴盒、打火机、小手帕等，都可以作为小礼品赠送给顾客，能起到良好的宣传作用。

(六) 折扣赠送

酒吧向顾客赠送优惠卡，顾客凭卡可享受优惠价。这实质上也是一种让利赠送的办法。顾客能得到一定的优惠，他很可能会再来，而赚大钱的却是酒吧。

(七) 宣传小册子

设计制作宣传小册子的主要目的是向顾客提供有关酒吧设施和酒品服务方面的信息。宣传小册子一般应包括以下内容。

(1) 酒吧名称和相关标识符号；

(2) 简介；

(3) 地址；

(4) 简明交通路线图；

(5) 电话号码;

(6) 如果顾客需要更多信息,应和哪个部门或谁联系。

营销的手段和方法很多,除日常的外部营销和内部营销,在节假日和每个特殊的日子里,我们也应抓住时机,有计划地适时适当地进行一些特别的推销。例如,八月里可以搞一个"暑期冰淇淋节"的活动。这期间儿童、学生半价,每位儿童可以带一位大人。同样,实行优惠政策。另外,要指出的是,特别推销不一定都是优惠或是赠送礼物,只要是一些与众不同的东西就行了。总之,推销不要错过明显的机会。各个法定节假日,人们从繁忙劳碌的工作岗位上走下来,期待身心得到彻底的放松和休息,这都是促销的好时机。节假日的特别推销工作做得好,有时一天的营业额会超过平时里一周的营业额。

现在,有些酒吧和休闲场所竞相推出"欢乐时光"促销活动,为的是在生意较淡的时间段特价供应某些产品和服务,达到增加服务收入、提高知名度、积攒人气的效果。例如,在下午3点到5点之间,推行买一赠一的策略,不管你买哪一种产品都同时赠送几种同样的产品。诸如此类的推销方法很多,但有一个原则千万不要忘记:即永远不要做任何吃亏的推销。还要强调的一点:有效的推销不能时断时续,必须定期地、扎扎实实地、持续不断地反复进行。只有这样,才能取得滚雪球一样的效果。

六、酒吧外部营销

酒吧外部营销主要包括人员营销,直接邮寄,标记、广告、宣传品的分发,建筑或入口处的外观等。在一些大饭店里,外部营销工作往往有专门的营销部门去做,而无需由酒吧本部门独立完成,酒吧只是起到配合的作用。不管由谁来完成,但有几点目标是必须达成的:标记、电话姓名地址录、广告物品、广告。

1. 标记

这是让客人认识你、找到酒吧所要做的最起码工作。

2. 电话姓名地址录

可通过当地黄页号码簿来挑选我们潜在的顾客群,然后将事先准备好的资料、宣传广告、价目表等直接邮寄到他们手上,这是一种行之有效的方法,会使他们觉得,你很信任他,并随时期待他的来临。

3. 广告物品

广告物品的准备要有针对性,且应考虑到成本问题。你想要向顾客宣传的主要目的和内容是什么?怎样的文字和图片能吸引这些人?他们来的目的是什么?来你这里他们能得到什么实惠?

4. 广告

广告是一种宣传方式。酒吧广告是通过设置广告物,如招牌、酒水陈列以及通过刊物、电视等媒介,把有关酒吧产品和服务的知识、信息有计划地传递给顾客,在经营者和消费者之间起沟通作用。

学习任务三 酒吧促销活动营销

一、酒吧活动促销

酒吧的活动促销是酒吧营销的重要组成部分，很多节日、活动能吸引大批不同类型的客源。

(一) 活动促销原则

1. 新奇性

酒吧活动一般能引起众人的兴趣，甚至是传播媒体的兴趣，吸引客人。

2. 新潮性

酒吧要以最新潮、最具现代感的活动来吸引客人。

3. 参与性

酒吧举办的活动应尽量吸引客人参与，提高客人的兴趣。

(二) 活动促销形式

1. 节日活动

节日是酒吧营销的好机会，节日活动要以节日为背景，突出节日的气氛。有人说酒吧的节日是最多的，因为酒吧既举办中国传统节日活动，也举办外国节日活动，要知道，这类活动足以吸引众多求新、求奇等时尚客人。

2. 演出活动

酒吧应常邀请著名的歌星、影星、体育明星、乐队来演出，以吸引这些明星的崇拜者。

3. 参与活动

酒吧可以在周末和其他时间举办特殊的歌舞、比赛、表演、抽奖等娱乐活动，吸引乐于参与活动的客人光顾酒吧。

二、酒吧营业促销

(一) 营业促销目标

营业促销是指酒吧在经营活动中，为了刺激客人作出更迅速、更强烈的反应而采取的一系列促销话动。许多营业推广方式是特定时期的特别活动，具有强烈的吸引力。

营业促销的具体目标会因目标市场类型的不同而不同。针对消费片的营业促销目标主要是刺激购买，包括鼓励老顾客继续光临、促进新顾客消费、鼓励消费者在淡季光顾酒吧。营业促销目标主要是开拓新客源市场，具体包括鼓励酒吧推销新产品或新样式、寻找更多的潜在客人、刺激淡季商品的推销等。

(二) 促销方式

(1) 赠送。客人在酒吧消费时，免费赠送新的饮品或小食品以刺激客人消费；或者为鼓励客人多消费，对酒水消费量大的客人，免费赠送一杯酒水，以刺激其他客人消费，免费赠送是种象征性促销手段，一般赠送的酒水价格都不高。

(2) 优惠券或贵宾卡。酒吧在举行特定活动或新产品促销时，应事先通过一定方式将优惠卷或贵宾卡发到客人手中，客人持券及持卡消费时可以得到一定的优惠。这种方式应把客人享受的优惠限制在特定的范围之内。对光顾酒吧的常客，都赠给客人优惠券或贵宾卡，只要客人光顾酒吧出示此卡就可享受到卡中所给予的折扣优惠，以吸引客人多次光顾。

(3) 折扣。折扣是指在特定时间按原价进行折扣销售。折扣优惠主要吸引客人在营业的淡季来消费，或者鼓励达到一定消费额度或消费次数的客人前来消费。这种方式会使消费者在购买时得到直接利益，因而具有很大吸引力。

(4) 有奖销售。这是利用摸彩等方式进行的一种促销活动。通过设立不同程度的奖励，刺激客人的短期购买行为，这种方式比赠券更加有效。

(5) 现场表演。在酒吧增设现场表演，利用展示饮品的某种性能和特色吸引客人，可增加消费。示范表演呈现给客人一种动态的真实感，效果比较显著。

(6) 门票中含酒水。很多酒吧为吸引客人光顾酒吧，往往在门票中赠送一份酒水。

(7) 最低消费中含酒水。一些高级的酒吧和包厢往往设有最低消费，最低消费主要是指在酒吧中酒水的消费量必须达到最基本的标准量。

(8) 配套销售。酒吧为增加酒水消费，往往在饮、娱、玩等酒吧系列活动中采取配套服务。如有些酒吧在饮品价格套餐中包含卜拉OK，或在某些娱乐项目套餐中包含酒水。

(9) 时段促销。绝大人多数酒吧在经营上受到时间限制。酒吧为增加非营业时间的设备利用率和收入，往往在非营业时间对酒水价格、场地费用及包厢最低消费额等采取折扣价。

(三) 营业促销注意事项

(1) 刺激对象的条件。促销的刺激对象可以是全部顾客，也可以是部分顾客。

(2) 推广的途径。酒吧要决定通过什么途径贯彻促销方案。

(3) 促销的期限。如果促销的时间过短，很多潜在客人可能在此期限内不需要重复购买；如果促销的时间过长，可能会使消费者产生一种酒吧变相降价的印象。

(4) 促销时间的安排。通常是根据酒吧内部情况确定其促销的日程安排。

🔲 小资料 •

公关营销

营销部是酒吧展现生命力的重要部门，也是酒吧经营的生力军，所以现在酒吧，营销部已成为重中之重了，公关营销部具体配制分为吧仔、吧女、客户经理、公关人员、酒水促销等。当然，每个场所根据当地的状况所进行的配制也不一样，但不管哪个场所、公司老板对营销这一块都必须重视。公关营销大体分为以下两点。

1. 开业前期的宣传

这一点非常重要，一个酒吧的宣传到不到位，直接决定酒吧能否一炮而红。一定要在开业之前进行一整套的广告宣传，如通过建立网站、树立大型户外广告牌、大型购物广场、公园广场的电子屏广告、车体广告等对酒吧进行宣传。

2. 开业之后的宣传

人际传播、口碑传播，这是酒吧宣传最实际、最有效的宣传，而我们要做的是把场所各项工作做到位，给客人留下美好的第一印象，让客人给我们打广告。平时也可策划各种派对来进行宣传。一句话，让酒吧经常亮相，进而提高知名度，从而形成品牌意识，所以不管是何种企业都离不开宣传，酒吧要想扩大盈利就更离不开宣传了。

资料来源：http://i.cn.yahoo.com/05953712666/blog/p_87/

学习任务四 酒吧价格营销

一、酒单定价原则与方法

(一) 价格反映产品价值的原则

酒单上的饮品是以其价值为主要依据制定的，但层次高的酒吧，其定价则较高，因为该酒吧的各项费用高；地理位置好的酒吧与地理位置差的酒吧相比，因店租较高，其价格也略高。酒吧一些基本定价原则有如下所述。

1. 适应市场供需规律的原则

按照市场供需规律，结合需求和供给情况合理定价。

2. 综合考虑酒吧内外因素原则

酒吧内部因素包括酒吧经营目标和价格目标、酒吧投资回收期以及预期效益等。酒吧外部因素包括经济趋势、法律规定、竞争程度及竞争对手定价状况、客人的消费观念等。

(二) 酒单定价方法

1. 以成本为基础的定价

以成本为基础的定价方法是酒吧对酒单定价最常用的方法，在具体使用中又可分为4种，现简略介绍两种。

(1) 原料成本系数定价法。售价等于原料成本除以成本率。以原料成本系数定价法定价，需要两个关键数据：一是原料成本额；二是成本率。原料成本额从饮品实际调制过程中使用情况的汇总中得出，它在标准酒谱上以每份饮料的标准成本列出。成本系数是成本率的倒数。国内外很多餐饮企业运用成本系数，因为乘法比除法运算容易。

如果经营者计划自己的成本率是40%，那么成本系数即为2.5(即1除40%)。

例①：已知一杯啤酒的成本为4元，计划成本率为40%，即成本系数为2.5，则其售价为：(4÷40%)元=(4×2.5)元=10元。

(2) 毛利率法。毛利率是根据经验或经营要求决定的，故也称计划毛利率。

例②：一盎司的威士忌成本为6元，如计划毛利率为80%，则其售价为：6÷(1-80%)元=30元。这种方法只计算饮品的原料成本，而不考虑其他成本因素。

(3) 全部成本定价法。此种定价法的计算公式表达如下

售价=(每份饮品的原料成本+每份饮品的人工费+每份饮品
其他经营费用)÷(1-要达到的利润率)

每份饮品的原料成本可直接根据饮用量计算；人工费用(服务人员费用)可由人工总费用除以饮品份数得到；其他经营费用可由此法计算出每份费用。

例③：某鸡尾酒每份的原料成本为5元，每份人工费为0.8元，其他经营费用每份为1.2元，计划经营利润率为30%，营业税率为5%，则鸡尾酒售价=(5+0.8+1.2)÷(1-30%-5%)元=10.77元。

2. 本、量、利综合分析定价法

本、量、利综合分析定价法是根据饮品成本、销售情况和赢利要求综合定价的一种方法。其方法是将酒单上所有饮品根据销售量及其成本分类，每一饮品总能被列入下面4类中的一类，即：①高销售量、高成本；②高销售量、低成本；③低销售量、高成本；④低销售量、低成本。虽然②类饮品容易使酒吧得益，但在实际上，酒吧出售的饮品4类都有。这样，在考虑毛利的时候，把①、④类毛利定适中一些，而把③类加较高的毛利、②类加较低的毛利，然后根据毛利率法计算酒单上酒品的价格。这一方法综合考虑了需求(表现为销售量)、酒吧成本和利润之间的关系，并根据"成本越大、毛利量越大，销售量越大、毛利量越小"这一规则定价。

酒品价格还取决于市场均衡价格，如酒品价格高于市场价格，酒吧就把客人推给了别人，酒吧赢利少，甚至会亏损；如酒品价格低于市场价格，酒吧就会争取到更多的顾客，从而获利多。因此，在定价时，可以经过调查分析或估计，综合以上各因素，把酒单上的酒品分类，加上适当的毛利，有的取低的毛利率，有的取高的毛利率，还有的可取适中的毛利率。这种高、低毛利率也不是固定不变的，在经营中应随机适当调整。本、量、利综合分析定价法比较复杂，有一定难度，但当经营者做了一些调查分析，经过多种因素的综合考虑后，给饮品定的价格就会是比较合理、能使酒吧得益的。而且，这些市场调查分析的结果，能使酒吧经营服务得到不断改进。

3. 以竞争为中心的定价方法

在餐饮市场激烈竞争的形势下，价格是酒吧增强竞争能力、扩大市场销售量的有效手

段。以竞争为中心的定价方法就是密切注视和追随竞争者价格，以达到维持和扩大酒吧的市场占有率和销售量的目的。以竞争为中心的定价方法又可以分为随行就市法与竞争定价法两种。

(1) 随行就市法。这是一种最简单的方法，即把同行的酒单上的酒水价格为我所用。使用这种方法要注意以经营成功的酒吧酒单为依据，避免将不成功的定价搬为己用。这种定价方法的优点有以下4个。

① 定价简单。直接用同类酒吧的产品价格，可简化定价的过程，减少定价所花费的精力。

② 容易被一部分顾客所接受。市场上流行的价格，就是同类酒吧经过经营实践证明能被市场上的顾客所接受的价格。

③ 风险小。采取同类酒吧的定价，能保证酒吧获得一定收益，酒吧的经营比较可靠，风险小。

④ 易于与同行协调关系。目前，我国酒吧定价大多采用或部分采用了这种方法。

(2) 竞争定价法。此方法是以竞争者的售价为定价的依据，制定自己酒单的酒品价格。它又可以分为最高价格法与同质低价法两种。①最高价格法。最高价格法是指在同行业的竞争者当中，对同类产品总是高出竞争者的价格。最高价格法要求酒吧具有一定的实力，能尽可能地提供良好的酒吧环境氛围，提供一流的服务和一流的饮品，以质量取胜。②同质低价法。同质低价法是指对同样质量的同类饮品和服务定出低于竞争者的价格。该方法一方面用低价争取竞争对手的客源，来扩大和占领市场；另一方面，加强成本控制，尽可能地降低成本，提高经营效率，实行薄利多销，既最大限度地满足消费者的需要，又使企业有利可图。

■ 二、考虑需求特征的定价法

一般情况下，市场对酒吧产品的需求量同定价的高低呈反方向变化，即价格高则需求量小，价格低则需求量大。然而，酒吧在经营方式及其产品等方面与市场上的一般产品不同，消费者的需求特征也不相同，因此，定价也就存在着差异。下面是不同需求特征的几种定价法。

(一) 声誉定价法

酒水的这种定价方法是以注重社会地位、身份的目标客人的需求特征为基础的。这类顾客要求酒吧的环境好、档次高、服务质量好，且供应名牌酒。他们认为酒水的价格是反映饮品质量和个人身份、地位的一种标志。针对这类服务，酒单上的酒水价格应定得高一些。这种方法在高档酒吧中常用。

(二) 抑制需求定价法

酒吧中某些大众饮品成本低、需求量大，如果定价低，会影响其他饮品的消费，对这类饮品一般采用抑制需求定价法，即将这类饮品的价格定得特别高。

(三) 诱饵定价法

酒吧对一些对其他饮品能起诱饵作用的饮品和小吃，采用低价定价法来吸引顾客光顾，低价在这里充当使客人进一步消费的诱饵。

(四) 需求—反向定价法

许多酒吧在对饮品定价时，首先调查顾客愿意接受的价格，以顾客愿意支付的价格作为出发点，然后反过来调节饮品的配料数量和品种，调节成本，最终使酒吧获利。

三、酒品销售方式及其价格

(一) 瓶装销售价

酒单上一些饮品是以瓶、听为单位销售的，如葡萄酒、矿泉水、软饮料、啤酒以及名品白兰地等。整瓶酒水的售价用进价除以成本率即可。瓶装酒定价时，成本率是关键。高档酒吧成本率高一些，一般在50%左右。如一瓶王朝干白葡萄酒进价为25元，酒吧售价为60~80元。这种定价方法，让酒水定价过高，会使顾客产生不满或出现自带酒水的情形，有可能影响酒吧的正常经营。

(二) 零杯销售价

零杯销售是酒吧最常用的服务方式。零杯销售价一般定得较高，如咖啡、果汁及各种酒类。产生这种高价的主要原因，一是酒水在斟倒过程中会产生一定量的损耗，二是零杯销售增加了人工量，但给顾客带来了饮用上的方便。零杯销售价的计算公式如下

$$零杯酒售价=每杯容量÷成本率$$

这种定价方法，对于顾客来说没有可比性，而且方便，即使价格高一些，顾客也能接受。

(三) 量杯(盎司)销售价

酒吧中大部分酒类尤其是名贵酒，如白兰地、威士忌类，因价格贵和酒度高，大多数顾客是按盎司消费的。一盎可以30ml为一个标准量杯，一瓶标准高容量750ml的酒大约为24量杯。量杯销售价的计算公式

$$量杯销售价=每量杯成本÷成本率$$

(四) 混合饮料销售价

混合饮料的销售价是以各种配料成本加一定毛利而定的。酒单上的许多鸡尾酒和配方已经标准化，按每份混合饮料各配料的用量和价值计算出每份成本，然后除以一定成本率

算出其售价。鸡尾酒往往因基酒价格高，还要考虑流失量(其他价值较低的配料不必考虑流失量)。

(五) 同类酒水相同价

在酒单上，为了方便，常常对每杯或按盎司出售的同类饮品制定相向价格。如软饮料中，雪碧、可乐、七喜一般12元/杯，威士忌一般28元/盎司，鸡尾酒一律50元/杯。

🔲案例·

凯源酒吧营销活动策划方案

活动名称：第一届凯源杯骰王大赛

活动时间：2009年10月24日～2009年10月30日

活动地点：凯源酒吧

活动目的：提升酒吧人气，提高酒吧收入

活动前宣传：(10月10日～10月23日为前期宣传，接受报名)

1. 海报：针对本次活动主题制作精美海报，在人群密集的公共场所张贴。同时在酒吧内部张贴，营造活动气氛。

2. 报纸广告：发放开业及活动宣传彩页，DM报纸直投。

3. 户外大小型路牌路标广告：酒店门前、机场、公交车站等。

比赛方式：

10月24日比赛正式开始(24日～29日初赛，30日决赛)

活动内容：

1. 大话色。两个以上人玩，五个骰子每人。每人各摇一次，然后自己看自己盒内的点数，由庄家开始，吆喝自己骰盒里有多少的点数(一般都叫成2个3，2个6，3个2等)然后对方猜信不信，对方信的话就下家重来，不对的话就开盒验证，以合计其他骰盒的数目为准。要是属实的话就庄家赢，不属实的话就猜者赢、庄家输。

2. 花样赛。①摞色子。选手根据自己的实力，快速摇动色盅，将色盅内的色子摞起来，以竖立的色子数目多者为胜；②花样摇。选手比拼摇色时的动作是否潇洒利落，是否具有观赏性，是否花样迭出，以评委打分决高下。

选拔流程：

1. 大话色。两两一组，分组上台共同开始比赛，以一次性淘汰的形式，将剩余的选手组合决出三甲，等待决赛。

2. 花样赛。

摆色子：所有选手上台，每位选手三次机会，将色子从4颗开始累加，成功竖立的继续比赛，失败的淘汰，最终剩余2名选手。

花样摇：两两上台，评委打分，以分数决定名次，每个分赛区决出一人，准备参加决赛的比拼。

选手根据主持人组织策划进行有序比赛，专人记录比赛结果并维持比赛次序，做好前三甲选手的资料记录与后期比赛结果的通报工作。

资料来源：www.docin.com/p-123280034.html

问题：试对此方案进行评述。

单元小结·

本单元重点介绍酒吧市场营销的4P(产品、价格、渠道、促销)方案，从产品、价格、渠道、促销这四个方面来着手，介绍怎样进行酒吧的营销。要求学生能够掌握营销活动的基本原理，树立科学的市场营销观念。

单元测试·

1. 如何进行酒吧营销活动方案的策划？请制定一份酒吧营销策划书。

2. 酒吧市场营销的4P包括哪些？

课外实训·

查阅相关资料，收集整理一些成功的酒吧经营管理案例，学习其中关于市场营销的活动策划方法。

参考文献

[1] 王天佑. 酒水经营与管理. 北京：旅游教育出版社，2008

[2] 洪涛. 饭店管理实务. 南京：东南大学出版社，2007

[3] 李丽，严金明. 西餐与调酒操作实务. 北京：清华大学出版社，2006

[4] 钱炜. 饭店营销学. 北京：旅游教育出版社，2003

[5] 郭鲁芳. 旅游市场营销学. 北京：中国建材工业出版社，1998

[6] 吴克祥，范建强. 吧台酒水操作实务. 沈阳：辽宁科学技术出版社，1997

[7] 孙国妍，杨洁. 经典鸡尾酒调制手册. 广州：广东科技出版社，2006

[8] 徐培新. 现代人力资源管理. 青岛：青岛出版社，2003

[9] 田芙蓉，昆明. 酒水服务与酒吧管理. 昆明：云南大学出版社，2004

[10] 张文建. 旅游服务营销. 上海：立信会计出版社，2003

[11] 吴克祥. 酒水管理与酒吧经营. 北京：高等教育出版社，2003

[12] 贺正柏. 菜点酒水知识. 北京：旅游教育出版社，2007

[13] 王晓晓. 酒水知识与操作服务教程. 沈阳：辽宁科技出版社，2003

[14] 高富良. 菜点酒水知识. 北京：高等教育出版社，2003

[15] 王文军. 酒水知识与酒吧经营管理. 北京：中国旅游出版社，2004

[16] 聂明林，杨啸涛. 饭店酒水知识与酒吧管理. 重庆：重庆大学出版社，1998

[17] 李爱东. 饮酒与解酒. 郑州：中原农民出版社，2005

[18] 郭光玲. 调酒师手册. 北京：中国宇航出版社，2007

[19] 贺正柏，等. 酒水知识与酒吧管理. 北京：旅游教育出版社，2008

[20] 张波. 酒水知识与酒吧管理. 大连：大连理工大学出版社，2008

[21] 胡永强. 精品调酒师. 北京：中国轻工业出版社，2009

[22] 卢志芬，等. 经典鸡尾酒调制100. 福州：福建科学技术出版社，2007

[23] 劳动和社会保障部. 酒水服务与鸡尾酒调制实训. 北京：中国劳动社会保障出版社，2005

[24] 陈昕. 酒吧服务训练手册. 北京：旅游教育出版社，2006

[25] 栗书河. 酒吧服务学习手册. 北京：旅游教育出版社，2006